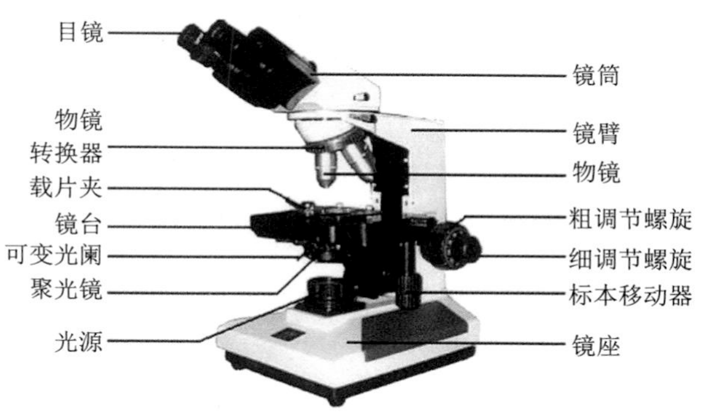

彩图2-1 普通光学显微镜的构造图

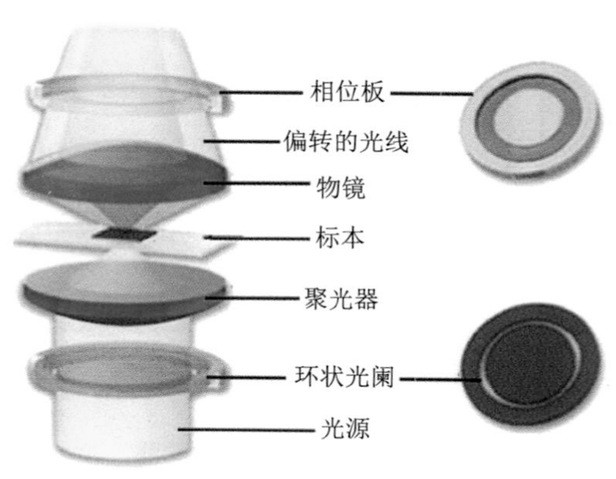

彩图2-5 相差显微镜光路图

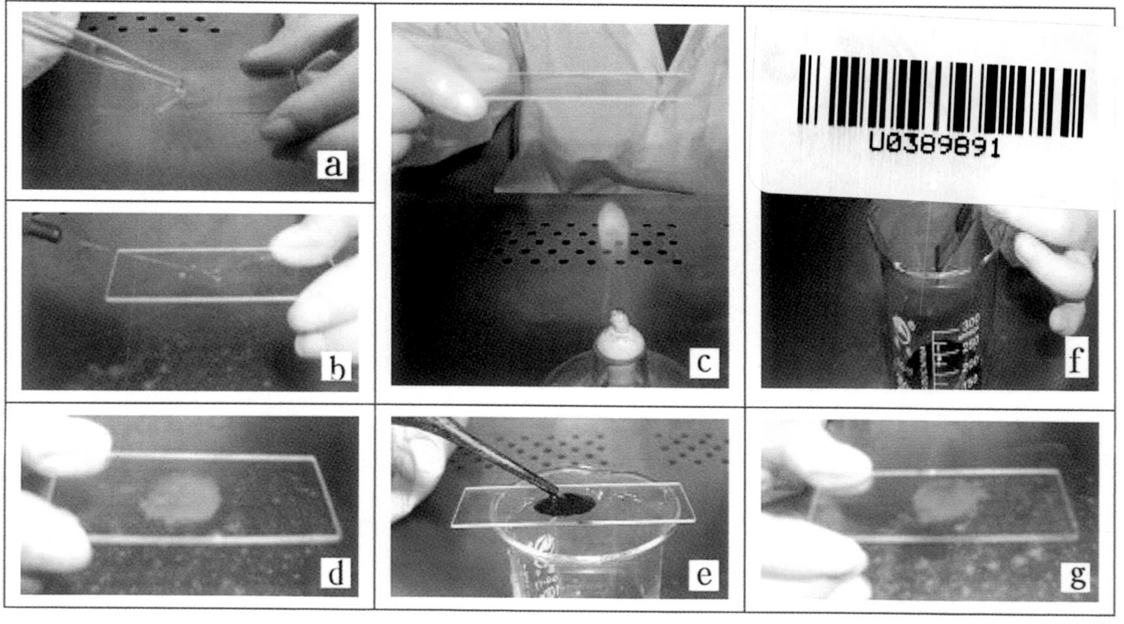

彩图3-2 简单染色的操作方法

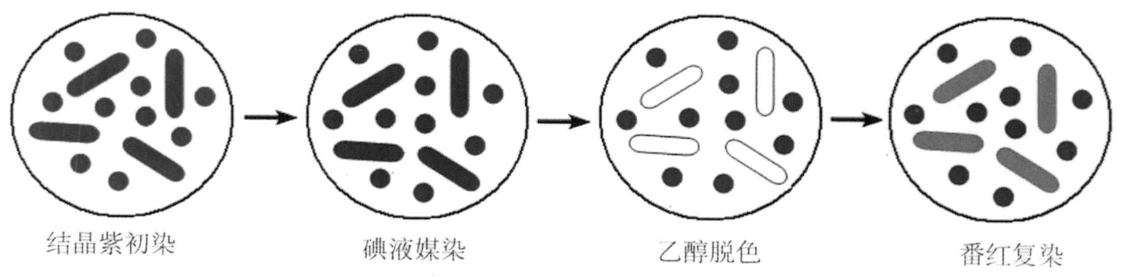

彩图3-3 革兰氏染色的主要操作步骤

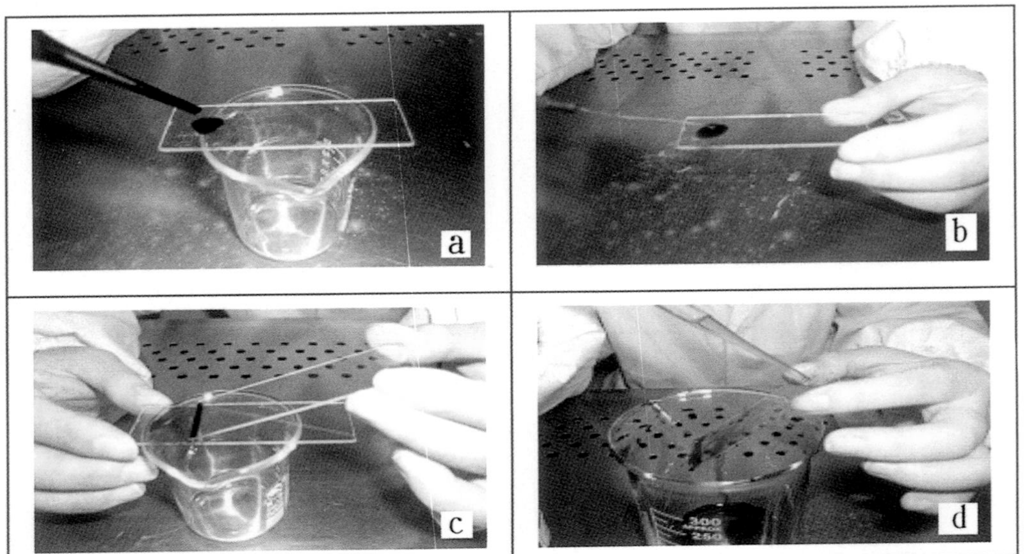

彩图3-5 荚膜染色

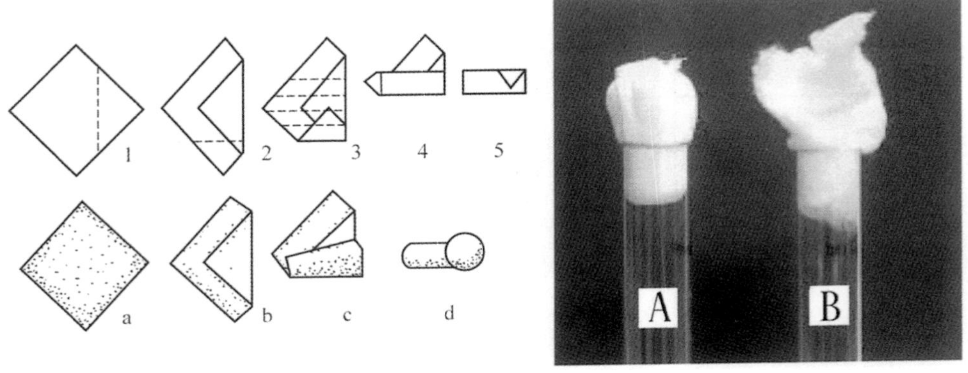

彩图4-3 棉塞的制作方法（A为正确的棉塞，B为不正确的棉塞）

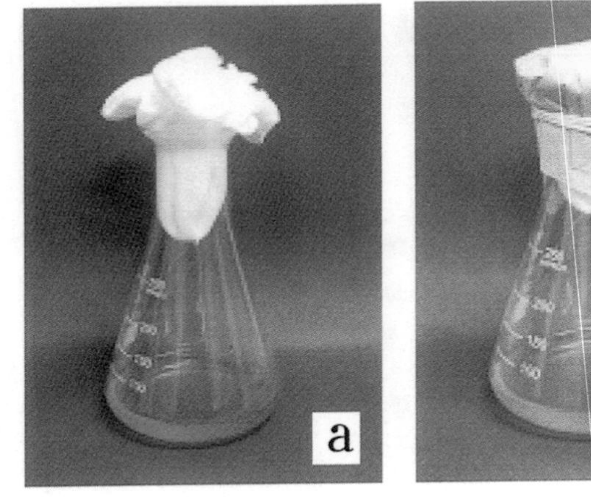

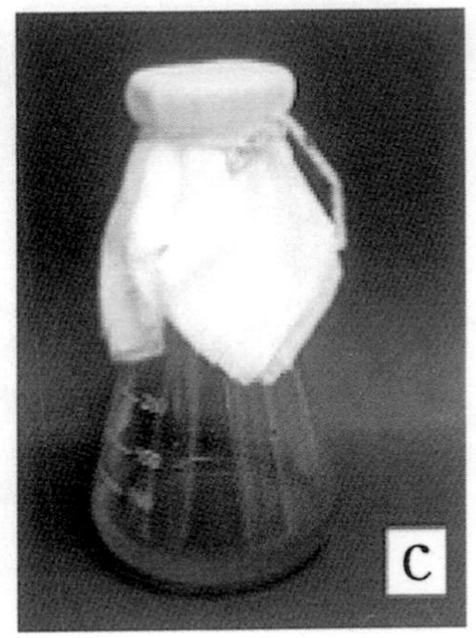

彩图4-4 三角瓶的包扎方法

a. 配制时纱布塞瓶口； b. 灭菌时包牛皮纸； c. 培养时纱布翻出

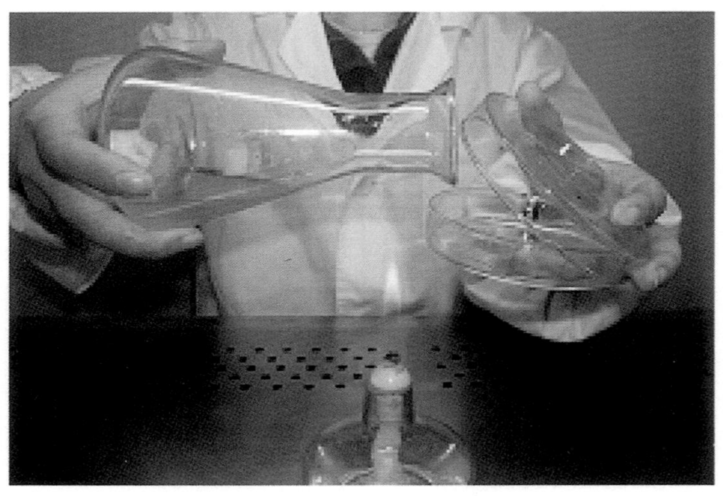

彩图4-5 倒平板方法

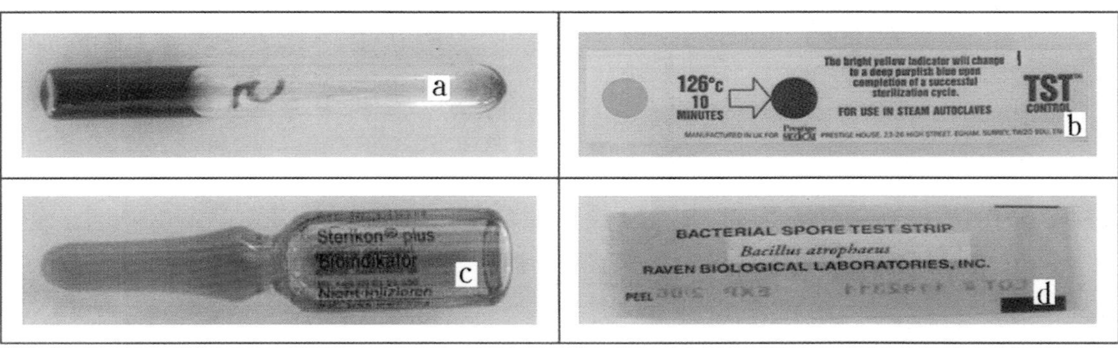

彩图5-2 用于灭菌TST^{TM}验证的化学指示剂和生物指示剂

a. 化学指示剂Browne管；b. TST^{TM}化学指示剂片；c. 生物指示剂*Bacillus stearothermophilus*的芽孢安瓿瓶,芽孢悬于培养基中，经过121℃蒸汽灭菌后培养，如果芽孢生长培养基颜色由紫色变为黄色；d . 生物指示剂*Bacillus atrophaeus*的芽孢条

彩图5-4 包扎后的培养皿

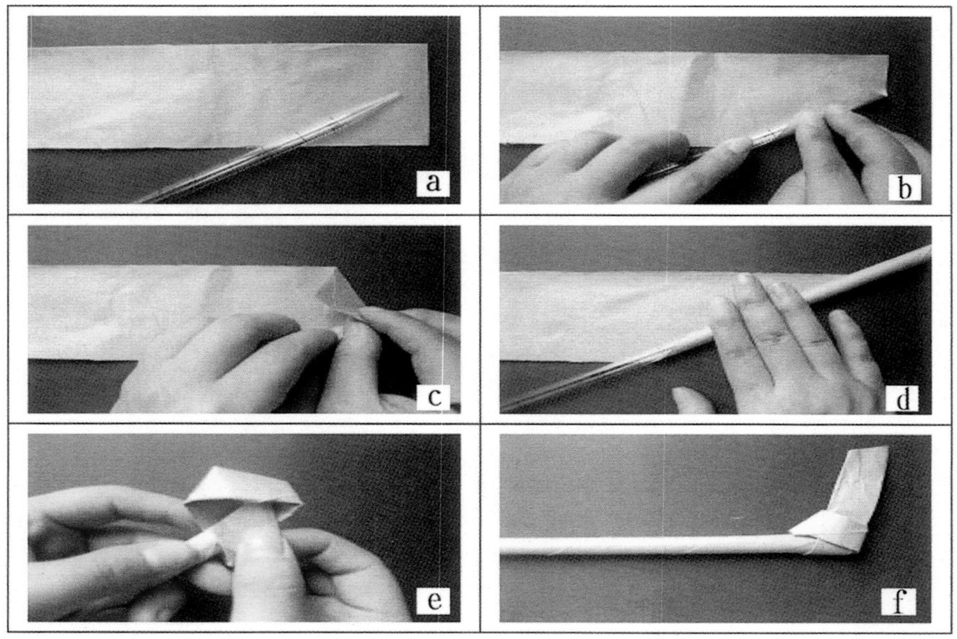

彩图5-5 移液管的包扎方法

彩图5-6 微孔滤膜滤器

彩图6-1 斜面接种操作示意图

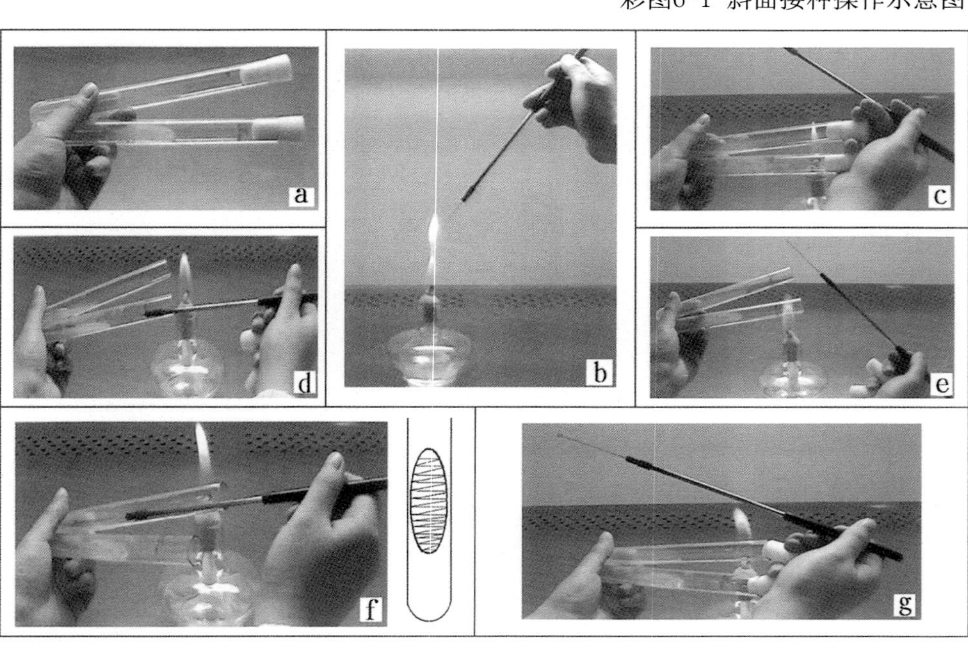

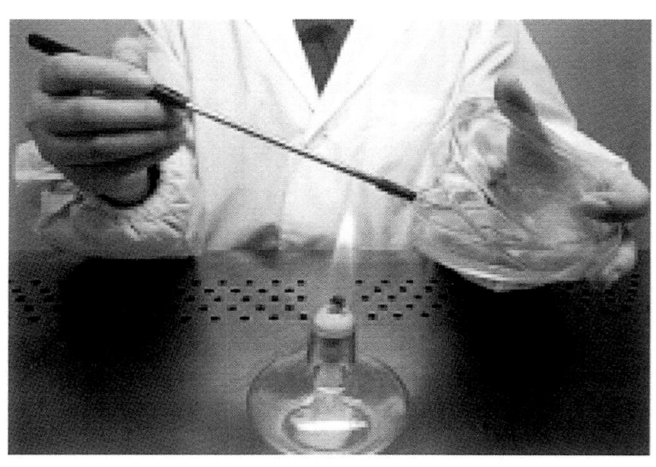

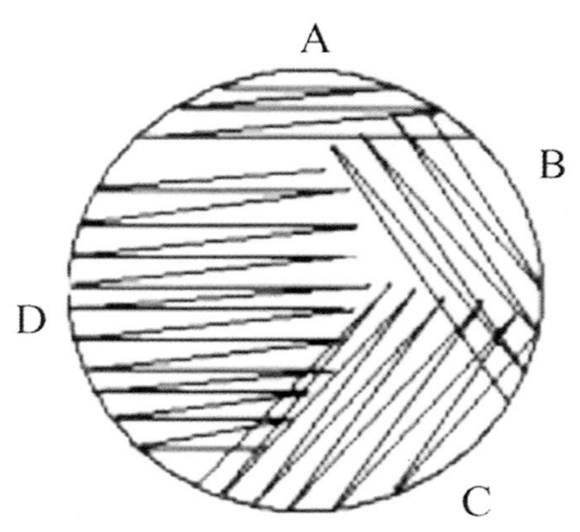

彩图6-2 平板划线接种(左)和分区划线示意图（右）

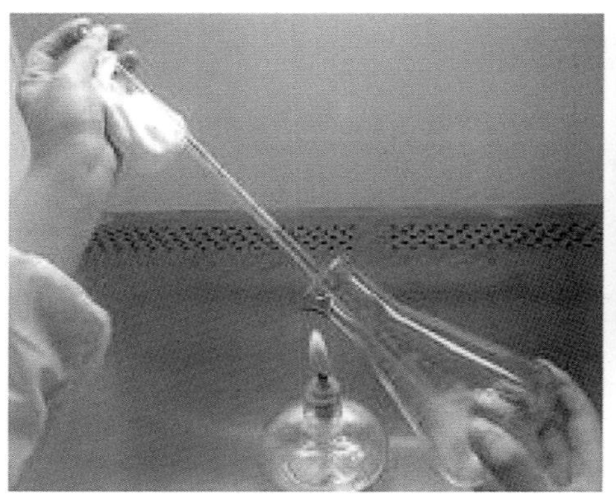

彩图6-4 用移液管接种

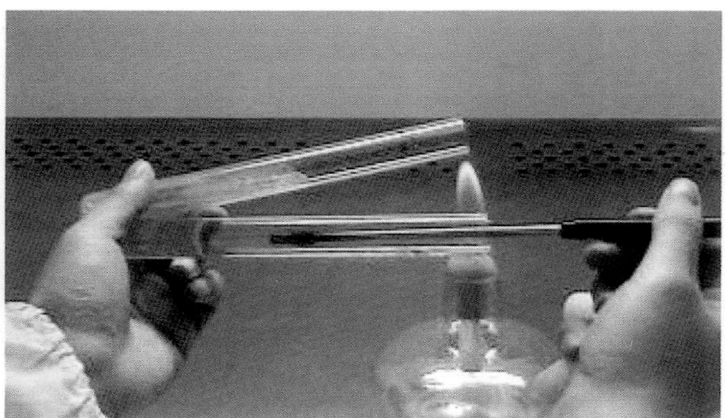

彩图6-5 半固体穿刺接种法

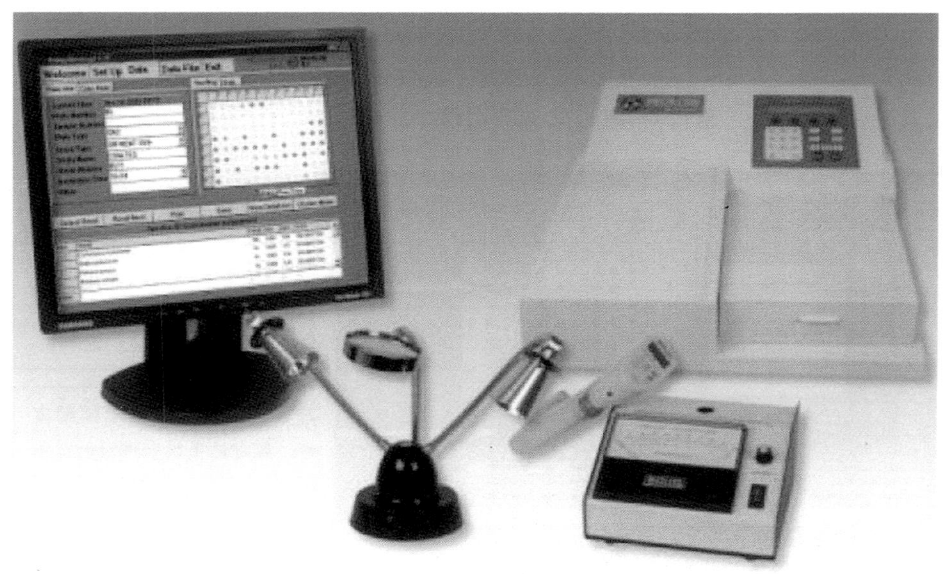

彩图12-1 Biolog自动微生物分析系统

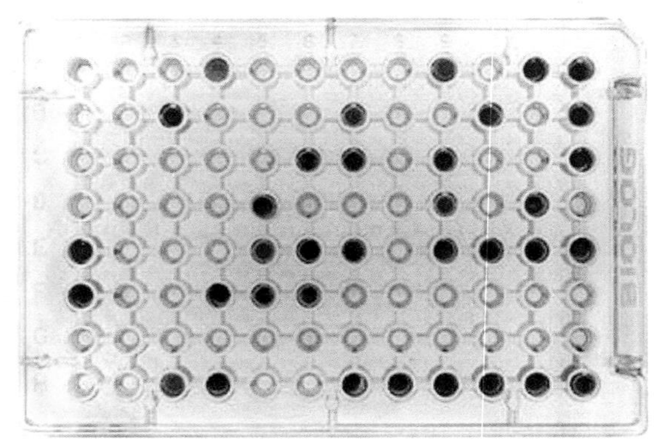

彩图12-2 Biolog 96孔微孔鉴定板

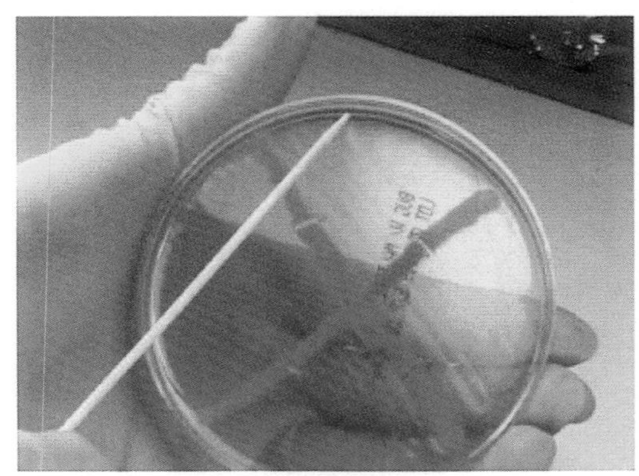

彩图12-3 划标记线

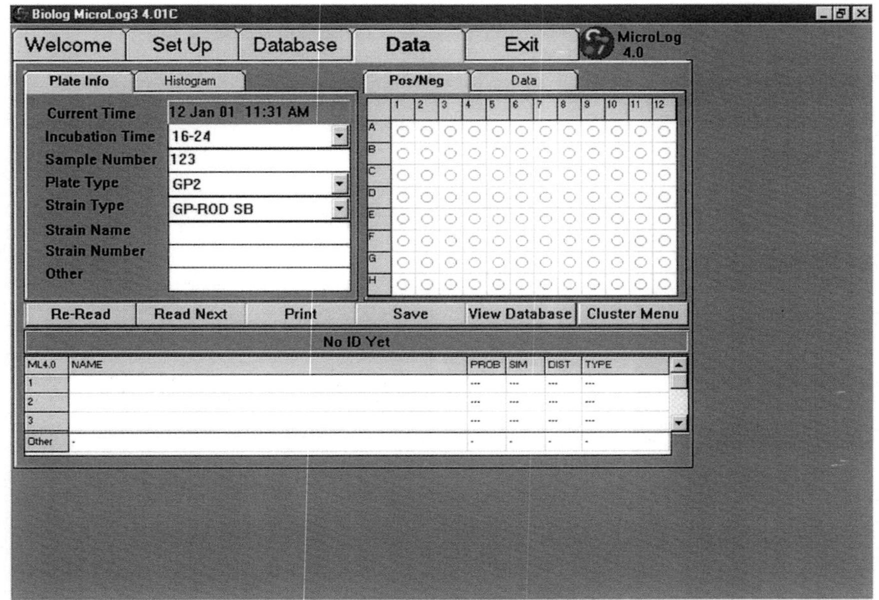

彩12-4 MicroLog应用程序界面

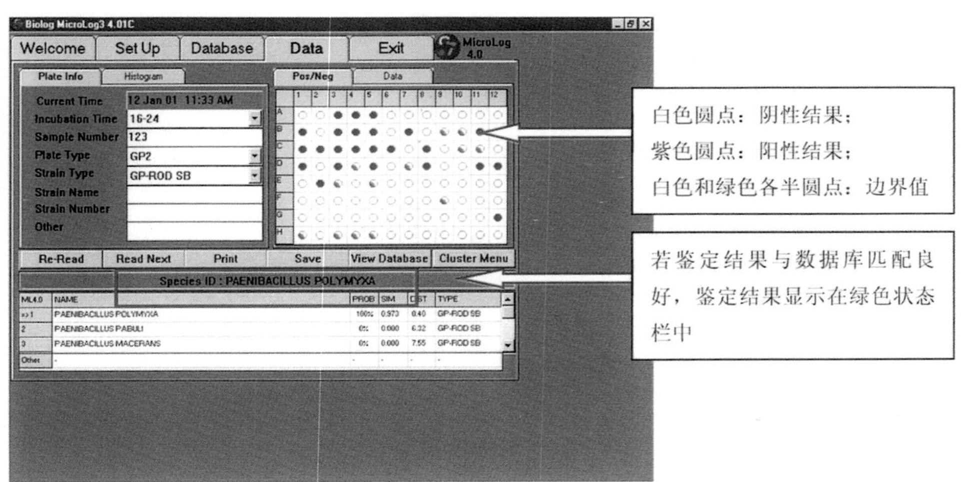

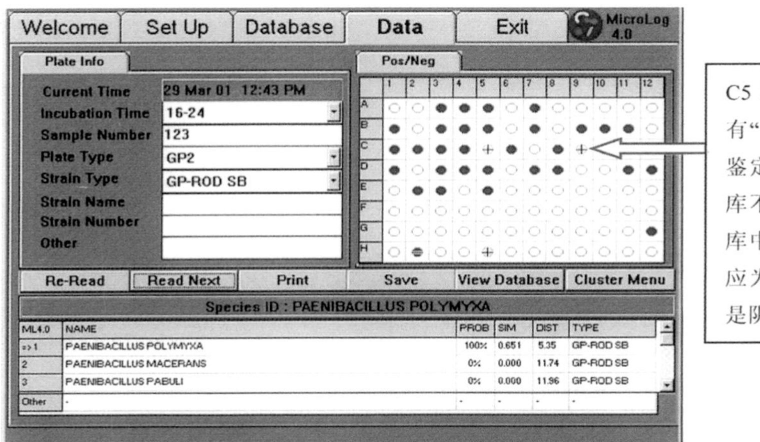

C5 和 C9 孔标记有“+”号：表示鉴定结果与数据库不匹配，数据库中该种微生物应为阳性，而不是阴性。

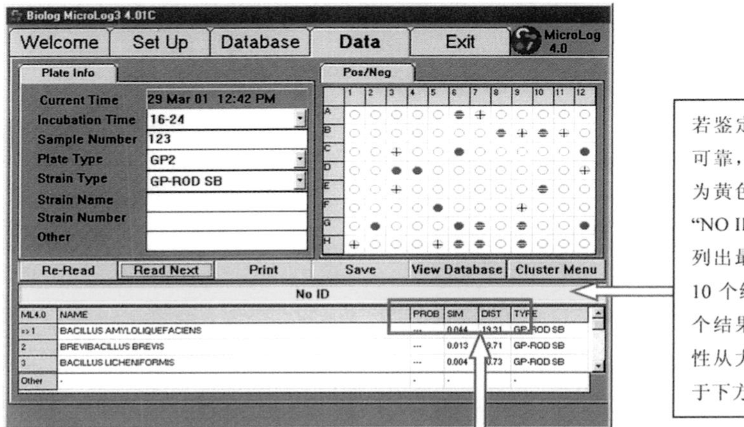

若鉴定结果不可靠，结果栏为黄色，显示“NO ID”，但仍列出最可能的10个结果，10个结果按可能性从大到小列于下方滚动栏

每个结果均显示三种重要参数：可能性(PROB)、相似性(SIM)、位距(DIS)。良好的鉴定结果SIM值在培养4～6 h时应≥0.75，培养16～24h时应≥0.50，SIM值越接近1.00，鉴定结果的可靠性越高。DIS<5表示匹配结果较好。

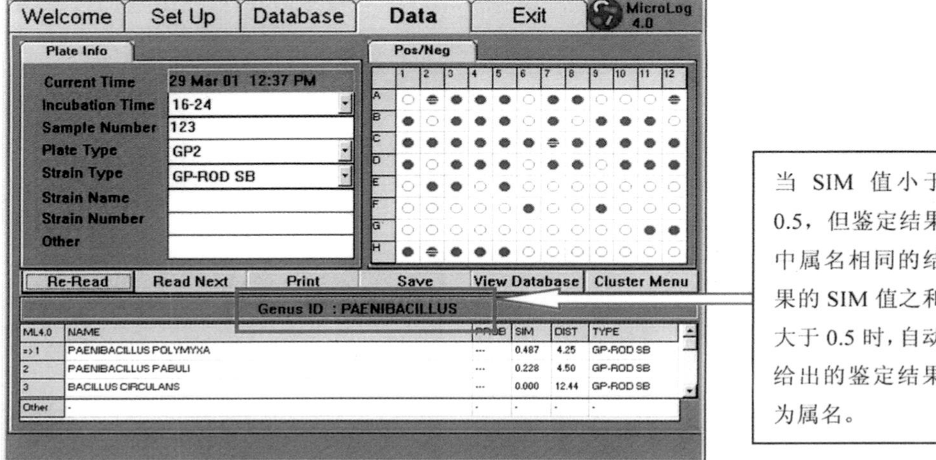

当SIM值小于0.5，但鉴定结果中属名相同的结果的SIM值之和大于0.5时，自动给出的鉴定结果为属名。

彩12-5 MicroLog应用程序分析结果

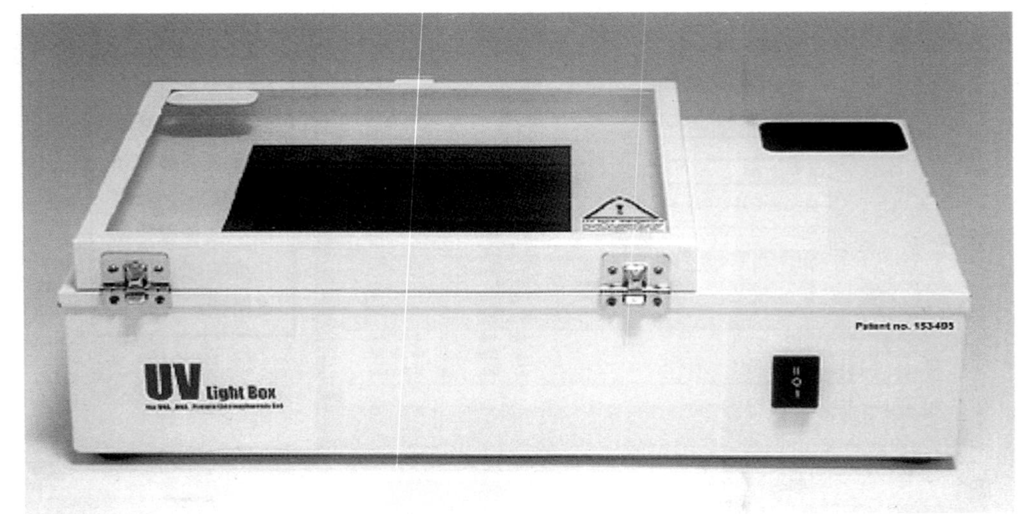

彩图13-2 紫外灯箱

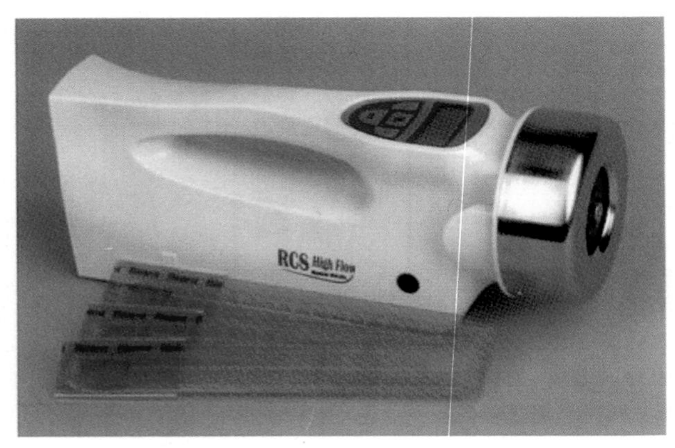

彩图14-1 离心式空气取样器和条状培养基

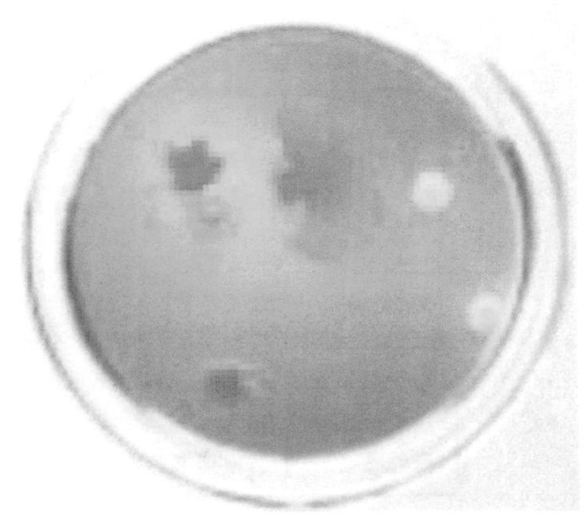

彩图14-2 长有菌落的接触碟

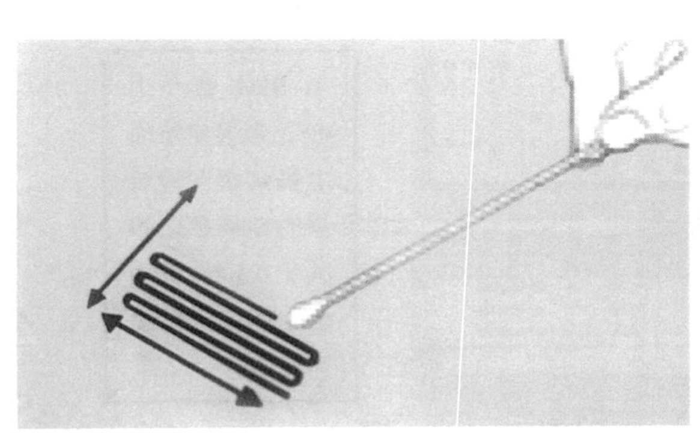

彩图14-3 拭子擦拭法示意图

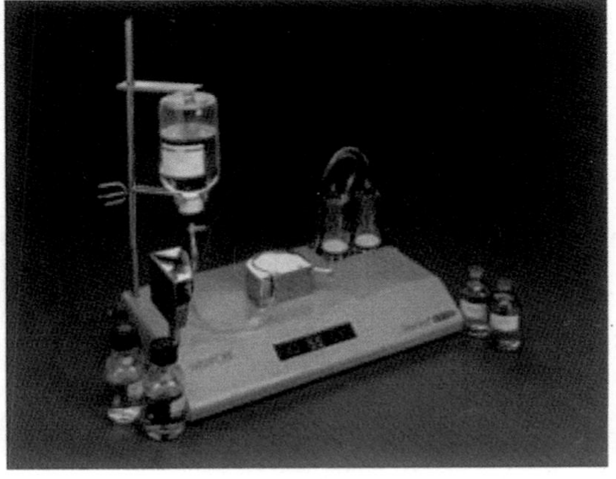

彩图14-5 全密封无菌检验系统

生物工程
生物技术
系　列

LABORATORY EXPERIMENTS IN MICROBIOLOGY

普通高等教育规划教材

微生物学实验

袁丽红　主编
陆利霞　李　霜　参编

化学工业出版社
·北京·

图书在版编目（CIP）数据

微生物学实验/袁丽红主编．—北京：化学工业出版社，2010.1（2025.1 重印）
普通高等教育规划教材
ISBN 978-7-122-07403-4

Ⅰ．微…　Ⅱ．袁…　Ⅲ．微生物学-实验-高等学校-教材　Ⅳ．Q93-33

中国版本图书馆 CIP 数据核字（2009）第 235486 号

责任编辑：赵玉清　袁俊红　　　文字编辑：刘　畅
责任校对：顾淑云　　　装帧设计：张　辉

出版发行：化学工业出版社（北京市东城区青年湖南街 13 号　邮政编码 100011）
印　　装：北京盛通数码印刷有限公司
787mm×1092mm　1/16　印张 14　彩插 4　字数 374 千字　　2025 年 1 月北京第 1 版第11次印刷

购书咨询：010-64518888　　售后服务：010-64518899
网　　址：http://www.cip.com.cn
凡购买本书，如有缺损质量问题，本社销售中心负责调换。

定　　价：35.00 元

编者的话

微生物学是生物学中具有一套特有的实验技术、实验性很强的一门学科，同时也是一门应用范围很广的一门学科，已广泛应用于工业、医药、环境、食品等多个领域。目前，微生物学不仅仅是微生物学专业开设的一门重要基础课，它也已成为与生命科学相关的专业（如生物工程、生物技术、制药工程、环境工程、食品科学与工程等）所开设的一门重要的专业基础课，并且这些专业的规模日趋增大。但一直没有一本合适的微生物学实验教材供非微生物专业学生、教师使用和参考。为此，我们根据多年微生物实验教学积累的经验，以凸显微生物学和微生物实验技术在工业、医药、环境、食品等各专业领域的应用为出发点，编写了《微生物学实验》一书。

本书在编写内容的组织形式上分成上篇和下篇两部分。上篇为基本技能部分，安排了39个典型的微生物基本操作技能实验，内容包括光学显微镜和显微技术、细菌染色技术、培养基制备技术、灭菌除菌技术、接种与分离培养技术、生长繁殖测定技术、微生物形态特征观察和描述、噬菌体检测技术、菌种保藏技术和分类鉴定技术。目的是强化学生对基本实验技能的掌握。在这部分实验中不仅包括微生物学的经典实验技术，而且也包括了现代技术在微生物实验中的应用，尽量体现实验内容和实验手段的先进性；下篇为专业技能实验部分，该部分的主要目的是使学生熟悉微生物学课程与其所学专业的密切关系，了解学习微生物学的重要性。为此，我们根据微生物学和微生物学实验技术在工业、医药、环保和食品等领域中的应用，编写了工业微生物实验、制药微生物实验、环境微生物实验和食品微生物实验四个实验模块，共35个应用微生物学实验，以满足不同专业方向学生选择专业实验的需要。实验内容更加突出专业特色和实用性。虽然按照微生物应用领域编写了不同专业方向微生物实验内容，但有些实验内容对其他专业方向也具有指导作用。

本书中每个实验编写格式与以往教材不同，删去实验原理，而以概述形式对实验背景、原理做了必要的介绍，但并不一定是完整的介绍。因此，要求学生实验前进行预习，以充分了解所要进行实验的背景知识、原理和目的，在实验报告中用自己的语言撰写在前言部分，改变学生以往写实验报告照抄实验讲义的做法。此外，在很多实验的实验结果部分设计了大量表格，突出加强培养学生对实验结果观察、记录和整理的能力。在思考题上设计大量的分析思考问题，目的是加强培养学生分析问题的能力。为了增加直观性，改变了以往教材采用手绘图片形式，书中基本上采用拍摄的真实图片，以增加直观教学效果。

总体上，本书具有实验内容安排组织系统和科学，选编的实验实用性、指导性强、可操作性更强的特点，尤其适合作为非微生物专业微生物学实验教材。本书中各个实验相对独立，因而根据具体情况可酌情选做。

本书在编写过程中得到我院各位领导的关心和支持，得到微生物学课程组老师的帮助和支持，还得到化学工业出版社赵玉清、袁俊红等的大力支持和具体指导，另外，本书出版也得到学校教材建设费的资助，在此，谨对他们表示衷心感谢。

本书涉及的内容范围广，同时本书的编写在许多方面都是新的尝试，限于编者的学识、水平和能力，书中的疏漏和错误之处恐仍难免，诚请广大学生、同行和读者批评指正，以待日后再版时改进。

编　者
2009年10月于南京工业大学
生物与制药工程学院

目 录

下篇　专业技能部分

微生物实验室安全

在实验室中实验和工作，安全是极其重要的部分。在微生物学实验中，由于使用具有潜在致病性、甚至致病性的微生物作为实验材料，因此，除了遵守实验室常规的安全规定外，还有一些安全规定需要掌握、熟悉和遵守。为了保证实验者和实验室的安全，以下微生物学实验的安全须知和注意事项请学生们在进入实验室之前务必认真阅读并熟知。

一、微生物学实验基本要求

（1）准时　每次实验必须准时进入实验室。在每个实验开始操作前实验指导教师都要针对该实验操作要点、注意事项和安全须知进行讲解或示范，如果你没有准时进入实验时，你就会错过这些重要内容。

（2）预习　每次实验前必须充分预习实验教材，了解实验目的、原理和主要操作方法，对要做的实验做到先后有序、有条不紊和心中有数，避免发生差错。

（3）负责　在每次实验中谁对我们的安全负责？答案就是我们自己。因此，实验中切记不要做危害自己和实验室中他人以及实验室公物的事情。实验中和实验结束后做到及时清理，保证自己的实验台和实验操作区整洁、干净、物品摆放有序。严格按照实验规定或实验指导教师要求认真操作。实验中使用的或接触微生物的材料，要严格按照无菌操作技术的要求进行，防止菌种的污染和实验环境的污染。实验中出现任何意外或事故应及时向实验指导教师或实验室技术人员报告。每次实验必须带实验教材、干净的白色工作服、防护眼镜、一次性手套、打火机、记号笔、笔、实验记录本和药匙。

二、微生物学实验安全须知和注意事项

（1）不许将与实验无关的物品（包括书包、帽子、围巾等）带入实验室，进入实验室前将这些物品放在指定地方。

（2）实验前、实验结束以及实验过程中接触了微生物培养物或接触了污染物品后要用抗菌洗手液或抗菌皂将手洗净。

（3）在微生物实验室内请勿将任何物品如标签、笔、手指、移液管等放入口中或口的附近。

（4）实验室内不准吃、喝任何食物，包括咀嚼口胶糖。不准在实验室内擦拭化妆品。实验室内严禁吸烟。

（5）使用移液管时绝不能用嘴吸取。

（6）进行微生物操作时要严格按照无菌操作技术进行无菌操作。接种微生物时不许走动和讲话。

（7）每次实验开始前和实验结束后用消毒剂擦净实验台面。

（8）切记永远把实验中用到的微生物菌种看作为潜在的致病菌。避免微生物培养物溢出或洒到实验台面或地上。如果溢出或洒出，应立即用消毒剂覆盖污染区域，并告知他人注意。

(9) 所有的培养物要注明菌名、 接种日期、 培养基名称和操作者。

(10) 未经允许， 实验室内微生物菌种和物品不许带离实验室。

(11) 实验过程中必须穿上工作服， 并扣好衣扣。 不许在实验室之外的场所如洗手间、 餐厅穿实验室工作服。

(12) 在配制或使用挥发性或腐蚀性药品和试剂时必须戴防护眼镜。

(13) 制片使用染色剂时必须戴一次性手套。

(14) 实验中出现任何意外或事故应及时向实验指导教师或实验室技术人员报告。

(15) 必须熟悉实验室中灭火器、 紧急出口、 急救箱等所在的地方。

(16) 留长发的学生实验时必须将头发束于脑后以免使用酒精灯时烧着头发。

(17) 酒精灯不用时立即将其熄灭， 不要让它一直燃烧。

(18) 除非意外情况下， 实验过程中不许无故离开实验室。

(19) 绝对不准许穿戴不齐， 如穿拖鞋、 背心等进入实验室， 否则取消本次实验资格。

(20) 如果接触实验的手或身体某处皮肤受伤， 进入实验室前务必做好防护， 以免实验过程中被感染。

(21) 刚灭过菌的培养基和玻璃器皿等物品很热， 请勿直接用手拿， 以免烫伤， 必须戴隔热手套。

(22) 各种仪器严格按要求操作， 用后按原样放置并清理整洁。

(23) 实验完毕后将桌面整理清洁， 用过的物品放回原处。 需要培养和灭菌的物品放在指定地方， 以便由实验室技术人员统一处理。

(24) 实验完毕离开实验室之前必须进行安全检查， 包括水、 电、 门窗等。

三、 用过和废弃物品处理

(1) 含有培养物和培养基等用过的器皿等必须先煮沸杀菌后再清洗， 切记勿将培养物等直接倒入水池或垃圾桶中。 清洗时必须戴橡胶手套。

(2) 用过的带菌移液管、 滴管、 涂布棒等先放入消毒液中浸泡 20min， 然后再清洗。

(3) 用过的染色剂和有机试剂等勿直接倒入水池中， 要倒入指定的容器中。

(4) 未污染的常规废弃物如棉球、 纸巾等可直接放入垃圾桶中。

(5) 本次实验结束必须将所有垃圾从实验室清理干净。

切记： 必须保证并保持实验者自身工作环境干净、 整洁和井然有序。 养成良好的卫生习惯是确保我们自身安全、 他人安全和实验室安全的重要部分。

最后， 如果对实验室或实验过程中有何疑问， 请直接请教实验指导教师或实验室技术人员。

如果进入实验室之前你已经认真阅读并熟知微生物实验室安全须知和注意事项， 请签字。

签名： ______________________ 日期： ______________

上篇 基本技能部分

第1章　微生物实验介绍

微生物实验室与一般实验室如化学实验室等不同，因为微生物实验室主要进行微生物的操作、培养等工作。微生物个体微小，肉眼看不见，常常被人忽略它们的存在，同时实验中使用接触的微生物或未经妥善处理的微生物对人体存在潜在的危害，因此，遵守微生物实验室的管理和各项规章制度尤为重要。进入实验室进行实验前，要确保在无菌或整洁环境下操作，实验操作者要保持良好的卫生习惯。实验完毕后，及时将要处置的微生物高温灭菌，降低与微生物接触的机会，对双手和环境进行清洁，防止微生物给人体带来危害。

实验1　微生物实验介绍

【目的要求】

1. 认识实验室各种仪器设备、器皿、药品及试剂。
2. 了解仪器设备操作方法和药品的保管方法。
3. 熟悉实验室的管理制度和实验室的各项规章制度。

【实验材料】

(1) 材料　酒精喷雾器、隔热手套、乳胶手套、滴管、移液管、试管、试管架、培养皿、三角瓶、量筒、烧杯、载玻片、盖玻片、洗瓶、玻棒、接种环、接种针、接种钩、涂布棒、药匙、酒精灯、擦镜纸、称量纸、试管塞、瓶塞、香柏油。

(2) 仪器设备　显微镜、电子天平、高压蒸汽灭菌锅、干燥箱、恒温培养箱、摇床、超净工作台、具加热磁力搅拌器、离心机、水浴锅、酸度计、冷藏箱、微波炉。

【实验方法】

(一) 常用材料器具介绍

(1) 酒精喷雾器　内装70%酒精，用于实验室、手、超净工作台台面、实验台台面消毒。

(2) 隔热手套　拿取经高温灭菌的器皿、培养基等时使用，以免手被烫伤。

(3) 乳胶手套　实验操作、配制染色剂、溶液或洗涤物品时使用，以免菌液、染色剂、污物等污染手部。

(4) 滴管　吸取少量且不需很准确的液体时使用。

(5) 移液管　需要准确吸取一定体积的液体时使用。常用的规格有：1mL、5mL、10mL。

(6) 试管　分装液体或固体培养基（斜面、直立柱）和稀释菌液等时使用。

(7) 试管架　摆放试管用。

(8) 培养皿　常用的规格为直径9cm。用于培养微生物，使用前要灭菌。15～20mL融化的培养基倒入其中，铺平，凝固后制成平板。

(9) 三角瓶　分装培养基（固体、液体）或其他液体等；分装液体培养基时用于微生物液体培养。

(10) 量筒　测量液体体积。

(11) 烧杯　盛装液体或配制试剂、培养基等时使用。

(12) 载玻片/盖玻片　显微观察微生物时，作为制片的载体。

(13) 洗瓶　内装蒸馏水或消毒液。

(14) 玻棒　配制试剂、培养基等时搅拌用。

(15) 接种环　接种工具的一种，用于细菌、酵母菌、产生较多孢子的放线菌和霉菌接种。

(16) 接种针　接种工具的一种，用于半固体或明胶直立柱培养基的穿刺接种。

(17) 接种钩　接种工具的一种，用于霉菌和放线菌的接种。

(18) 涂布棒　接种工具的一种，用于涂布接种。

(19) 药匙　称取药品、试剂时使用。使用前确保清洁，避免药品间交互污染。

(20) 酒精灯　用于接种工具、瓶口、试管口的火焰灭菌。

(21) 擦镜纸　用于擦拭显微镜目镜、物镜、聚光镜，避免镜头被刮伤。

(22) 称量纸　称取药品用。将称取的药品直接放在称量纸上。

(23) 试管塞/棉塞　用试管分装培养基时，用试管塞/棉塞封口，以免灭菌后培养基被污染。

(24) 瓶塞/棉塞　用三角瓶分装培养基时，用瓶塞/棉塞封口，以免灭菌后培养基等被污染。

(25) 香柏油　显微镜镜检时，使用油镜观察时所用的介质，直接滴加在载玻片上，然后将油镜镜头浸入香柏油中，以提高分辨率。

(26) 二甲苯　油镜使用完毕，用蘸取少量二甲苯的擦镜纸擦去沾在油镜上的香柏油。

（二）常用仪器设备介绍

(1) 显微镜　常用的是普通光学显微镜，主要用于观察微生物形态结构、染色结果和用于计数。

(2) 电子天平　配制培养基、试剂、溶液等时用于精确称取药品。

(3) 高压蒸汽灭菌锅　高压蒸汽灭菌设备，用于培养基、水和其他可高温高压灭菌的溶液或物品的灭菌。灭菌条件一般为121℃、15min。

(4) 干燥箱　干热灭菌设备，用于培养皿等玻璃器皿和金属器具等物品灭菌。灭菌条件一般为160～170℃、1～2h。也可用于洗净器皿的干燥。

(5) 恒温培养箱　培养微生物的培养箱。根据微生物生长所需温度不同设定不同的培养温度。一般实验室常用的培养温度为25～30℃和37℃。

(6) 摇床　用于微生物振荡培养，根据微生物培养所需转速不同而设定不同的旋速。

(7) 超净工作台　进行微生物接种等操作时需在无菌环境下进行，超净工作台能提供无菌环境。使用前要在台面上喷洒酒精并擦拭台面。

(8) 具加热磁力搅拌器　配制培养基时，用于加热使培养基成分溶解和混匀其中成分。

(9) 离心机　使培养的菌体与培养基等液体分离开来的设备。

(10) 水浴锅　控制水温，用于融化后培养基保温或其他需保温的液体等保温用。

(11) 酸度计　用于调节培养基或其他溶液和试剂的pH值。使用前要进行校正。

(12) 冷藏箱　用于保藏微生物菌种和需低温保藏的试剂、溶液和物品等。温度保持4℃以下为宜。

(13) 微波炉　用于培养基加热溶解。

（三）实验室安全守则

（1）实验前必须预习，准确了解所要做实验的背景知识、实验原理、目的，熟悉实验步骤、操作方法，避免在实验过程中产生慌乱。

（2）实验开始前，如有不清楚的地方应随时提出；进行实验时，应按照实验指导教师的指示操作，切勿自己行动。

（3）实验前应做到了解实验中可能会出现的问题或意外，并知道解决的办法，以免发生意外时，延误妥善处理时间。

（4）进入实验室应穿实验工作服，不可穿拖鞋，长发者应将头发束起来，这些要求都是意外发生时第一道保护措施。

（5）实验过程中，实验室门窗应紧闭，以免外界环境的污染。

（6）实验室内严禁吸烟、饮食、嬉戏或追逐等行为，避免危险发生。

（7）实验前、后彻底清洗双手，以70%酒精或其他消毒液擦拭双手和实验室操作台面。试验室必须保持整洁。

（8）实验器材应避免不当操作，尤其是酒精灯的操作应格外小心，酒精灯在不使用时应立即熄灭。可燃性物质必须远离火源。

（9）若有菌液倾出、起火燃烧、烫伤等任何意外发生，应立即通知实验指导教师和实验室技术人员，以得到及时妥善处理。

（10）取用试剂和药品时，应先确认、查明标签及浓度，以免误用。

（11）接种微生物后的试管应随时插在试管架上，不可平放在操作台面上；培养基在接种前或接种后应及时详细标明菌名、日期、接种者。

（12）凡接触过微生物的废弃物，如培养基、玻璃器皿、载玻片等，均应置于指定的容器，并经过灭菌处理后方可清洗或处理掉。

（13）实验室内的物品、菌种未经允许不可带出实验室；实验工作服、手套不可穿出实验室，以免微生物散播。

（14）仪器设备用后需清洁后放回原处；离开实验室前，需确认实验器材是否收妥、不用的电源、水、门窗等完全关闭。

（15）实验后，依规定记录实验结果，按时交实验报告。

（四）实验室管理制度

（1）实验分组。同学自行寻找最佳伙伴，每组选定一名同学当组长。组长职责是负责本组实验工作协调、组织和清洁卫生安排工作。实验结束后由各组指派一名学生留下做值日生。

（2）每次实验课前，学生必须提前到实验室，清洁自己实验工作台台面、器材和周围环境；也可协组实验室技术人员分发当日实验所需的实验材料等。

（3）实验结束后，各组同学自行清理自己台面的物品并做好保洁工作，请实验室技术人员检查合格后方可离开。

（4）实验结束后，各组指派的值日生留下，负责实验室最后的清理、打扫和处理当日实验室垃圾、清点当日分发的仪器等工作，并协助实验室技术人员完成离开实验室之前的各项检查工作。

（5）需隔天观察的实验结果，每位学生必须亲自到场，仔细观察记录实验结果，并将所用的器皿处理、清洗干净。

（6）完成实验结果观察记录后，及时完成实验报告，并在指定时间交给实验指导教师批阅。

（7）实验记录和报告书写格式要按照实验指导教师规定的格式进行科学、规范书写。实验背景和实验目的必须用自己组织的语言写作，避免抄袭、剽窃！

【实验内容】

进入实验室，由实验指导教师介绍微生物实验室各种仪器设备、器皿、药品及试剂、实验室的管理制度和实验室的各项规章制度以及认识实验室技术人员。

【实验结果】

1. 写出你在微生物实验室看到的仪器设备、器皿、药品及试剂等并说明其主要功能和药品、试剂的保管方法。

2. 写出了解过微生物实验室之后的感想。

【思考题】

1. 如果你在实验室中发生意外该如何处理？
2. 试述称取药品和试剂时要注意哪些？
3. 使用超净工作台要注意什么？

（袁丽红）

第2章　光学显微镜和显微技术

微生物个体极其微小，而我们人类肉眼的分辨率只有 0.2mm，很难直接用肉眼去观察，需要借助显微镜观察微生物的个体形态特征和菌体细胞内的结构特征。因此，显微镜是观察微生物必不可少的工具。显微技术是微生物学的基本技术之一。

随着科学技术的进步，显微镜的种类愈来愈多。根据结构和原理不同，可将显微镜分为光学显微镜、电子显微镜和扫描隧道显微镜等。在微生物学实验中最常用的是光学显微镜。光学显微镜以可见光或紫外线为光源，主要有明视野显微镜、暗视野显微镜、相差显微镜、荧光显微镜、激光共聚焦扫描显微镜等不同类型。实际工作中根据实验的目的与要求不同选用不同类型的光学显微镜。

实验2　普通光学显微镜的结构、使用与维护

【目的要求】

1. 熟悉普通光学显微镜的构造和原理。
2. 学会普通光学显微镜的正确使用和维护、保养方法。

【概述】

在微生物一般形态的观察中，普通光学显微镜最为常用。

1. 普通光学显微镜的构造

普通光学显微镜的构造如（彩）图 2-1 所示。主要包括光学放大系统、照明系统和机械系统三部分。

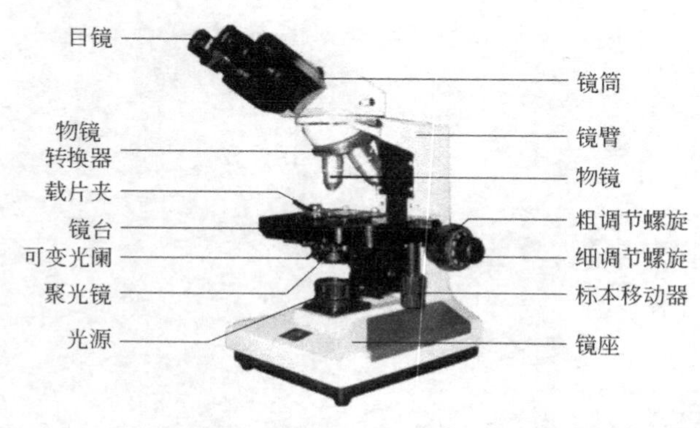

图 2-1　普通光学显微镜的构造

光学放大系统包括目镜和物镜，利用目镜和物镜两组透镜系统放大成像，故又常称为复式显微镜。目镜一般由两块透镜组成，上面的称接目透镜，下面的称场镜。在两块透镜中间或场镜的下方有一视场光阑。在进行显微测量时，目镜测微尺放在视场光阑上。不同的目镜上标有 5×、10×、16×或 20×等字符，表示该目镜的放大倍数。物镜由多块透镜组成。各种物镜上都标有放大倍数、数值孔径（*NA*）及所要求盖玻片厚度等主要参数（图 2-2）。根据物镜的放大倍数和使用方法的不同，分为低倍物镜、高倍物镜和油镜三种。低倍物镜有 4×、10×、20×，高倍物镜 40×，油镜 100×。数值孔径是表示物镜性能

的指标。例如图 2-2 中，10×/0.25 表示放大 10 倍，*NA* 为 0.25，为消色差物镜；PL40×/0.65 表示放大 40 倍，*NA* 为 0.65，为平场消色差物镜；100×/1.25Oil 表示放大 100 倍，*NA* 为 1.25，为消色差油镜。160/0 表示镜筒长度为 160mm，0 表示对盖玻片厚度要求不严格；160/0.17 表示镜筒长度为 160mm，盖玻片的厚度应为 0.17mm 或小于 0.17mm。

照明系统包括光源和聚光镜，有时另加各种滤光片以控制光的波长范围。聚光镜（又称聚光器）安装在镜台下，是由多块透镜构成，其作用是把平行的光线聚焦于标本上，增强照明度。聚光镜的焦点必须在正中，通过聚光镜调节螺旋调节聚光镜的上下，以适应使用不同厚度的载玻片，也能保证焦点落在被检标本上。由于聚光镜的焦距短，载玻片不能太厚，一般以 0.9～1.3mm 之间为宜。聚光镜上附有可变光阑（孔径光阑，俗称光圈），通过调整光阑孔径的大小，可以调节进入物镜光线的强弱。

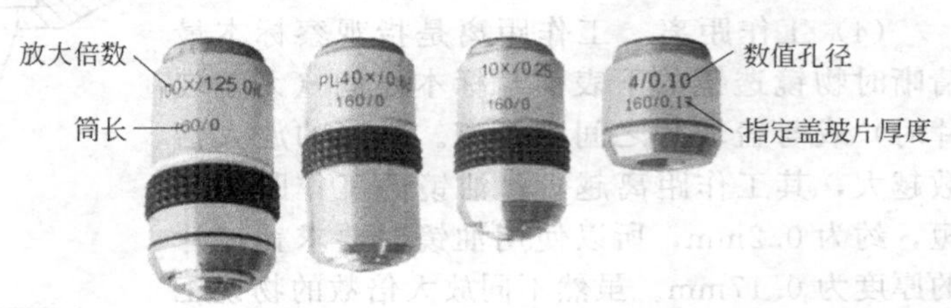

图 2-2　显微物镜及其主要参数

机械系统保证光学系统的准确配置和灵活调控，包括镜座、镜臂、镜台、物镜转换器、镜筒和调节螺旋等。镜座是显微镜的基座，使显微镜平稳放置于桌面上。镜台又称载物台，是放置标本的地方。镜台上有载片夹用于固定被检标本，并可通过转动标本移动器使标本前后、左右移动。有的标本移动器带有游标尺，指示标本所在位置。镜臂用以支持镜筒，也是移动显微镜时手握的部位。镜筒是连接目镜和物镜的金属筒。镜筒上端插入目镜，下端与物镜转换器相接。物镜转换器上装有 3～5 个不同放大倍数的物镜，可以通过转动物镜转换器随意选用合适的物镜。调节螺旋安装在镜臂基部，是调节物镜与被检标本距离的装置，通过转动粗、细调节螺旋便可清晰地观察到标本。

2. 普通光学显微镜的光学原理

(1) 光学显微镜的成像原理　由光源发射的光线经聚光镜会聚在被检标本上，使标本得到足够的照明，由标本（AB）反射或折射出的光线经物镜（L_1）进入使光轴与水平面倾斜 45°角的棱镜，在目镜（L_2）的焦平面上，即在目镜的视场光阑处（F_2）成一个放大倒立的实像 A′B′，该实像再经目镜的接目透镜放大成一个正立虚像 A″B″于无穷远或明视距离，以供人眼观察。所以人们看到的是虚像（图 2-3）。

(2) 显微镜的放大倍数　被检物体经显微镜的物镜和目镜放大后，总的放大倍数是物镜的放大倍数和目镜放大倍数的乘积。例如使用 40×物镜和 10×目镜观察，总的放大倍数是 400 倍。

(3) 分辨率　评价一台显微镜质量的优劣不仅要看其放大倍数，更重要的是看其分辨率。分辨率（*D*）是指显微镜能够辨别两个质点间最小距离的能力。

$$\text{分辨率 } D=\frac{0.61\lambda}{N\cdot\sin(\alpha/2)}$$

式中，*N* 表示标本和物镜之间介质折射率；α 表示镜口角（标本在光轴的一点对物镜镜口的张角，图 2-4）。$N\cdot\sin(\alpha/2)$ 即为数值孔径 *NA*。

介质为空气时，$N=1$，α 最大值可达 140°，最短的可见波长 $\lambda=450$nm，此时分辨率 $D=292$nm，约 0.3μm。使用油镜时，物镜与标本间的介质为香

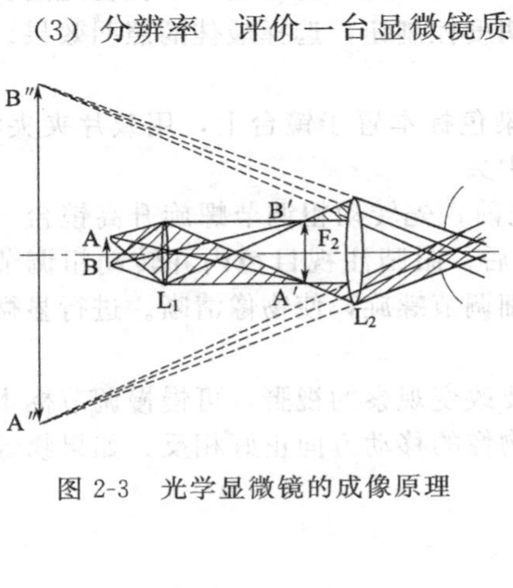

图 2-3　光学显微镜的成像原理

柏油（$N=1.515$）或液体石蜡（$N=1.52$），不仅增加了透明度，而且提高了分辨率，分辨率可达 0.2μm。所以普通光学显微镜的最大分辨率是 0.2μm。

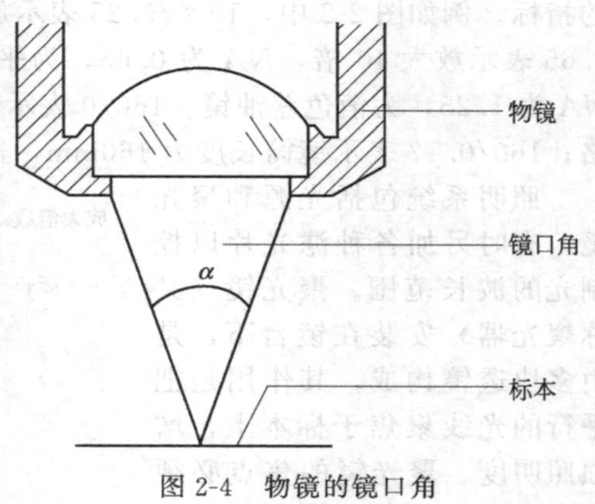

图 2-4　物镜的镜口角

（4）工作距离　工作距离是指观察标本最清晰时物镜透镜的下表面与标本之间（无盖玻片时）或与盖玻片之间的距离。物镜的放大倍数越大，其工作距离越短，油镜的工作距离最短，约为 0.2mm，所以使用油镜时要求盖玻片的厚度为 0.17mm。虽然不同放大倍数的物镜工作距离不同，但生产厂家已进行校正，使不同放大倍数物镜转换时都能观察到标本，只需进行细调焦便可使物像清晰。

（5）目镜的放大倍数　根据计算，显微镜的有效放大倍数是 $E\times O=1000\times NA$，式中 E 为目镜放大倍数，O 为物镜放大倍数。因此，目镜的有效放大倍数是 $E=1000\times NA/O$

根据上式可知，在与物镜的组合中，目镜有效放大倍数是有限的，过大的目镜放大倍数并不能提高显微镜的分辨率。如用 90×/1.4 的物镜，目镜有效的最大倍数是 15×。

【实验材料】

（1）菌种　青霉菌（染色标本）、枯草芽孢杆菌（染色标本）。

（2）仪器　普通光学显微镜。

（3）其他　香柏油（或液体石蜡）、二甲苯、擦镜纸等。

【实验方法】

（一）普通光学显微镜的使用方法

1. 显微镜放置

实验时显微镜直立放在座前桌面稍偏左的位置，镜座距桌沿 6～7cm 左右。

2. 打开光源开关，调节光强到合适大小。

3. 调节聚光镜和孔径光阑

（1）转动物镜转换器，使低倍镜头正对镜台上的通光孔。

（2）先把镜头调节至距镜台 1～2cm 左右处，取下目镜，直接向镜筒内观察，调节聚光镜上的孔径光阑，使其孔径与视野恰好一样大或略小于视野，目的是使入射光展开的角度与物镜的数值口径相一致，既可充分发挥该物镜的分辨力，又能把超过该物镜可能接受的多余光挡住，否则会产生干扰，影响清晰度。原则上使用不同的物镜时应相应调节孔径光阑。

（3）放回目镜，通过调节聚光镜的高度或调节照明度控制钮，选择最佳的照明效果。

4. 低倍镜和高倍镜的使用——观察青霉菌标本

（1）标本放置　下降镜台或升高镜筒，把青霉菌染色标本置于镜台上，用载片夹夹牢。调节标本移动器使玻片被观察的部位位于通光孔的正中央。

（2）先用低倍镜（物镜 4×、10×）观察　观察之前，先转动粗调节螺旋升高镜台（或下降镜筒），使物镜的前端接近载片（距离最近）。然后，眼睛注视目镜内并转动粗调节螺旋，使镜台下降（或镜筒上升）至看到物像，再转动细调节螺旋，使物像清晰。进行显微镜观察时要注意养成睁开双眼的习惯。

（3）如果在视野内看到的物像不符合实验要求或要改变观察的视野，可慢慢调节标本移动器。调节时应注意玻片移动的方向与视野中看到的物像的移动方向正好相反。如果物像不很清晰，调节细调节螺旋，直到物像清晰。

(4) 换高倍镜观察　转动物镜转换器把高倍镜置镜筒下方。一般具有正常功能的显微镜，低倍物镜和高倍物镜都是共焦点的，即低倍镜对焦后，转换高倍镜时一般都能对准焦点。当物像不很清晰，只需转动细调节螺旋便可使物像清晰。同时根据需要调节孔径光阑的大小或聚光镜的高低或光线强弱，使光线符合要求。

(5) 观察完毕，先将光强调至最低，关闭电源。再将物镜镜头从通光孔处移开，把镜头转成"八"字形（切勿将物镜垂直放置），然后将镜台缓缓落下，并检查零件有无损伤（特别要注意检查物镜是否沾水、沾油，如沾了水或油要用镜头纸擦净），检查处理完毕罩上防尘罩。

5. 油镜的使用——观察枯草芽孢杆菌标本

由于细菌个体微小，需要用油镜观察。

(1) 标本放置　下降镜台或升高镜筒，把枯草芽孢杆菌染色标本置于镜台上，用载片夹夹牢。调节标本移动器使玻片被观察的部位位于通光孔的正中央。

(2) 先用低倍镜（物镜 4×、10×）找到合适的视野。操作方法同 4 中（2)、(3)。

(3) 转换油镜（100×）观察　先在枯草芽孢杆菌染色标本上滴加 1～2 滴香柏油或液体石蜡，然后转动物镜转换器，把油镜置于镜筒下方，使油镜浸于香柏油或液体石蜡中。注意：操作时要从侧面仔细观察，让镜头浸入镜油中紧贴着标本，避免镜头撞击载玻片，导致玻片和镜头损坏。然后眼睛注视目镜进行观察。缓慢地转动粗调节器使镜台下降（或使镜筒上升）即可看到物像，再转动细调节螺旋使物像清晰。同时把孔径光阑开到最大，使之与油镜的数值口径相匹配，或调节聚光镜的高低或光线强弱，使光线符合要求。

(4) 显微镜使用后的处置　转动粗调节螺旋，使镜台下降（或镜筒上升），取下染色标本玻片，然后先用擦镜纸擦去油镜上的香柏油，再用擦镜纸蘸少量二甲苯（不能用酒精）擦去沾在油镜上的香柏油，最后用擦镜纸擦干镜头。用液体石蜡作镜油时，只用擦镜纸即可擦净，不必用（或仅用极少量）二甲苯。注意擦镜头时应顺着镜头直径方向擦，不要沿着圆周方向擦。

(5) 将光强调至最低，关闭电源。再将物镜镜头从通光孔处移开，把镜头转成"八"字形，然后将镜台缓缓落下，并检查零件有无损伤，检查处理完毕罩上防尘罩。

(二) 普通光学显微镜的维护与保养方法

显微镜是贵重精密的光学仪器，正确的使用、维护与保养，不但可使观察物体清晰，而且可延长显微镜的使用寿命。

(1) 显微镜应放置在通风干燥、灰尘少、不受阳光直接曝晒的地方。不使用时用有机玻璃或塑料布防尘罩罩起来，也可套上布罩后放入显微镜箱内或显微镜柜内，在箱或柜内应放置干燥剂。

(2) 显微镜要避免与酸、碱及易挥发、具腐蚀性的化学物品放在一起，以免显微镜受损。

(3) 取送显微镜时一定要一手握住镜臂，另一手托住镜座。显微镜不能倾斜，以免目镜从镜筒上端滑出。取送显微镜时要轻拿轻放。

(4) 必须熟练掌握并严格执行使用方法。

(5) 观察时，不能随便移动显微镜的位置。

(6) 凡是显微镜的光学部分，必须保持清洁。若有污脏，只能用擦镜纸擦拭，或脱脂棉球蘸无水乙醚和无水乙醇的混合液（7：3，体积比）轻轻擦拭。然后用擦镜纸擦干。不能乱用其他物品擦拭，更不能用手指触摸透镜，以免汗液玷污透镜。显微镜的金属油漆部件和塑料部件，可用软布沾中性洗涤剂进行擦拭，不可使用有机溶剂。

(7) 转换物镜镜头时，不要直接搬动物镜镜头，只能转动物镜转换器。

(8) 切勿随意转动调焦螺旋。使用细调节螺旋时，用力要轻，转动要慢，转不动时不要硬转。

(9) 粗、细调节螺旋、聚光镜升降螺旋和标本移动器等机械系统要灵活而不松动，如不灵活可在滑动部位滴加少许润滑油。

(10) 不得任意拆卸显微镜上的零件，严禁随意拆卸物镜镜头，以免损伤转换器螺口，或螺口松动后使低、高倍物镜转换时不聚焦。

(11) 使用高倍物镜和油镜时，务必缓慢转动粗调节螺旋或尽量不用粗调节螺旋，以免移动距离过大，损伤物镜和玻片。

(12) 用毕将光源调到最小，这样做对灯泡的使用寿命很有帮助。

【实验内容】

1. 熟悉普通光学显微镜各组成部分。
2. 学会普通光学显微镜的使用方法。
3. 用低倍镜和高倍镜观察青霉菌的染色标本并绘图。
4. 用油镜观察枯草芽孢杆菌的染色标本并绘图。
5. 掌握普通光学显微镜的维护与保养方法。

【实验结果】

将在不同放大倍数显微镜下观察到的青霉菌和枯草芽孢杆菌的形态绘下表中。

菌种	低倍 放大____倍	高倍 放大____倍	油镜 放大____倍
Penicillium sp.	○	○	○
Bacillus subtilis	○	○	○

【思考题】

1. 使用显微镜时，调节下列结构的目的是什么？

a. 孔径光阑：

b. 粗调焦螺旋：

c. 细调焦螺旋：

d. 聚光镜：

e. 物镜转换器：

f. 标本移动器：

2. 如何调整光源强弱？不同强弱的光源如何影响视野中菌体标本的观察？
3. 油镜使用完毕后应如何保养显微镜？
4. 视野下有脏污时，应如何判断脏污所在的位置？又如何清理脏污处？
5. 根据实验体会，谈谈如何选择不同物镜观察所需观察的微生物？

（袁丽红）

实验3 相差显微镜的结构与使用

【目的要求】

1. 了解相差显微镜的构造和原理。

2. 学会相差显微镜的使用。

【概述】

当光线通过未经染色的标本如活细胞时，由于细胞各组分密度的差异和折射率的不同，直射光和衍射光的光程就会有差别，光波的相位发生改变，产生相位差。人的肉眼分辨不出光的相位差异，只能分辨光的波长（颜色）和振幅的差异（明暗差异）。因此，活细胞在普通光学显微镜下观察时，所看到的整个视野的亮度是均匀的。但相差显微镜可将这种光程差或相位差转换成振幅差。相差显微镜的基本原理是把透过标本的可见光的光程差变成振幅差，从而提高了各种结构间的对比度，使各种结构变得清晰可见。光线透过标本后发生折射，偏离了原来的光路，同时被延迟了1/4 λ(波长)，如果再增加或减少1/4 λ，则光程差变为1/2 λ，两束光合轴后干涉加强，振幅增大或减小，提高反差，从而表现出肉眼明显可见的明暗区别。因此，相差显微镜可使人们能在不染色情况下清楚地观察到普通光学显微镜下看不到或看不清的活细胞以及细胞内的某些细微结构。

相差显微镜与普通光学显微镜的结构基本相同，但它具有四个特殊结构：环状光阑、相位板、合轴调节望远镜和绿色滤光片。①环形光阑：位于光源与聚光器之间，其上有一透明的亮环，作用是使透过聚光器的光线形成空心光锥，焦聚到标本上后产生两部分光，一部分是直射光，另一部分是经过标本后产生的衍射光。在相差聚光器下面装有一个转盘，上面装有不同的环状光阑，在不同光阑边上标有10×、20×、40×等字样，表示应与相应的相差物镜配合使用。②相位板：在物镜中加了涂有氟化镁的相位板，可将直射光或衍射光的相位推迟1/4 λ，此种物镜称为相差物镜（物镜上标有红色或绿色“Ph”字样）。相位板分为两种：A相板能将直射光推迟1/4 λ，两组光波合轴后光波相加，振幅加大，标本是明亮的而背景是暗的，形成亮反差，称为明相差或负相差；B相板能将衍射光推迟1/4 λ，两组光线合轴后光波相减，振幅变小，标本是暗的而背景是亮的，形成暗反差，称为暗相差或正相差。③合轴调节望远镜（在镜的外壳上标有“CT”字样）：用以调节环状光阑和相位板环的重合。④绿色滤光片：由于使用的照明光线的波长不同，常引起相位变化，为了获得良好的相差效果，相差显微镜要求使用波长范围比较窄的单色光，通常用绿色滤光片来调解光源的波长。（彩）图2-5为相差显微镜光路图。

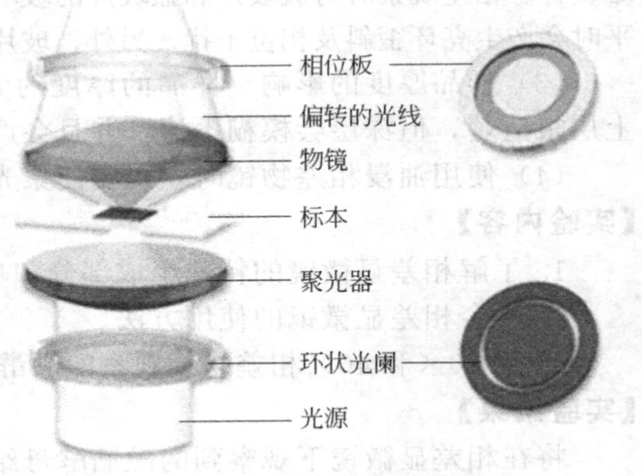

图2-5 相差显微镜光路图

【实验材料】

（1）菌种 酿酒酵母培养物。

（2）仪器 相差显微镜。

（3）其他 载玻片、盖玻片、无菌水、酒精灯、接种环、擦镜纸等。

【实验方法】

（一）相差显微镜的使用方法

（1）酿酒酵母水浸片制作 取一块干净载玻片，在载玻片中央滴加一小滴无菌水，用灭菌的接种环取酵母菌少许，置于水滴中，使菌体与无菌水混合均匀，然后将盖玻片斜置轻轻盖在液滴上。

（2）打开相差显微镜光源开关，选择相差物镜和相应光阑。

（3）将制好的酵母水浸片置于镜台上，用载片夹夹牢。调节标本移动器使玻片被观察的部位位于通光孔的正中央。

（4）按照普通光学显微镜的操作方法调光、调焦，看到清晰的物像。

（5）合轴调节　取下一侧目镜，换上合轴调节望远镜。旋转合轴调节望远镜的焦点，便能清楚看到一明一暗两个圆环。再转动聚光器上的环状光阑的两个调节纽，使明亮的环状光阑圆环与暗的相位板上的暗环完全重叠。如果明亮的光环过小或过大，可通过调节聚光器的升降旋钮，使两环完全吻合。如果聚光器升到最高点或降到最低点仍不能校正，说明玻片太厚，应更换玻片。

（6）镜检观察　调节好合轴后取下合轴调节望远镜，换上目镜，并在滤光片架上或光源上放上绿色滤光片，镜检。镜检操作与普通光学显微镜操作相同。注意：镜检时如需更换不同倍数的物镜，必须重新进行合轴调节。

（二）使用相差显微镜注意事项

相差显微镜能观察到未经染色的透明样本，适用于对活细胞生长、运动、增殖及细微结构的观察。因此，相差显微镜是微生物学实验和研究中的重要工具。使用时需注意几点。

（1）光源的影响　视场光阑与聚光器的孔径光阑必须全部打开，而且光源要强。因为环状光阑遮去大部分光，物镜相差板又吸收大部分光。

（2）盖玻片和载玻片的影响　样品一定要盖上盖玻片，否则环状光阑的亮环和相板的暗环很难重合。相差观察时对载玻片和盖玻片的玻璃质量也有较高要求。当有划痕、厚薄不均或凹凸不平时会产生亮环歪斜及相位干扰。另外，玻片过厚或过薄时会使环状光阑亮环变大或变小。

（3）样品厚度的影响　样品的厚度约为 5μm 或者更薄。当采用较厚的样品时，样品的上层很清楚，但深层会模糊不清，并且会产生相位移干扰和光的散射干扰。

（4）使用油浸相差物镜时，也要使聚光器浸油。

【实验内容】

1. 了解相差显微镜的特殊组成部分和功能。
2. 学会相差显微镜的使用方法。
3. 用 10× 和 40× 相差物镜观察酿酒酵母水浸片标本并绘图。

【实验结果】

将在相差显微镜下观察到的酿酒酵母结果记录于下表中。

相差物镜	相差显微镜背景（暗/亮）	细胞内结构（暗/亮）	菌体形态和内部结构
10×			
40×			

【思考题】

1. 使用相差显微镜时，调节下列结构的目的是什么？

a. 合轴调节望远镜：

b. 环状光阑：

c. 孔径光阑：

d. 聚光器升降旋钮：

2. 相差显微镜相位板的作用是什么？

3. 相差显微镜使用绿色滤光片的目的是什么？

（袁丽红）

实验4　微生物测微技术

【目的要求】

1. 学会使用显微测微尺测定微生物细胞大小的方法。

2. 掌握微生物细胞大小的表示方法。

【概述】

微生物细胞大小是微生物分类鉴定的重要依据之一。微生物个体很小，要用测微技术进行测量。显微测微尺是测量微生物细胞大小的常用工具，包括目镜测微尺和镜台测微尺两个部件。

目镜测微尺是一块可放入目镜内的圆形小玻片，其中央有精确的等分刻度［图 2-6(a)］，有 50 小格和 100 小格两种。测量时，需将其放在接目镜的隔板（视场光阑）上，用于测量经显微镜放大后的细胞物像。但是不同显微镜或不同的目镜和物镜组合其放大倍数不同，目镜测微尺每小格所代表的实际长度也不一样。因此，用目镜测微尺测量微生物大小时，必须先用镜台测微尺进行标定，求出在某一物镜下目镜测微尺每小格所代表的长度，然后根据微生物细胞相当于目镜测微尺的格数计算出细胞的实际大小。

镜台测微尺［图 2-6(b)］是中央部分刻有精确等分线的载玻片。一般是将 1mm 等分为 100 格，每格长 0.01mm（即 10μm），专用于校正目镜测微尺每格的相对长度。

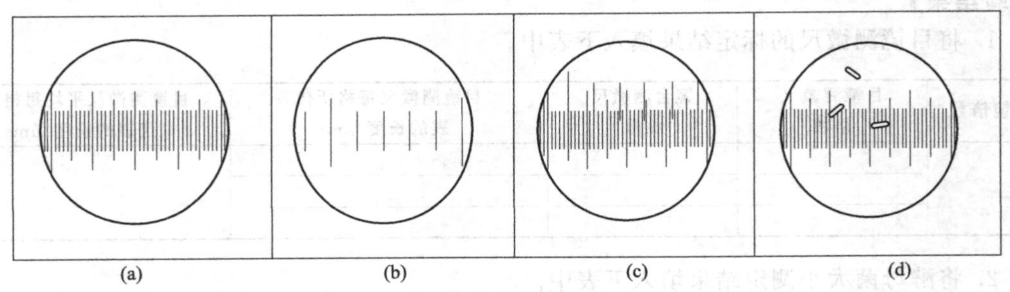

图 2-6　目镜测微尺（a）和镜台测微尺（b）及目镜测微尺的标定（c）和微生物大小测量（d）

【实验材料】

（1）菌种　酿酒酵母菌液。

（2）仪器　普通光学显微镜。

（3）其他　目镜测微尺、镜台测微尺、载玻片、盖玻片、滴管等。

【实验方法】

1. 目镜测微尺放置

取出目镜，旋开接目透镜，将目镜测微尺放在目镜中隔板上。注意：有刻度的一面朝下。然后旋上接目透镜，插入镜筒。

2. 目镜测微尺的标定

（1）放置镜台测微尺　将镜台测微尺有刻度的一面朝上放在显微镜镜台上，不可放反。

（2）标定　先用低倍镜观察。调整焦距，当清晰地看到镜台测微尺的刻度后，转动目镜，使目镜测微尺的刻度与镜台测微尺的刻度平行。利用标本移动器移动镜台测微尺，使两尺在左边某一区域内两线完全重合，然后向右找另外二尺相重合的线，分别数出两重合线之间镜台测微尺和目镜测微尺的格数［图 2-6(c)］。

（3）计算　由于已知镜台测微尺每格长 10μm，根据下列公式即可计算出目镜测微尺每格所代表的长度。

$$目镜测微尺每格长度(\mu m)=\frac{重合线间镜台测微尺格数\times 10}{重合线间目镜测微尺格数}$$

（4）按照（2）、（3）同样方法，分别标定不同倍数物镜下目镜测微尺每格的实际长度。同样，若更换显微镜或目镜时，必须重新标定。

3. 酵母菌大小的测定

（1）目镜测微尺标定完毕后，取下镜台测微尺。

（2）在载玻片上滴加一滴酵母菌悬浮液，盖上盖玻片。注意：避免产生气泡。

（3）将制好玻片置于镜台上。先用低倍镜测定，再用高倍镜测定。测定时通过转动目镜测微尺和移动载玻片，测量并记录酵母菌的长、宽所占目镜测微尺的格数［图 2-6(d)］。

（4）计算酵母菌长、宽　将所测得的格数乘以目镜测微尺相应倍数下每格所代表的长度，即为该酵母菌的实际大小。注意：同一样本测定典型大小的细胞 5～10 个，求其平均值。

4. 测定完毕

将镜台测微尺用擦镜纸擦拭干净，放回盒内保存，同时正确清理和维护显微镜。

【实验内容】

1. 校正目镜测微尺。
2. 测量酿酒酵母菌体大小。
3. 计算并表示酿酒酵母菌的大小。

【实验结果】

1. 将目镜测微尺的标定结果填入下表中。

物镜倍数	目镜测微尺格数	镜台测微尺格数	目镜测微尺每格所代表的长度/μm	目镜测微尺平均每格所代表的长度/μm

2. 将酵母菌大小测定结果填入下表中。

物镜倍数	目镜测微尺每格所代表长度/μm	测定次数	宽		长		菌体平均大小或大小范围/μm
			目镜测微尺格数	长度/μm	目镜测微尺格数	长度/μm	
		1					
		2					
		3					
		4					
		5					

【思考题】

1. 在不改变目镜和目镜测微尺，而改用不同放大倍数的物镜来测定同一菌体的大小时，其测定结果是否相同？为什么？
2. 测量菌体大小时对菌龄有无要求？为什么？
3. 如何表示各种不同形态的微生物大小？

（袁丽红）

实验5 数码显微摄影技术

【目的要求】

1. 学会显微摄影的方法。

2. 熟悉科技文献中对显微摄影图片的规范与要求。

【概述】

在科学研究中，经常利用显微摄影装置把显微镜下观察到的影像拍摄下来，制作成照片或将图像信息传输、记录于其他仪器设备中以供进一步研究和分析用，这种技术称为显微摄影技术。在生物科学领域显微摄影技术应用极为广泛，它不仅具有迅速而准确的特点，而且能记录其他描述方法无法记录的特殊现象。

传统显微摄影采用的是银盐胶片显微摄影，随着现代电子和计算机技术的发展，尤其是数码技术在摄影领域的广泛应用，传统的胶片式显微摄影已逐渐被数码显微摄影所取代。数码显微摄影除了准确记录图像信息外，还可将所观察到的现象与实验结果利用计算机显微图像分析软件进行更深层次的分析和研究。数码摄影的成像原理是利用光电耦合器件，将镜头所形成的影像（甚至每个非常细小的局部）的光线亮度信号转化为计算机可以识别的、可以用数字进行描述的电子信号，最后通过计算机或其他专用设备，再把这些数字信号还原成光信号，使影像再现出来。数码摄影所产生出来的实时影像，由于采用了先进的数字技术，其精度远远高于传统的普通照片。数码显微摄影技术的基本装置是数码相机、显微镜、计算机系统和图像分析软件包等。

1. 滤光片的选择

一般生物学标本是有颜色的，通过显微镜摄影往往存在反差较小的弊端，影响显微摄影质量。因此，在光路中利用不同颜色的滤光片，有意识地使某种颜色的光线减弱或加强，从而使光线协调，增加拍摄的影像的反差，达到清晰、准确和层次丰富的目的。

在显微摄影中，正确选用滤光片十分重要。选择滤光片最简便和最好的方法是把滤光片加在光源之前，然后在显微镜中观察被拍摄物体的影像，调换不同颜色的滤光片，直到被拍摄物体的反差最合适或结构最清晰为止。此外，还可参照以下原则选用滤光片，即不同颜色的被拍摄物体选择滤光片的颜色应是标本的互补色。这是由于滤光片对各种色光有选择吸收的特性，凡与滤光片颜色相同的色光则能通过，而与之互补的色光则被吸收。不同颜色的被拍摄物体可参照表 2-1 选用滤光片。

表 2-1 根据标本颜色应选择的滤光片

标本颜色	滤光片颜色	标本颜色	滤光片颜色	标本颜色	滤光片颜色
蓝	红	棕	蓝	蓝绿	红
绿	红	橙	蓝	绿黄	紫
红	绿	紫	绿		
黄	蓝	蓝紫	黄		

各种不同生物染料染成的标本，在进行显微摄影时，为了避免出现太大的反差，使标本的微细结构显示不出来，可参照表 2-2 选用适当的滤光片组合，这样就可得到特定波长的单色光。

2. 视场光圈的调节

视场光圈的主要作用是调节视场照明范围。在显微摄影时，如果视场光圈过大，照射到被摄物体上的光超过视场直径，视场外的光线经玻璃和标本的反射和不规则的散射，造成影像反差的减弱，降低了影像的清晰度。反之，光圈收缩过小，照明范围小于视场直径时，视野四周被遮挡，不能观察和拍摄到全部物像。一般镜检观察时，视场光圈应调整到比视场直径稍大即可，以刚好看不到视场光圈的像为宜。在显微摄影时，视场光圈还应再适当缩小，视场光圈的像比摄影范围标记略大即可。

表 2-2　不同生物染料所采用的滤光片

染　料	吸收光带/nm	推荐的滤光片	所用的光带/nm
酸性品红	530～560	绿与深黄	510～600
苯胺蓝	550～620	绿与橙	560～600
碱性品红	520～550	绿与深黄	510～600
洋红	500～700	绿与深黄	510～600
结晶紫	550～610	绿与深黄	510～600
曙红 Y	490～530	绿、蓝	510～540
亮绿	600～660	纯红	610～680
甲基绿	620～650	纯红	610～680
亚甲蓝	600～620、650～680	橙、红	590～700
番红	480～540	绿、蓝	510～540
苏丹Ⅲ	蓝绿最高点 500	绿、蓝	510～540

3. 孔径光圈的调节

聚光镜除了将光源投射来的光有效地聚焦在标本上外，还通过聚光镜孔径光圈的调节产生与物镜相适应的光束，使图像的反差和焦深处于最佳状态。也就是说，聚光镜孔径光阑具有控制拍摄标本景深范围的作用。因此，聚光镜的孔径光阑与显微照片的反差和清晰度有直接关系。调节孔径光圈的一般原则是当物镜的放大倍率增大时，聚光镜的孔径光圈也应相应增大以提高视野亮度。在显微摄影中，要想得到高质量照片，聚光镜的孔径光圈要调节在数值孔径的 60%～80%，至于具体调节多少要根据具体图像的反差而定。一般是一边观察调焦目镜中的图像，一边调节孔径光圈，直到影像的反差、焦深和清晰度处于最佳状态时为止。

4. 标本的聚焦

显微摄影观察的是肉眼无法观察的标本，因此，观察拍照时的调焦要非常仔细，稍不留意就可能聚焦不清晰。特别是用高倍镜观察时由于其焦深比较小，聚焦更困难。实验中应该手眼配合，耐心调节。一般的原则是先用低倍镜，再用高物镜。先粗调，后细调。镜台从上往下调节。拍摄时要以摄像目镜聚焦清晰为准。

【实验材料】

(1) 菌种　酿酒酵母菌培养物。

(2) 仪器　具数码显微摄影系统的光学显微镜。

(3) 其他　载玻片、盖玻片、无菌水、酒精灯、接种环、擦镜纸等。

【实验方法】

(一) 显微摄影前的准备

(1) 制酿酒酵母菌水浸片　取一块干净载玻片，在玻片中央滴加一小滴无菌水，用灭菌的接种环取酵母菌少许置于无菌水中，使菌体与无菌水混合均匀，将盖玻片斜置轻轻盖在液滴上。

(2) 显微镜摄影前的调节　首先进行显微镜机械轴的合轴调整，认真检查物镜、聚光镜安装定位是否正确。然后调节目镜的两眼瞳距和校正屈光度。由于每个人的视力不同，所以在拍摄前必须校正屈光度。方法是用一只眼（左眼或右眼）通过调节摄像目镜上的屈光调节环，使目镜视野中心的“十”字由单线变成清晰的双线（图 2-7）。

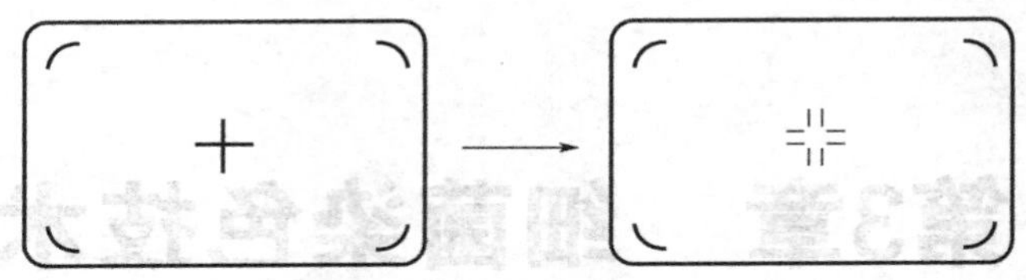

图 2-7　屈光度校正

（二）显微摄影的基本操作步骤

(1) 将待检标本置于镜台上，打开显微镜光源开关。

(2) 用低倍物镜（如 4×或 10×物镜）调准焦点，目的是确定载物台的位置。

(3) 将聚光镜的孔径光圈与视场光圈收缩到最小位置，此时视野中出现多边形影像。

(4) "下调焦"　调节聚光镜的升降旋钮上下移动聚光镜，使视场光圈的影像清晰地呈现在标本平面上。

(5) 光学合轴　调节聚光镜上的定心旋钮，将视场光圈的影像调整到视野中心位置处。

(6) 调整视场光圈和孔径光圈。

(7) 调焦观察。

(8) 拍照。注意要加标尺。

【实验内容】

1. 学习数码显微摄影的操作方法。

2. 拍摄酿酒酵母菌的菌体形态。

【实验结果】

将拍摄的酿酒酵母菌照片打印出来。

（袁丽红）

第3章　细菌染色技术

细菌个体微小而透明，在普通光学显微镜下观察不易识别，必须对它们进行染色。染色后菌体与背景之间形成鲜明的对比，从而可在显微镜下清楚地观察。因此，生物染色是微生物学的一项基本技术。

用于微生物染色的染料主要有碱性染料和酸性染料两大类。碱性染料电离后带有正电荷，能和带有负电荷的物质相结合。微生物细胞表面和内部大分子如核酸带有大量的负电荷，这样电离后带有的正电荷的碱性染料就可与细胞表面和内部的负电荷相互作用而使菌体细胞着色。常用于细菌染色的碱性染料有结晶紫、美蓝、石炭酸复红、孔雀绿等。酸性染料电离后带有负电荷，能和带有正电荷的物质相结合。细菌分解糖类产酸而使培养基的pH下降，细菌所带的正电荷增加，微生物细胞内蛋白质也是带有正电荷细胞组分，它们可与电离后带有的负电荷的酸性染料如伊红、酸性复红或刚果红等相结合而使菌体着色。细菌的染色方法有很多，使用目的也不同。图 3-1 概括了常用的细菌染色方法和使用目的。

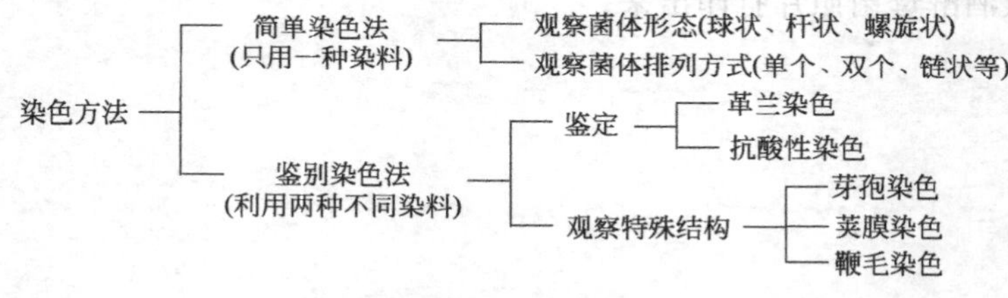

图 3-1　常用的细菌染色方法及其使用目的

实验6　细菌的简单染色和细菌菌体形态的观察

【目的要求】

1. 学会细菌的涂片方法。
2. 掌握细菌简单染色的原理和染色方法。
3. 通过简单染色法观察比较细菌菌体形态和排列方式。

【概述】

简单染色采用一种染料对菌体进行染色，常用结晶紫、美蓝、石炭酸复红等碱性染料。在简单染色中涂于载玻片上的细菌菌膜被染色后，染色后的菌体与背景形成鲜明对比，在显微镜下很容易被识别。通过简单染色方法可以观察细菌的菌体形态特征和菌体的排列方式。

菌体在染色前必须被固定，其目的一是杀死菌体细胞，二是使菌体黏附在载玻片上，使其不易被冲洗掉。此外，菌体固定后还可增加其对染料的亲和力。常用的固定方法是加热固定，但加热固定时不要过热，以免破坏菌体原有形态，引起细胞的膨胀或收缩。简单染色时间依使用的染料不同而有所不同，美蓝为 1～2min，石炭酸复红为 15～30s，结晶紫为

20～60s。

【实验材料】

（1）菌种　乳酸链球菌、大肠埃希菌、枯草芽孢杆菌、金黄色葡萄球菌、红螺菌。均为24h营养琼脂培养物。

（2）仪器　普通光学显微镜。

（3）染色液　吕氏美蓝染色液。

（4）其他　载玻片、接种环、酒精灯、香柏油、二甲苯、无菌水、擦镜纸等。

【实验方法】

（1）涂片　在洁净的载玻片中央加一小滴无菌水［（彩）图3-2(a)］，用灭菌的接种环取少许培养物置于水滴中并与水充分混匀，并涂成极薄的菌膜［（彩）图3-2(b)］。

（2）干燥　涂片在空气中干燥。

（3）固定　手持载玻片一端，有菌膜一面向上，通过酒精灯微火三次。注意用手指触摸载玻片反面，以不烫手为宜。冷却［（彩）图3-2(c)，(d)］。

（4）染色　滴加吕氏美蓝染色液于菌膜部位，覆盖菌膜，染色1～2min［（彩）图3-2(e)］。

（5）水洗　斜置玻片倾去染色液，用水自玻片上端缓慢冲洗，直到流下的水无色为止。注意切勿使水流直接冲洗菌膜处［（彩）图3-2(f)］。

（6）干燥　自然干燥，或用吸水纸轻轻吸去多余水分，或微微加热加快干燥速度［（彩）图3-2(g)］。

（7）镜检。

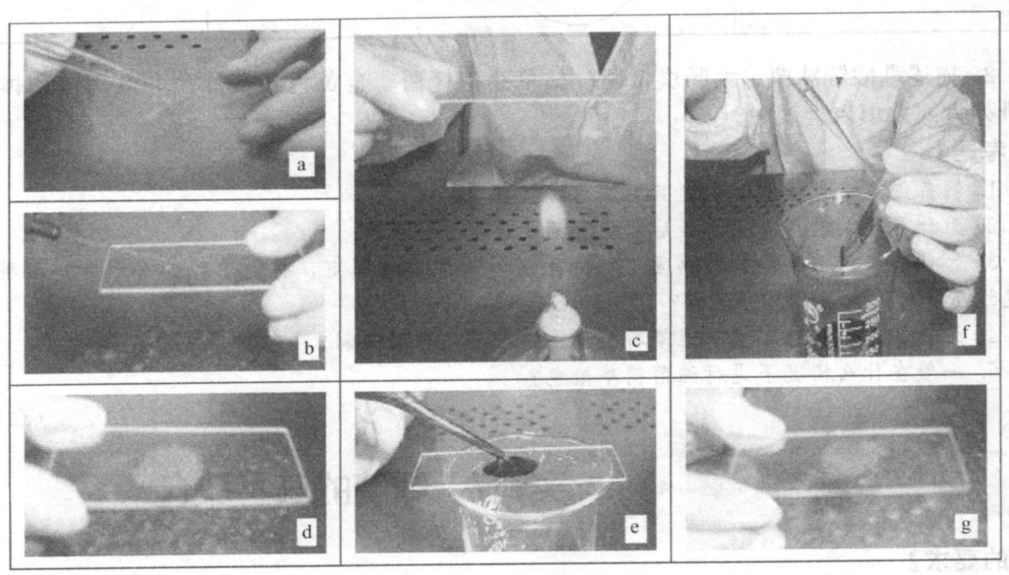

图3-2　简单染色的操作方法

【实验内容】

分别对乳酸链球菌、大肠埃希菌、枯草芽孢杆菌、金黄色葡萄球菌和红螺菌进行简单染色，并绘图和描述菌体特征。

【实验结果】

1. 将显微镜下观察到的乳酸链球菌、大肠埃希氏菌、枯草芽孢杆菌、金黄色葡萄球菌和红螺菌菌体形态画于下表中，并注明各部分名称。

菌　　种	菌体形态图	菌体形态	排列方式
Streptococcus lactis	○		
Escherichia coli	○		
Staphylococcus aureus	○		
Bacillus subtilis	○		
Rhodospirillum sp.	○		

2. 描述乳酸链球菌、大肠埃希菌、枯草芽孢杆菌、金黄色葡萄球菌和红螺菌菌体形态和排列方式并填入上表中。

【思考题】

1. 制备细菌染色标本时，尤其要注意哪些环节？
2. 为什么要求制片完全干燥后才能用油镜观察？
3. 为什么染色前涂片要加热固定？如果涂片未经加热固定，将会出现什么问题？如果加热温度过高、时间太长，又会怎样？
4. 为什么细菌染色常用碱性染料？什么情况下用酸性染料？
5. 一般在什么情况下进行细菌简单染色？

（袁丽红）

实验7　细菌的革兰染色

【目的要求】

1. 掌握革兰染色反应的原理和意义。
2. 掌握革兰染色的主要操作步骤。
3. 学会革兰染色方法。

【概述】

革兰染色是细菌染色中重要的鉴别染色方法之一。通过革兰染色方法可将细菌分为革兰阳性菌（G^+）和革兰阴性菌（G^-）两大类。

革兰染色的主要操作步骤［（彩）图 3-3］是先将细菌用结晶紫染色（初染），再加媒染剂碘液（媒染），然后用脱色剂乙醇或丙酮脱色（脱色），最后用番红染色液染色（复染）。

如果细菌不被脱色剂脱色而仍保留初染剂结晶紫颜色的为革兰阳性菌；如果细菌能够被脱色剂脱色，而后又染上复染剂颜色的即为革兰阴性菌。

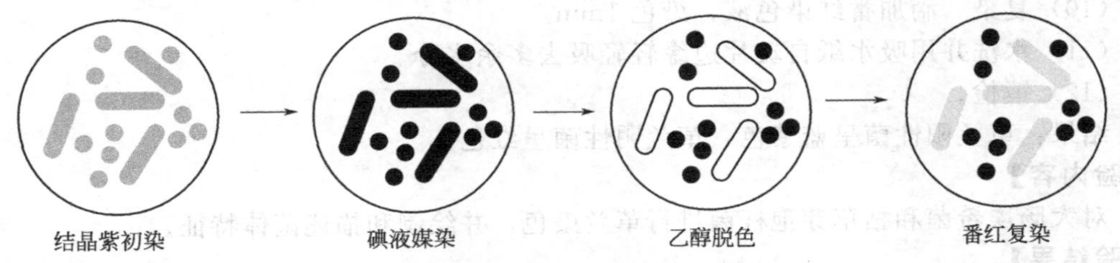

图 3-3 革兰染色的主要操作步骤

革兰染色的机理主要在于革兰阳性菌（G^+）和革兰阴性菌（G^-）细胞壁的结构和化学组成的差异。细菌经过结晶紫初染和碘液媒染后，在细菌细胞膜内形成不溶于水的结晶紫与碘的复合物。G^+菌由于其细胞壁主要成分是肽聚糖，并且肽聚糖层厚、交联程度高，用脱色剂乙醇等处理时，因失水而使肽聚糖网格缩小，再加上G^+菌细胞壁不含类脂成分，乙醇的处理不会使细胞壁溶出缝隙，因此将结晶紫与碘的复合物牢牢地留在细胞壁内，而使菌体仍保持蓝紫色；相反，G^-菌细胞壁肽聚糖层薄，交联程度低，并且细胞壁类脂含量高，用脱色剂乙醇处理时，类脂成分迅速溶解，薄而松的肽聚糖网格不能阻挡结晶紫与碘的复合物溶出，而使菌体褪色成无色，再用番红等红色染料复染，G^-菌又被染成红色。因此，革兰染色结果为G^+菌为蓝紫色，G^-菌为红色。进行革兰染色操作时应尤其注意脱色环节。如果脱色过度，可使初染剂流失，使革兰阳性菌成革兰阴性菌；如果脱色不足，则不能完全去除结晶紫一碘复合物，结果阴性菌变成阳性菌。

【实验材料】

（1）菌种　大肠埃希菌、枯草芽孢杆菌。均为 24h 营养琼脂培养物。

（2）仪器　普通光学显微镜。

（3）染色液和试剂　草酸铵结晶紫染色液、路哥碘液、番红染色液、95%乙醇。

（4）其他　载玻片、接种环、酒精灯、香柏油、二甲苯、无菌水、擦镜纸等。

【实验方法】

（1）涂片　这里介绍“三区”涂片法（图 3-4）。在一洁净的载玻片偏左和偏右各加一小滴水。用灭菌的接种环挑取少许大肠埃希菌与左边的水滴充分混合，再用灭菌接种环挑取少许枯草芽孢杆菌与右边的水滴充分混合，将左、右方的菌液延伸于玻片中央，使大肠埃希菌和枯草芽孢杆菌在玻片中间区域相互混合成含有两种菌的混合区。

（2）干燥　涂片在空气中干燥。

（3）固定　手持载玻片一端，有菌膜一面向上，通过酒精灯微火三次。注意用手指触摸载玻片反面，以不烫手为宜。冷却。

（4）染色　滴加草酸铵结晶紫染色液于菌膜部位，覆盖菌膜，染色 1～1.5min。

（5）水洗　斜置玻片倾去染色液，用水自玻片上端缓慢冲洗。注意勿使水流直接冲洗菌膜部位。

（6）媒染　滴加路哥碘液于菌膜部位，覆盖菌膜，放置 1～2min。

（7）水洗　同上。

（8）脱色　斜置玻片，自标本的上端缓慢滴加 95%乙醇脱色，直到留下的酒精无明显的紫色

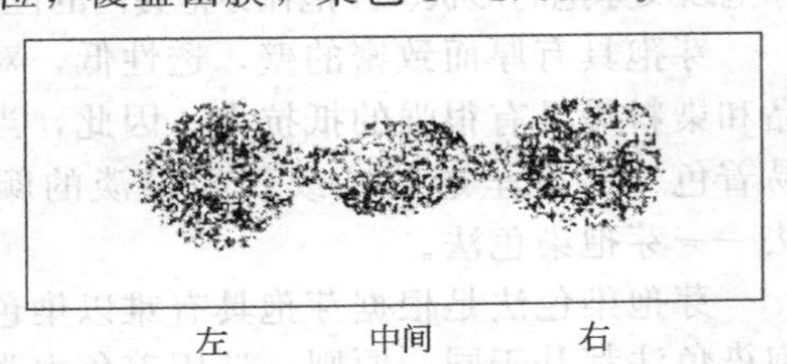

图 3-4 “三区”涂片示意图

（中间为两种菌混合区）

为止。脱色是革兰染色中关键的一步，要仔细操作，注意不要脱色过度。

(9) 水洗　同上。

(10) 复染　滴加番红染色液，染色 1min。

(11) 水洗并用吸水纸自玻片边缘轻轻吸去多余水分。

(12) 镜检。

结果：革兰阳性菌呈蓝紫色，革兰阴性菌呈红色。

【实验内容】

对大肠埃希菌和枯草芽孢杆菌进行革兰染色，并绘制和描述菌体特征。

【实验结果】

将显微镜下观察到的大肠埃希菌和枯草芽孢杆菌的革兰染色结果填于下表中，并描述菌体颜色、形态、排列方式。

菌　种	*Escherichia coli*	*Bacillus subtilis*
菌体形态图		
菌体颜色		
菌体形态		
菌体排列方式		
结论(G^+或G^-)		

【思考题】

1. 什么是鉴别染色？与简单染色比有何优点？
2. 革兰染色中初染、媒染、脱色、复染的目的各是什么？
3. 革兰染色反应的关键步骤是什么？为什么？
4. 革兰染色应注意哪些方面？
5. 试述细菌细胞壁结构和组成如何影响革兰染色反应结果？

(袁丽红)

实验8　细菌的芽孢染色

【目的要求】

1. 掌握芽孢染色的原理和意义。
2. 学会芽孢染色的方法。

【概述】

芽孢是某些细菌生长到一定阶段在菌体内形成的休眠体，通常呈圆形或椭圆形。细菌能否形成芽孢以及芽孢的形状、芽孢在芽孢囊内的位置、芽孢囊是否膨大等特征是鉴定细菌的依据之一。

芽孢具有厚而致密的壁，透性低，对各种不利影响如高温、冷冻、射线、干燥、化学药品和染料等具有很强的抵抗力。因此，当用一般染色方法染色时，只能使菌体着色，芽孢不易着色（芽孢呈透明）或仅显很淡的颜色。为了使芽孢着色便于观察，需采用特殊染色法——芽孢染色法。

芽孢染色法是根据芽孢具有难以染色而一旦染色后又难以脱色的特点而设计的，所以芽孢染色法都基于同一原则：选用着色力强的染料进行染色。除了用着色力强的染料外，还需要加热，以促进芽孢着色，然后进行脱色，菌体（芽孢囊）脱色，而芽孢上的染料仍保留，最后再用不同颜色的染料进行复染，使菌体（芽孢囊）着色，这样菌体和芽孢呈现不同颜色而便于观察。芽孢染色方法一般先用碱性染料孔雀绿在加热的情况下进行染色，然后进行脱色。经孔雀绿染色后的芽孢不易被水洗脱色，仍保留绿色，但孔雀绿对生长型细胞的结构、成分不具亲和力，所以，水洗后可去除残留的染料使菌体变成无色，最后用番红复染，生长型菌体细胞被染成红色。借此将芽孢与菌体区别开。

【实验材料】

（1）菌种　枯草芽孢杆菌，为24～48h营养琼脂培养物。

（2）仪器　普通光学显微镜。

（3）染色液　孔雀绿染色液、番红染色液。

（4）其他　载玻片、接种环、酒精灯、香柏油、二甲苯、无菌水、擦镜纸等。

【实验方法】

（1）涂片　在洁净的载玻片中央加一小滴无菌水，用灭菌的接种环取少许枯草芽孢杆菌置于水滴中并和水滴充分混匀，并涂成极薄的菌膜。

（2）干燥固定　涂片在空气中干燥后，手持载玻片一端，有菌膜一面向上，通过酒精灯的微火三次。注意用手指触摸载玻片反面，以不烫手为宜。冷却。

（3）染色和加热　在涂菌处滴加孔雀绿染色液，并在微火上加热至染料冒蒸汽开始计时，加热染色10min。注意加热时要不断补充孔雀绿染色液，以免烧干。

（4）水洗　倾去染色液，冷却后用水冲洗。

（5）复染　用番红染色液染色1min。

（6）水洗干燥

（7）镜检

结果：芽孢被染成绿色，营养体呈红色。

【实验内容】

对枯草芽孢杆菌进行芽孢染色，并绘图和描述菌体、芽孢特征。

【实验结果】

1. 将显微镜下观察到的菌体、芽孢囊、芽孢菌形态绘于下表中，并注明各部分名称。

形　　态	形态描述	芽孢位置	芽孢大小
○			

2. 描述菌体、芽孢囊、芽孢的特征（形状、芽孢位置、芽孢大小），并填入上表中。

【思考题】

1. 芽孢染色加热的目的是什么？若不加热是否可以？
2. 芽孢染色除了孔雀绿染色法外，是否还有其他染色方法？
3. 芽孢染色中水的作用是什么？

（袁丽红）

实验9　细菌的荚膜染色

【目的要求】

1. 掌握荚膜染色的原理和意义。
2. 学会荚膜染色的方法。

【概述】

荚膜是包围在某些细菌细胞外的一层黏液状或胶质状物质，其成分为多糖、糖蛋白或多肽。荚膜与染料的亲和力弱，不易着色，再有荚膜物质溶于水，用水冲洗时易被除去。因此，荚膜染色比较困难。通常采用负染色法观察荚膜，即使菌体和（或）背景染色，而荚膜不着色，这样荚膜在菌体周围呈一圈浅色区域。由于荚膜含水量在90%以上，荚膜成分可溶性高，所以荚膜染色操作较其他染色操作要更加小心。染色时一般不宜采用热固定的方法，以免荚膜皱缩变形影响观察，同时也要避免激烈的冲洗。

常用的负染色方法有墨汁法和Anthony方法。本实验介绍Anthony染色法观察荚膜。

Anthony染色法是先以结晶紫作为初染剂，加于未经加热固定的菌膜上，菌体和荚膜均被染成深蓝紫色，然后用20%硫酸铜溶液为脱色剂。由于荚膜为非离子性，经初染后，染色剂仅微弱附着于荚膜上。又由于荚膜物质为高度水溶性，所以选用硫酸铜为脱色剂而不用酒精为脱色剂除去过剩的初染剂和附着于荚膜上的染色剂，但硫酸铜无法除去与细胞壁结合的染色剂。另外，此时的硫酸铜也作为复染剂，使其吸附于已脱色的荚膜物质上，使脱色的荚膜被染成浅蓝色或接近于灰白色。这样就将荚膜与菌体区别开，荚膜呈浅蓝色或接近于灰白色，菌体为深蓝紫色。

【实验材料】

（1）菌种　肠膜状明串珠菌，为24h营养琼脂培养物。

（2）仪器　普通光学显微镜。

（3）染料　用结晶紫染色液、20%硫酸铜溶液。

（4）其他　载玻片、接种环、香柏油、二甲苯、无菌水、擦镜纸等。

【实验方法】

（1）在洁净的载玻片的一端加2～3滴结晶紫染色液［（彩）图3-5(a)］，用灭菌的接种环取1环菌与玻片上的结晶紫染色液充分混匀［（彩）图3-5(b)］。

（2）用一块洁净的载玻片的窄边将混匀的菌液刮开涂成极薄的菌膜［（彩）图3-5(c)］，放置5～7min。

（3）在空气中自然干燥。注意切勿用酒精灯加热。

（4）用20%硫酸铜溶液冲洗脱色［（彩）图3-5(d)］，在空气中干燥或用吸水纸吸干。

（5）镜检。

结果：荚膜浅蓝色或灰白色，菌体深蓝紫色。

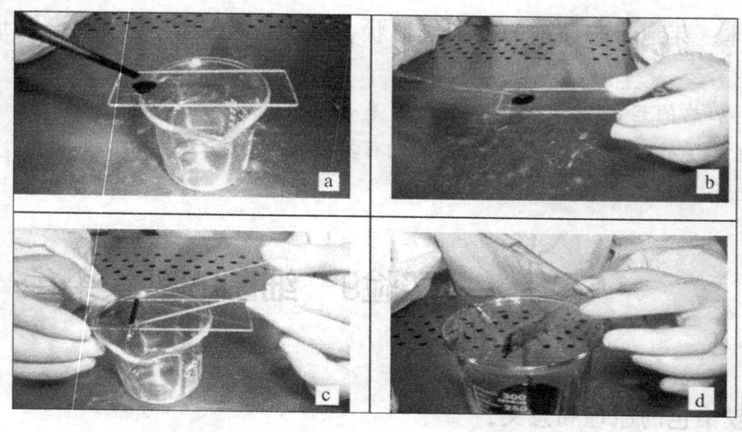

图3-5　荚膜染色

【实验内容】

对肠膜状明串珠菌进行荚膜染色，并绘图和描述菌体和荚膜特征。

【实验结果】

1. 将显微镜下观察到的菌体、荚膜形态特征绘于下表中，并注明各部分名称。

形　　态	菌体颜色	荚膜颜色

2. 描述菌体和荚膜的颜色并填入上表。

【思考题】

(1) 用 Anthony 法进行荚膜染色硫酸铜的作用是什么？

(2) 用 Anthony 法进行荚膜染色能否用水代替硫酸铜？

(3) 试述荚膜染色的意义。

（袁丽红）

实验10　细菌的鞭毛染色

【目的要求】

1. 掌握鞭毛染色的原理和意义。

2. 学会鞭毛染色方法。

【概述】

细菌的鞭毛很细，直径为10～20nm，用电子显微镜可以清楚观察到。但是若采用特殊染色方法使鞭毛加粗，在普通光学显微镜下也可以看到鞭毛。鞭毛染色方法很多，基本原理都是在染色前采用不稳定的胶体溶液作为媒染剂处理菌体，让其沉积在鞭毛上，使鞭毛加粗，然后再进行染色。常用的媒染剂由单宁酸和氯化高铁或钾明矾等配制而成。本实验采用银染法进行鞭毛染色。

【实验材料】

(1) 菌种　荧光假单胞菌、普通变形杆菌。

(2) 培养基　营养琼脂培养基（琼脂用量0.8%）。

(3) 试剂和溶液　95%乙醇溶液、1%氢氧化钠溶液、单宁酸、三氯化铁、甲醛、硝酸银、氢氧化铵。

(4) 仪器　普通光学显微镜、电子天平、恒温培养箱、超净工作台。

(5) 其他　灭菌水（10mL，分装于试管中）、烧杯、玻棒、吸管、接种环、载玻片、酒精灯、擦镜纸、蒸馏水等。

【实验方法】

鞭毛染色实验中所用的载玻片、染色液以及菌种是决定染色成败的关键因素。在实验方法中对载玻片的清洗、染色液的配制和菌种的准备一并介绍。

1. 载玻片清洗

选择新的光滑无划痕的载玻片，浸泡于洗洁精充分溶解的水中，煮沸20min，稍冷后取出用自来水冲洗干净并沥干，然后浸泡于95%乙醇溶液中。用时取出，在酒精灯火焰上烧去酒精后即可使用。

2. 硝酸银染色液配制

A 液：单宁酸 5.0g，$FeCl_3$ 1.5g。

用蒸馏水溶解后加入 1% 氢氧化钠溶液 1mL 和 15% 甲醛溶液 2mL，再用蒸馏水定容至 100mL。

B 液：硝酸银 2.0g，蒸馏水 100mL。

B 液配好后先取出 10mL 做回滴用。往 90mL B 液中滴加浓氢氧化氨溶液，当出现大量沉淀时再继续滴加浓氢氧化氨溶液，直到溶液中沉淀刚刚消失变澄清为止。然后将留用的 10mL B 液小心逐滴加入，直到出现轻微和稳定的薄雾为止。注意边滴加边充分摇动，此步操作尤为关键，应格外小心。配好的染色液 4h 内使用效果最佳，现用现配。

3. 菌种培养和菌液制备

(1) 用于染色的菌种预先在营养琼脂培养基（琼脂用量 0.8%）连续转接培养 4～5 代，每代培养 18～22h。

(2) 将分装于试管中的无菌水缓慢地倒入经 4～5 代转接培养的斜面培养物中，不要摇动试管，让菌在水中自行扩散。注意蒸馏水预先在恒温培养箱中保温，使之于与菌种同温。

(3) 置于恒温培养箱中保温 10min。目的是让没有鞭毛的老菌体下沉，而具有鞭毛的菌体在水中松开鞭毛。

4. 涂片

用吸管从菌液上端吸取菌液于洁净的载玻片一端，稍稍倾斜玻片，使菌液缓慢地流向另一端。

5. 干燥

在空气中自然干燥。

6. 染色

(1) 滴加 A 液，染色 4～6min。

(2) 用蒸馏水轻轻地充分洗净 A 液。

(3) 用 B 液冲去残水，再加 B 液于玻片上。用酒精灯微火加热至有蒸汽冒出，维持 1min 左右。注意加热时应随时补充 B 液，不可使玻片上 B 液蒸干。

(4) 用蒸馏水冲洗，干燥。

7. 镜检

结果：菌体和鞭毛呈深褐色至黑色。

【实验内容】

对荧光假单胞菌和普通变形杆菌进行鞭毛染色并于显微镜下观察，并描述鞭毛着生方式和数目。

【实验结果】

1. 将显微镜下观察到的鞭毛菌形态画于下表中，并注明各部分名称。

	Pseudomonas fluorescens	*Proteus vulgaris*
菌体形态		
着生方式		
鞭毛数量		

2. 描述鞭毛着生方式和数目并填于上表中。

【思考题】

1. 为什么用鞭毛染色液A液染色后要用蒸馏水充分洗净A液？能否直接用鞭毛染色液B液冲洗？

2. 鞭毛染色加热的目的是什么？若不加热行不行？

3. 列举几种具鞭毛的细菌及其特征。

（袁丽红）

第4章　培养基的制备

培养基是人工配制的适合微生物生长繁殖或积累代谢产物的营养基质，用以培养、分离、鉴定、保存各种微生物或合成各种代谢产物。自然界微生物种类繁多，营养类型多样，加之实验和研究的目的不同，所以培养基的种类很多。但各种培养基的营养成分都应含有碳源、氮源、能源、无机盐、生长因子和水等六大类营养物质。

培养基除了含有满足微生物所必需的营养物质外，还需要有适宜的 pH。不同微生物其生长繁殖和代谢产物积累所要求的 pH 不同，例如霉菌和酵母菌生长一般要求偏酸的环境，而细菌和放线菌生长要求中性或微碱性的环境。因此，配制培养基时要根据不同微生物对酸碱度的要求将 pH 调至合适范围。

培养基中根据是否需要加入凝固剂以及凝固剂的用量又可分为液体培养基、半固体培养基和固体培养基。实验室中常用的凝固剂为琼脂。半固体培养基琼脂加入量为 0.2％～0.7％，固体培养基琼脂加入量为 1.5％～2.0％。

市场上也有配制好的干粉培养基（也叫脱水培养基）出售，这类培养基使用非常方便，只要按照包装上的说明使用即可。

由于配制培养基的各种营养物质的原料和容器等含有各种微生物，因此，配制好的培养基必须立即灭菌。如果来不及灭菌，应暂存冰箱内，以防其中的微生物生长繁殖而消耗养分和改变培养基的酸碱度而带来不利的影响。

实验11　通用培养基的配制

【目的要求】

1. 熟悉适于多数微生物生长的通用培养基种类及其特性。
2. 掌握培养基配制的原则和方法。
3. 学会制作斜面培养基和半固体直立柱培养基。

【概述】

虽然微生物种类繁多，对营养物质需求有所不同，但四大类群微生物（细菌、放线菌、酵母菌和霉菌）的营养需求具有一定共性。实验室中作一般培养时，常选用一些适合于多数微生物生长的培养基，这类培养基称为通用培养基。通用培养基的应用范围比较广泛，对某些实验是必需的。例如，为了分析土壤微生物群落，就必须选用对土壤细菌、放线菌、真菌的生长都适宜的培养。一般培养细菌常用营养琼脂培养基（牛肉膏蛋白胨培养基），它是一种天然培养基。牛肉膏含有丰富的营养物质，它不仅为微生物提供碳源、氮源，还含有多种维生素。蛋白胨是酪蛋白、大豆蛋白或鱼粉等经蛋白酶水解后的产物，含有眎、胨和氨基酸等丰富的含氮素营养物，因此完全能满足大多数异养细菌对营养的需求。培养放线菌常用高氏 1 号培养基，培养酵母菌常用麦芽汁培养基，培养霉菌常用马铃薯糖培养基(PDA)。

配制供细菌、放线菌、酵母和霉菌生长用的通用培养基方法基本相同，即首先按照培养基配方称取所需药品，然后加入少量水溶解，待完全溶解后加水补足至所需体积，调节 pH（如果需要），最后分装于相应容器中，灭菌。本实验只介绍用于培养细菌的营养琼脂培养基（液体的称为营养肉汤培养基）和用于培养霉菌的 PDA 培养基的配制方法以及斜面培养基、半固体直立柱培养基制作方法。

【实验材料】

（1）试剂和药品　牛肉膏、蛋白胨、葡萄糖、氯化钠、琼脂、马铃薯。

（2）仪器设备　电子天平、电炉等。

（3）玻璃器皿　烧杯、量筒、三角瓶、试管等。

（4）其他　1mol/L 氢氧化钠溶液、玻棒、药匙、pH 试纸、棉塞（或试管塞、瓶塞）、牛皮纸、线绳、纱布、记号笔、漏斗等。

【实验方法】

（一）营养琼脂培养基和营养肉汤培养基的配制

营养琼脂培养基和营养肉汤培养基是一种应用最广泛和最普通的细菌基础培养基，其配方如下：牛肉膏 3.0g，蛋白胨 10.0g，NaCl5.0g，琼脂 15.0～20.0g，蒸馏水 1000mL，pH 7.4～7.6。

（1）称药品　按配方根据实际用量称取牛肉膏、蛋白胨和氯化钠各药品放入大烧杯中。牛肉膏可放在小烧杯中称量，用热水溶解后倒入大烧杯，也可放在称量纸上称量，随后放入水中，这时如稍微加热，牛肉膏便会与称量纸分离，立即取出纸片。蛋白胨极易吸潮，故称量时要迅速。注意称药品时严防药品混杂，一把药匙用于一种药品，或称取一种药品后，洗净，擦干，再称取另一药品。瓶盖也不要盖错。

（2）加热溶解　在烧杯中加入少于所需要的水量，然后放在垫有石棉网的电炉上加热，并用玻棒搅拌，待药品完全溶解后再补充水分至所需配制的体积。

（3）调 pH　滴加 1mol/L 氢氧化钠溶液调 pH 值，边加边搅拌，并随时用 pH 试纸或酸度计检测，直至 pH 7.4～7.6。注意 pH 值不要调过头，以免回调而影响培养基内各离子的浓度。

（4）分装　按实验要求，可将配制的培养基分装入试管或三角瓶内。具体分装方法如下。

① 配制分装于三角瓶内的固体培养基　量取一定体积的液体培养基分装于三角瓶中，然后按 1.5%～2.0%的量将琼脂直接加入三角瓶中，不必加热溶化，在灭菌时加热溶化，这样可节省时间。分装量以不超过三角瓶体积的一半为宜。

② 配制斜面培养基　量取一定体积的液体培养基倒入烧杯中，按 1.5%～2.0%的量加入琼脂，搅拌均匀后放在垫有石棉网的电炉上加热，并用玻棒不断搅拌，直至琼脂完全溶解。注意加热过程中避免琼脂糊底或溢出。由于加热过程中水分蒸发，再加蒸馏水补足至所需体积，用玻棒搅拌均匀后用漏斗分装于试管中，分装量约为试管高度的 1/4。注意分装时不要使培养基沾在管口上以免造成污染。

③ 配制半固体直立柱培养基　量取一定体积的液体培养基倒入烧杯中，按 0.2%～0.7%的量加入琼脂，其余操作同②。分装量约为试管高度的 1/3。

④ 配制分装于试管和三角瓶中的液体培养基　直接将配制好的液体培养基分装于试管或三角瓶中，分装量约为试管高度的 1/4、三角瓶体积的 1/5。

（5）加塞（封口）和包扎　试管口和三角瓶口塞上棉塞或硅胶泡沫塞，或者三角瓶口用 6～8 层纱布包扎。加塞后的试管以 5～8 支为一捆，于棉塞外包一层牛皮纸，用绳扎好，以防灭菌时冷凝水沾湿棉塞。同样，加塞后的三角瓶在棉塞外包一层牛皮纸，用绳扎好。注意培养基分装包扎后要注明培养基名称和配制日期。棉塞的制作方法见本实验后附录（一）。

（6）灭菌　将包扎好的培养基放置于高压蒸汽灭菌锅中，于121℃灭菌20min。具体的灭菌方法见第5章灭菌和除菌技术实验13。

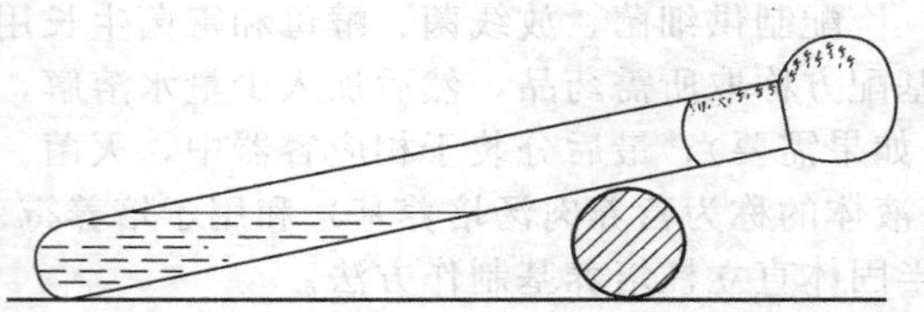

图4-1　斜面的放置

（7）摆斜面和半固体直立柱　灭菌后，如制斜面，需趁热将试管口端搁在一根长木条或玻璃棒上，并调整斜度，使斜面培养基的长度不超过试管总长的1/2（图4-1），凝固。如制半固体直立柱，灭菌后将试管插入试管架中直立放置，待凝固即可。

（8）无菌检查　采用第5章灭菌和除菌技术实验13灭菌验证方法，或将灭菌的培养基放入37℃恒温培养箱中培养24～48h，无菌生长即可使用或储存于冰箱或清洁的橱内备用。

（二）PDA培养基的配制

PDA培养基（马铃薯糖培养基）是培养霉菌的一种常用培养基，其配方如下：马铃薯（去皮）200.0g，葡萄糖（或蔗糖）20.0g，琼脂15.0～20.0g，水1000mL。自然pH。

将马铃薯去皮、洗净切成约1cm^{3}的小块，称取马铃薯块200.0g放入1L烧杯中，加水煮沸30min，纱布过滤，滤液加葡萄糖（或蔗糖）20.0g，溶解后加水至1000mL，自然pH。一般霉菌用蔗糖，酵母菌用葡萄糖。分装、包扎、灭菌及无菌检查同（一）。

【实验内容】

1. 配制营养琼脂培养基并分装于三角瓶中。
2. 配制营养琼脂斜面培养基。
3. 配制营养琼脂半固体培养基。
4. 配制营养肉汤培养基并分装于试管中。
5. 配制PDA培养基并分装于三角瓶中。

【实验结果】

1. 检查制作的斜面培养基和半固体直立柱培养基是否符合要求？若不符合要求，分析其原因？

2. 检查配制好的培养基是否符合无菌要求，将检查结果填入下表中。

培养基	无菌生长(－)	有菌生长(＋)
营养琼脂培养基		
斜面培养基		
半固体培养基		
营养肉汤培养基		
PDA培养基		

【思考题】

1. 说明斜面培养基和半固体直立柱培养基各有何用途？
2. 为什么分装于三角瓶中的培养基装量不能过多？
3. 在配制培养基过程中应注意什么问题？为什么？
4. 营养琼脂培养基和肉汤培养基中加入适量蛋白胨的作用有哪些？
5. 如果配制好的斜面培养基中有较多冷凝水，请分析其原因，并提出解决方法。

（袁丽红）

实验12　选择培养基和鉴别培养基的配制和应用

【目的要求】

1. 掌握选择培养基的原理、用途和配制方法。
2. 掌握鉴别培养基的原理、用途和配制方法。

【概述】

通用的培养基的应用范围比较广泛，适合于多数微生物生长。但是在实验中如果有一些特殊要求或目的时，例如，当有大量其他微生物混杂的情况下，要分离某种类型或某种特定的微生物，虽然可以用稀释分离法使它们分开来，但有时还很难取得预期的效果，有必要采用对所要分离的微生物生长有利，而对其他混杂的微生物生长不利的培养基。因此，可以根据实验目的的不同选用或设计具有特殊功能或用途的培养基。选择培养基和鉴别培养基是常用的两大类具有特殊功能或用途的培养基。

选择培养基是根据微生物的特殊营养要求或对某化学、物理因素的抗性而设计的一类培养基，具有使混合菌群中劣势菌变成优势菌或抑制不需要菌生长，促进需要菌生长的作用，已广泛用于菌种分离筛选领域。选择培养基常用的措施有：①加入具有抑菌生长功能的物质，如染料和抗生素。例如在分离土壤真菌用的马丁培养基中加入孟加拉红、链霉素和金霉素，以达到抑制细菌生长的目的。②在培养基中加入目的微生物特别需要的营养物质，如分离脂肪酶产生菌在培养基中加入油脂作为唯一的碳源以达到选择目标微生物的目的。③通过利用温度、酸碱度、盐度以及氧气或其他气体等理化因素来选择某些特殊类型微生物。

鉴别培养基是在培养基中加入某种化学物质，通过与目的微生物产生的某种无色代谢产物发生显色发应而达到与其他微生物区别开来的目的。例如伊红—美蓝（EMB）琼脂培养基，其中含有乳糖、伊红和美蓝。伊红和美蓝为苯胺类染料，前者是一种呈红色的酸性染料，后者是一种呈蓝色碱性染料，在低酸度情况下，这两种染料相结合并形成沉淀，因此，它们也起着产酸指示剂的作用。当培养基含有乳糖时，大肠埃希菌分解乳糖产生大量有机酸，在酸性条件下菌体表面带有 H^+，故可被酸性染料伊红染成红色，又由于酸性条件下伊红与美蓝结合，这样又使大肠埃希菌染成深紫色，因此大肠埃希菌在EMB琼脂培养基上菌落呈现为深紫色。另外，由于伊红还发出略呈绿色的荧光，因此在反射光下可以看到大肠埃希菌深紫色菌落表面有绿色金属光泽。肠杆菌（*Enterobacter*）、沙雷菌（*Serratia*）、克雷伯菌（*Klebsiella*）、哈夫尼菌（*Hafnia*）发酵乳糖产酸能力较弱，在EMB琼脂培养基上培养菌落为棕色。变形杆菌（*Proteus*）、沙门菌（*Salmonella*）、志贺菌（*Shigella*）不能发酵乳糖，不产酸，菌落无色透明。可见，肠杆菌科细菌在EMB琼脂培养基上培养就可以产生易于用肉眼识别的多种特征性菌落，这样就可将多种肠杆菌科细菌区别开，也能将致病的沙门菌和志贺菌鉴别出来，因此鉴别培养基在饮用水、食品和药品等卫生学检查中得到广泛应用。此外，伊红和美蓝这两种染料可以抑制革兰阳性菌和一些难培养的革兰阴性菌的生长的作用，因此，EMB琼脂培养基既是鉴别培养基又是选择培养基。

本实验介绍马丁培养基、7.5%氯化钠培养基、伊红-美蓝（EMB）培养基和甘露醇盐培养基的配制和使用方法。

【实验材料】

（1）试剂和药品　葡萄糖、乳糖、D-甘露醇、牛肉膏、蛋白胨、氯化钠、磷酸二氢钾、磷酸氢二钾、硫酸镁、酚红、0.1%孟加拉红溶液、2%去氧胆酸钠溶液、2%伊红Y溶液、0.65%美蓝溶液、链霉素溶液（10000U/mL）、琼脂。

（2）仪器设备　超净工作台、电子天平、电炉等。

（3）玻璃器皿　烧杯、量筒、三角瓶等。

（4）菌种　曲霉菌、青霉菌、产气肠杆菌、大肠埃希菌、普通变形杆菌、表皮葡萄球菌、金黄色葡萄球菌、乳酸链球菌。

（5）其他　1mol/L 氢氧化钠溶液、蒸馏水、玻棒、药匙、pH试纸、棉花、牛皮纸、线绳、纱布、漏斗、接种环、酒精灯、记号笔等。

【实验方法】

（一）马丁（Martin）培养基配制

马丁培养基为筛选土壤真菌的常用培养基，其配方如下：葡萄糖 10.0g，蛋白胨 5.0g，KH_2PO_4 1.0g，$MgSO_4 \cdot 7H_2O$ 0.5g，0.1%孟加拉红溶液 3.3mL，2%去氧胆酸钠溶液 20mL(单独灭菌，使用时加入)，10000U/mL 链霉素溶液 3.3mL(使用时加入)，琼脂 16.0g，蒸馏水 1000mL，自然 pH。

（1）称量药品　按配方根据实际用量称取葡萄糖、蛋白胨、磷酸二氢钾、硫酸镁各成分。

（2）溶解　在烧杯中加入少于所需要的水量，溶解各成分，再按 1000mL 培养基中加入 3.3mL 的量加入 0.1%孟加拉红溶液。

（3）定容　待各成分完全溶解后，加蒸馏水定容至所需体积。

（4）分装　量取一定体积的培养基分装于三角瓶中，然后按 1.6%量将琼脂直接加入三角瓶中，不必加热溶化，在灭菌时加热溶化。分装量以不超过三角瓶体积的一半为宜。

（5）加塞、包扎和灭菌　同实验11。

（6）待融化的培养基冷却至约 50℃时，按照配方量加入链霉素溶液和去氧胆酸钠溶液，迅速混匀，倒平板，凝固后备用。倒平板方法见本章实验后附录（二）。

（二）7.5%氯化钠培养基的配制

7.5%氯化钠培养基配方如下：牛肉膏 3.0g，蛋白胨 5.0g，氯化钠 75.0g，琼脂 15.0g，蒸馏水 1000mL，pH 7.0。

（1）称量药品　按配方根据实际用量称取各成分。

（2）溶解　在烧杯中加入少于所需要的水量，溶解各成分。

（3）定容　待各成分完全溶解后，加蒸馏水定容至所需体积。

（4）调 pH　调节 pH 至 7.0。

（5）分装、加塞、包扎和灭菌同上。待培养基冷却至约 50℃时倒平板。

（三）伊红-美蓝（EMB）培养基的配制

EMB 培养基配方如下：乳糖 10.0g，蛋白胨 10.0g，K_2HPO_4 2.0g，2%伊红Y溶液 20.0mL，0.65%美蓝溶液 10.0mL，琼脂 15.0g，蒸馏水 1000mL，pH 7.2。

（1）称量药品　按配方根据实际用量称取乳糖、蛋白胨、磷酸氢二钾各成分。

（2）溶解　在烧杯中加入少于所需要的水量，溶解各成分。

（3）定容　待各成分完全溶解后，加蒸馏水定容至略少于所需体积（因为调节 pH 后要加入一定体积伊红Y溶液和美蓝溶液）。

（4）调 pH　调节 pH 至 7.2。

（5）按照配方量加入 2%伊红Y溶液和 0.65%美蓝溶液。

（6）分装、加塞、包扎和灭菌同上。待培养基冷却至约 50℃时倒平板。

(四) 甘露醇盐培养基的配制

甘露醇盐培养基配方如下：牛肉膏 1.0g，蛋白胨 10.0g，氯化钠 75.0g，D-甘露醇 10.0g，琼脂 15.0g，酚红 0.025g，蒸馏水 1000mL，pH 7.4。

(1) 称量药品　按配方根据实际用量称取牛肉膏、蛋白胨、氯化钠、D-甘露醇各成分。

(2) 溶解　在烧杯中加入少于所需要的水量，溶解各成分。

(3) 定容　待各成分完全溶解后，加蒸馏水定容至所需体积。

(4) 调 pH　调节 pH 至 7.4。

(5) 加酚红　按配方根据实际用量称取酚红加入培养基中，溶解。

(6) 分装、加塞、包扎和灭菌同上。待培养基冷却至约 50℃时倒平板。

(五) 接种和培养

分别在马丁培养基、7.5%氯化钠培养基、EMB 培养基、甘露醇盐培养基平板上接种以下菌种。

(1) 马丁培养基　曲霉菌、青霉菌、大肠埃希菌和金黄色葡萄球菌。接种方法（图 4-2）为：先用记号笔在平板底物（即培养皿底部）划分为 5 个扇形区域，依次在每个区域标上待接种的菌名，第五个区域标记为阴性对照。然后按无菌操作技术接种（见第 6 章微生物接种技术），阴性对照不接种。

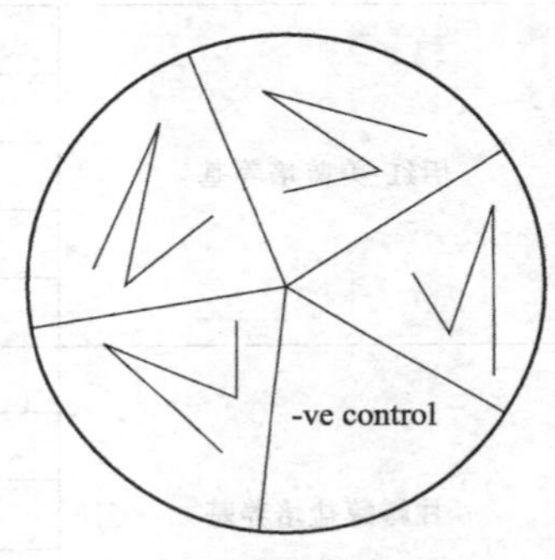

图 4-2　接种示意图

(2) 7.5%氯化钠培养基　大肠埃希菌、表皮葡萄球菌、金黄色葡萄球菌、乳酸链球菌。接种方法同上。同时设一阴性对照。

(3) EMB 培养基　产气肠杆菌、大肠埃希菌、普通变形杆菌、金黄色葡萄球菌。接种方法同上。同时设一阴性对照。

(4) 甘露醇盐培养基　大肠埃希菌、表皮葡萄球菌、金黄色葡萄球菌、乳酸链球菌。接种方法同上。同时设一阴性对照。

接种后，将所有平板置于恒温培养箱中倒置培养并观察。马丁培养基平板于 30℃培养 48～72h，其他平板于 37℃培养 24～48h。

【实验内容】

1. 配制马丁培养基并分装于三角瓶中。
2. 配制 7.5%氯化钠培养基并分装于三角瓶中。
3. 配制伊红-美蓝（EMB）培养基并分装于三角瓶中。
4. 配制甘露醇盐培养基并分装于三角瓶中。
5. 将以上配制完成的各培养基进行高压蒸汽灭菌，灭菌后倒平板。
6. 在马丁平板培养基上接种曲霉菌、青霉菌、大肠埃希菌和金黄色葡萄球菌并培养和观察记录结果。
7. 在 7.5%氯化钠平板培养基上接种大肠埃希菌、表皮葡萄球菌、金黄色葡萄球菌、乳酸链球菌并培养和观察记录结果。
8. 在伊红-美蓝平板培养基上接种产气肠杆菌、大肠埃希菌、普通变形杆菌、金黄色葡萄球菌并培养和观察记录结果。
9. 在甘露醇盐平板培养基上接种大肠埃希菌、表皮葡萄球菌、金黄色葡萄球菌、乳酸链球菌并培养和观察记录结果。

【实验结果】

仔细观察每个平板培养结果，并将结果填入下表中。

培养基	菌种	生长量	生长特征	培养特征
马丁培养基				
7.5%氯化钠培养基				
伊红-美蓝培养基				
甘露醇盐培养基				

【思考题】

1. 本实验配制的四种培养基的用途各是什么？

2. 7.5%氯化钠培养基和甘露醇盐培养基是属于何种类型培养基（选择培养基还是鉴别培养基）？你得到的实验结果是否与预期结果相符？试分析原因。

3. 分析马丁培养基、7.5%氯化钠培养基、伊红-美蓝培养基和甘露醇盐培养基中各成分的作用。

4. 在接种时为什么要设阴性对照？

【附录】

（一）棉塞的制作方法

制作好的棉塞要求棉花紧贴玻璃壁，没有皱纹和缝隙，松紧适宜，从试管口或瓶口拔出时听到“噗”的一声。棉塞的长度不小于管口直径的2倍，约2/3塞进管口，最后用纱布包裹棉塞。棉塞的制作方法如（彩）图4-3。三角烧瓶也可用6～8层纱布、铝箔等封口，然后用牛皮纸和棉绳包扎［（彩）图4-4］。

（二）倒平板方法

待融化的灭过菌的培养基冷却至50℃左右时（以不烫手为宜）按照无菌操作要求倒平板。具体操作方法［（彩）图4-5］如下。

（1）先用左手持盛培养基的三角瓶底部，并置火焰旁边。

（2）用右手小指和手掌边将试管塞或瓶塞轻轻地拔出，试管或瓶口保持对着火焰，然后再把盛培养基的三角瓶转交右手（如果试管内或三角瓶内的培养基一次用完，管塞或瓶塞则不必

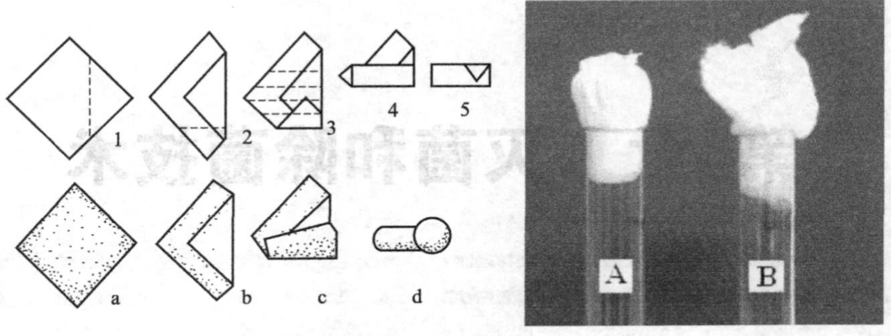

图 4-3　棉塞的制作方法（A 为正确的棉塞，B 为不正确的棉塞）

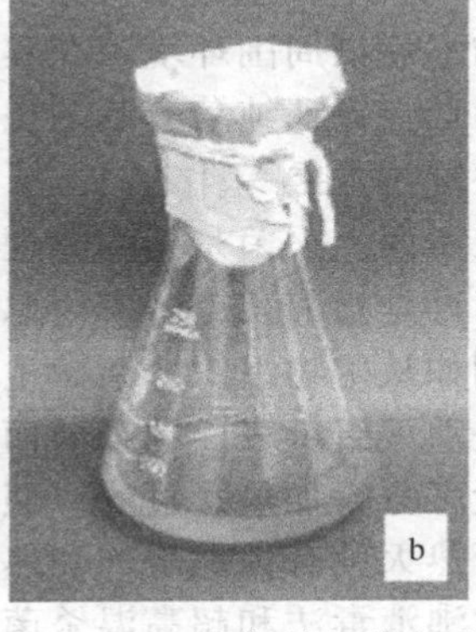
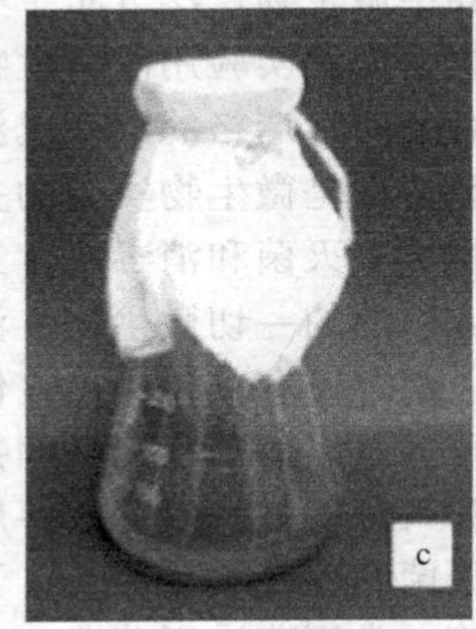

图 4-4　三角瓶的包扎方法

(a) 配制时纱布塞瓶口；(b) 灭菌时包牛皮纸；(c) 培养时纱布翻出

夹在手中，直接用右手持盛培养基的三角瓶)。

(3) 左手拿培养皿并将皿盖在火焰附近打开一缝，迅速倒入培养基约 15～20mL，加盖。

(4) 轻轻摇动培养皿，使培养基均匀分布在培养皿底部，然后平放于桌面上，凝固后即制成平板。

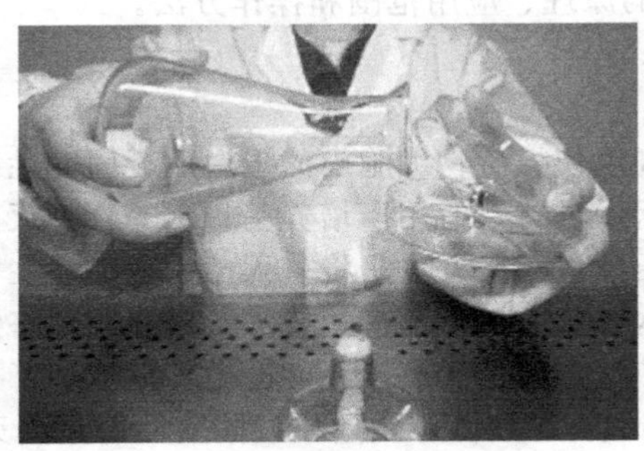

图 4-5　倒平板方法

（袁丽红）

第5章　灭菌和除菌技术

自然界中微生物广泛分布于空气、水和土壤中，为了保证微生物实验过程中不受其他微生物的干扰，以及实验用的微生物不污染周围环境，在实验中要对所用的仪器、培养基、试剂等进行必要的、严格的灭菌或消毒，保证纯培养菌的正常和旺盛生长，杜绝杂菌污染。因此，灭菌和消毒是微生物实验的关键技术之一。

微生物学上灭菌和消毒的含义不同。灭菌是指用物理或化学的方法，完全除去或者杀死物体表面或内部的一切微生物。消毒是指消灭或减少病原微生物以防止侵染，而不是消灭所有微生物。消毒还有其他作用，例如从生物组织分离微生物（病原菌或内生菌等）时，生物组织往往要经过表面消毒，目的是消灭组织表面的杂菌而保存组织内的微生物。

消毒和灭菌的方法很多，一般可分为加热、过滤、照射和使用化学药品等方法。加热法分为干热灭菌和湿热灭菌两类。干热灭菌有火焰烧灼和热空气灭菌两种。湿热灭菌中包括高压蒸汽灭菌、常压蒸汽灭菌法、煮沸消毒法和超高温杀菌。对于不宜加热的液体或溶液例如血清、抗生素及糖溶液、有机试剂等宜采用过滤除菌的方法。

实验13　高压蒸汽灭菌和灭菌验证

【目的要求】

1. 掌握高压蒸汽灭菌的原理、应用范围和操作方法。
2. 掌握灭菌验证方法。

【概述】

高压蒸汽灭菌是利用高温使微生物细胞内的蛋白质凝固变性而达到灭菌的目的。高压蒸汽灭菌是在高压蒸汽灭菌锅中进行，适用于培养基、水等物品灭菌。图 5-1 为手提式高压蒸汽灭菌锅的外观结构。高压蒸汽灭菌方法是将待灭菌的物品放在密闭的加压灭菌锅内，通过加热，使灭菌锅隔套间的水沸腾而产生蒸汽。待水蒸气急剧地将锅内的冷空气从排气阀驱尽后，关闭排气阀，继续加热，此时由于蒸汽不能溢出，而增加了灭菌锅内的压力，使沸点增高，得到高于 100℃的水蒸气，导致菌体蛋白质凝固变性而达到灭菌的目的。灭菌的温度及维持的时间依灭菌物品的性质和容量等不同而有所改变。一般培养基在 121℃下维持 15～30min 即可达到彻底灭菌的目的。而含糖培养基则要在 112.6℃下把糖溶液单独灭菌，然后以无菌操作技术在灭菌的培养基中加入灭菌的糖溶液。分装于试管内的培养基 121℃灭菌 15～20min 即可，而分装于大三角瓶内的培养基最好 121℃灭菌 30min。值得注意的是灭菌锅内冷空气的排除是否完全极为重要，因为空气的膨胀压大于水蒸气的膨胀压，当水蒸气中含有空气时，在同一压力下含空气的蒸汽温度低于饱和蒸汽的温度。因此，灭菌排气时一定要将锅内的冷空气从排气阀中排尽。

灭菌后的物品一定是没有活的微生物。为了达到这一点，待灭菌的物品必须经过一个能够充分杀灭微生物，但又必须保证对灭菌物品的损害程度在可接受的最低无菌保证的灭菌过程。因此，需要对灭菌的物品进行无菌性检查即灭菌验证来判断最后的灭菌效果。湿热灭菌验证时应进行热分布试验、热穿透试验和生物指示验证试验。热分布试验利用温度传感器监测未负载时灭菌设备温度分布状况。热穿透试验利用温度传感器或化学指示剂检测负载状态下灭菌设备内热蒸汽穿透情况。化学指示剂检测原理是指示剂颜色随温度升高颜色发生变化，例如 Browne 管［(彩) 图 5-2(a)］内红色溶液如果达到灭菌条件，其颜色由红色变为绿色，如果未达到灭菌条件变为黄色或紫色。当灭菌温度和时间达到 126℃、10min 时，TST™化学指示剂片由黄色变为深蓝色［(彩) 图 5-2(b)］。因此，化学指示剂是以非定量形式反映设备灭菌过程的参数，用于表示物品经过了灭菌过程，它不能显示灭菌的物品是否无菌，只能说明灭菌温度已经达到或者在该温度下所能够持续的时间。生物指示剂的被杀灭程度是评价灭菌有效性的最直观的指标。验证时生物指示剂的微生物用量要比日常检出的微生物污染量大、耐受性强，以保证灭菌程序有更大的安全性。湿热灭菌常用的生物指示剂为嗜热脂肪芽孢杆菌芽孢（spores of *Bacillus stearothermophilus*），例如嗜热脂肪芽孢菌片、芽孢条、安瓿瓶，每片或每瓶活孢子数为 $5\times10^5\sim5\times10^6$ 个，在 121℃、19min 下被完全杀灭［(彩) 图 5-2(c)、(d)］。生物指示剂应放在灭菌设备中的不同部位，并避免指示剂直接接触到被灭菌的物品。生物指示剂按设定的条件灭菌取出后，分别置于培养基中培养或直接培养，以确定生物指示剂中的孢子是否被完全杀灭。

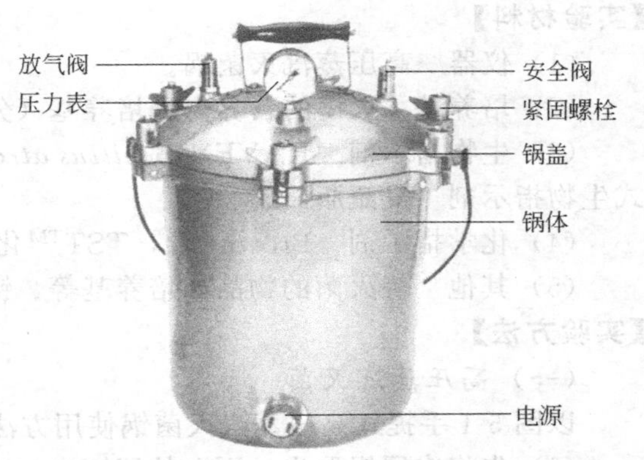

图 5-1　手提式高压蒸汽灭菌锅外观结构图

此外，还可以使用蒸汽灭菌指示胶带进行检测。胶带上有斜形指示剂，只有在一定温度压力的饱和蒸汽作用下，经过一定时间后才能变成褐色，在胶带上呈现出深褐色条纹。例如 Bowie Dick“Autoclave”胶带。灭菌指示胶带还可以用于封包，粘贴牢固，不会在灭菌过程中脱落。此外，用圆珠笔等在胶带上可以作相关标记和记录。再有，还可将灭菌的培养基按照既定用途所确定的条件下（温度、厌氧或需氧环境）培养过夜或 3～5d，观察是否混浊及是否有菌生长以确定灭菌效果。

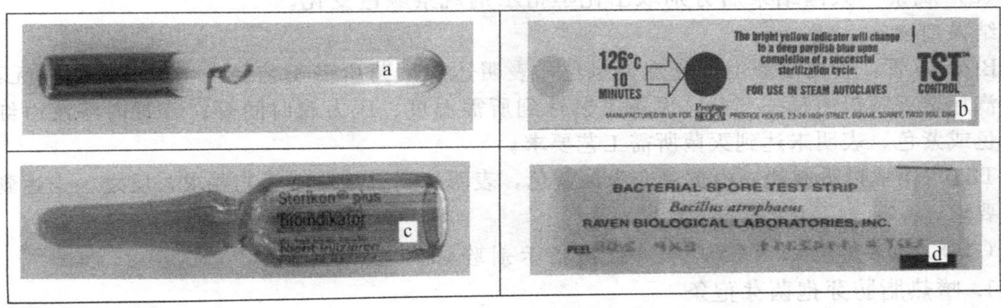

图 5-2　用于灭菌验证的化学指示剂和生物指示剂

(a) 化学指示剂 Browne 管；(b) TST™化学指示剂片；(c) 生物指示剂 *Bacillus stearothermophilus* 的芽孢安瓿瓶，芽孢悬于培养基中，经过 121℃蒸汽灭菌后培养，如果芽孢生长培养基颜色由紫色变为黄色；(d) 生物指示剂 *Bacillus atrophaeus* 的芽孢条

【实验材料】

(1) 仪器　高压蒸汽灭菌锅。

(2) 培养基　灭菌的营养肉汤培养基（分装于试管中）。

(3) 生物指示剂　RAVEN *Bacillus atrophaeus* 的芽孢条、RAVEN PROSPORE 自含式生物指示剂（安瓿瓶）。

(4) 化学指示剂　Browne 管，TST™化学指示剂片。

(5) 其他　待灭菌的物品如培养基等、镊子、酒精灯等。

【实验方法】

(一) 高压蒸汽灭菌

以图 5-1 手提式高压蒸汽灭菌锅使用方法为例。

(1) 先将内层锅取出，再向外层锅内加入适量的水，使水面与三角搁架相平为宜。注意切勿忘记加水，或水量过少，以防灭菌锅烧干而引起炸裂事故。

(2) 放回内层锅，并装入待灭菌物品。注意不要装得太挤，以免妨碍蒸汽流通而影响灭菌效果。三角烧瓶与试管口端均不要与锅壁接触，以免冷凝水淋湿包口的纸而透入棉塞。

(3) 加盖，注意要将盖上的排气软管插入内层锅的排气槽内。再以对称的方式同时旋紧相对的两个螺栓，使螺栓松紧一致，勿使其漏气。

(4) 接通电源加热，同时打开排气阀，使水沸腾以排除锅内的冷空气。待冷空气完全排尽后，关上排气阀，让锅内的温度随蒸汽压力增加逐渐上升。当锅内压力升到所需压力时，控制热源，维持压力至所需时间。本实验灭菌条件为 121℃，灭菌 20min。注意灭菌的主要因素是温度而不是压力。因此锅内冷空气必须完全排尽后，才能关上排气阀，维持所需压力。

(5) 灭菌所需时间到后，切断电源，让灭菌锅内温度自然下降，当压力表的压力降至“0”时，打开排气阀，旋松螺栓，打开盖子，取出灭菌物品。注意压力一定要降到“0”时，才能打开排气阀，开盖取物。否则就会因锅内压力突然下降，使容器内的培养基由于内外压力不平衡而冲出，造成棉塞沾染培养基而发生污染，甚至灼伤操作者。

(6) 取出灭菌物品。

(二) 高压蒸汽灭菌验证——化学指示剂验证试验

(1) 在 Browne 管和 TST™化学指示剂片上分别标号，以表示放在灭菌锅不同部位。

(2) 将待灭菌的物品如培养基放入灭菌锅中，同时将标记好的化学指示剂放入灭菌锅中不同部位，并做好记录。注意在最难以灭菌的部位如冷凝水出水口等部位必须放置。

(3) 观察　灭菌结束后分别取出化学指示剂观察颜色变化。

结果判读

Browne 管：管内溶液由红色变为绿色，表明达到灭菌所需工艺要求，即灭菌锅内无冷点、热蒸汽穿透灭菌锅内每一部分、灭菌工艺达到所需温度、压力和时间等；若管内溶液由红色变为黄色或紫色，表明未达到灭菌所需工艺要求。

TST™化学指示剂片：由黄色变为深蓝色，表明达到灭菌所需工艺要求，反之，未达到灭菌工艺要求。

(三) 高压蒸汽灭菌验证——生物指示剂验证试验

1. 嗜热脂肪芽孢菌芽孢条

(1) 在不同芽孢条上分别标号，以表示放在灭菌锅不同部位。

(2) 将待灭菌的物品如培养基放入灭菌锅中，同时将标记好的芽孢条放入灭菌锅中不同部位，并做好记录。注意在最难以灭菌的部位如冷凝水出水口等部位必须放置，避免指示剂直接接触到被灭菌的物品。

(3) *灭菌　灭菌条件为 121℃，灭菌 20min。*

（4）培养　将经过灭菌的芽孢条在无菌条件下分别接种于装有灭菌的营养肉汤培养基试管中，并在试管上标上与芽孢条相同的编号。接种后于55℃培养7d。分别设两个对照，一是阴性对照，为未接芽孢条的培养基；二是阳性对照，为接种未经灭菌的芽孢条培养基。

（5）观察　在培养期间每天观察一次，并记录结果，如果培养基变混浊可停止培养。注意培养物不能直接丢弃，必须高温杀死。

2. 嗜热脂肪芽孢菌安瓿瓶

（1）在不同安瓿瓶上分别标号，以表示放在灭菌锅不同部位。

（2）将待灭菌的物品如培养基放入灭菌锅中，同时将标记好的安瓿瓶放入灭菌锅中不同部位，并做好记录。注意在最难以灭菌的部位如冷凝水出水口等部位必须放置，避免指示剂直接接触到被灭菌的物品。

（3）灭菌　灭菌条件为121℃，灭菌20min。

（4）培养　将经过灭菌的安瓿瓶置于55～60℃培养7d。同时放置一支未经灭菌的安瓿瓶做对照，以确认芽孢的活性。注意灭菌后须小心操作。安瓿的温度很高且承受压力，冷却时间须充分（10～15min），否则会导致安瓿的爆裂。

（5）观察　在培养期间每天观察一次，记录观察结果，如果出现阳性可停止培养。注意培养物不能直接丢弃，必须高温杀死。

结果判读

对照安瓿：对照安瓿应出现颜色改变，向黄色变化，以及出现混浊。如果对照安瓿没有出现任何生长现象，认为本次实验无效。

实验安瓿：如果出现颜色向黄色改变以及混浊表明灭菌过程失败。如果安瓿保持原有的紫色表明灭菌完全。

（四）灭菌培养基无菌性检查

培养基无菌性检查的重要性在于：培养基如果本身染菌将导致实验结果的假阳性。

（1）灭菌　将待灭菌的物品如培养基放入灭菌锅中灭菌。

（2）培养　将灭过菌的培养基于适宜条件下培养过夜或3～5d。

（3）观察　培养期间观察培养基是否混浊及是否有菌生长。

【实验内容】

1. 对待灭菌的物品进行高压蒸汽灭菌并用生物指示剂进行灭菌验证试验。
2. 对待灭菌的培养基进行高压蒸汽灭菌并进行无菌检查。

【实验结果】

1. 画一简图表示化学指示剂和生物指示剂在灭菌锅中的放置部位。
2. 用一简明表格描述利用生物指示剂和化学指示剂验证灭菌效果的结果。
3. 写一份灭菌验证报告并评价验证结果（包括验证操作过程、指示剂名称及来源、结果）。
4. 对灭菌培养基进行无菌检查，并将结果填入下表中。

培养基	培养条件	无菌生长(－)	有菌生长(＋)

【思考题】

1. 在使用高压蒸汽灭菌锅灭菌时，怎样杜绝一切不安全的因素？
2. 影响湿热灭菌效果的重要参数有哪些？
3. 为什么要对灭菌物品进行无菌检验？

（袁丽红）

实验14 干热灭菌

【目的要求】

掌握干热灭菌的原理、应用范围和操作方法。

【概述】

无菌技术是微生物实验和研究的基本技术之一。无菌技术是在分离、转接及培养纯培养物时防止其被其他微生物污染，以及所操作的微生物培养物也不应对环境造成污染的技术。为了保证无菌操作实验的顺利进行，要求实验中所用的器皿干净整洁，并保持无菌状态。因此，需要对包扎的玻璃器皿如培养皿、试管、移液管等进行干热灭菌。

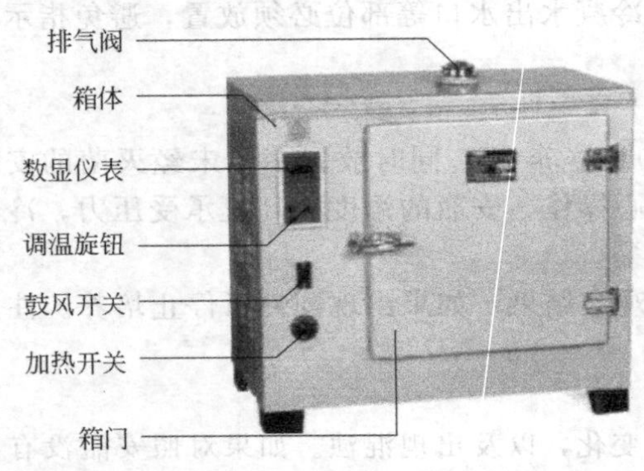

图 5-3 电热干燥箱的外观结构

干热灭菌是利用高温使微生物细胞内的蛋白质凝固变性而达到灭菌的目的。细胞内蛋白质凝固性与其本身的含水量有关，菌体受热时环境和细胞内含水量越大，蛋白质凝固就越快，反之含水量越少，凝固越慢。因此，与湿热灭菌相比，干热灭菌所需温度更高（160～170℃），时间更长（1～2h）。干热灭菌要求在电热干燥箱中进行，其外观结构如图 5-3。干热灭菌适用于玻璃器皿（如培养皿、试管、移液管、吸管等）、金属器皿器械和其他物品（如石蜡油）等的灭菌。

干热灭菌还用于消除细菌内毒素（是革兰阴性菌的产物，当其注射入人体后会导致发热，因此常被称为热源），应用其他灭菌手段很难消除内毒素。为了达到为玻璃器皿去热源的目的，所使用的温度大约为 250℃。

【实验材料】

（1）仪器 电热干燥箱。

（2）其他 待灭菌的玻璃器皿和金属器械等。

【实验方法】

（1）装入待灭菌物品 将包扎好的待灭菌物品放入电热干燥箱内，关好箱门。注意物品摆放不要太挤，以免妨碍空气流通，灭菌物品不要接触干燥箱内壁的铁板，以防包装纸烤焦起火。

（2）升温与恒温 接通电源，打开干燥箱排气孔，设定灭菌温度为 160～170℃。注意干热灭菌温度不能超过 180℃，否则，易引起包扎器皿的纸焦化起火。当温度升至 100℃时，关闭排气孔。当温度达到 160～170℃时开始计时，恒温 1～2h。现在有的电热干燥箱还可设定灭菌时间，只需灭菌开始时将时间设定好即可，不需人为计时。注意干热灭菌过程严防恒温调节的自动控制失灵而造成安全事故，灭菌时人不能离开。

（3）降温 达到规定时间后切断电源、自然降温。切记灭菌结束后不能忘记关闭电源。

（4）开箱取物 待干燥箱内温度降到 70℃以下后，打开箱门，取出灭菌物品。干燥箱内温度未降到 70℃，切勿自行打开箱门以免骤然降温导致玻璃器皿炸裂或发生烫伤事故。

【实验内容】

对包扎好的培养皿、试管和移液管进行干热灭菌。

【思考题】

1. 在干热灭菌操作过程中应注意哪些问题？为什么？

2. 为什么干热灭菌比湿热灭菌所需要的温度要高，时间要长？请设计干热灭菌和湿热灭菌效果比较的实验方案。

3. 玻璃器皿为什么在干热灭菌前要先行干燥？

【附录】

（一）玻璃器皿清洗方法和注意事项

(1) 任何洗涤方法都不应对玻璃器皿有所损伤，因此不能用腐蚀性的化学试剂，也不能用比玻璃硬度大的物品来擦拭玻璃器皿。

(2) 新的玻璃器皿应用2%盐酸溶液浸泡数小时，并用水充分冲洗干净。用过的器皿应立即洗涤。

(3) 强酸、强碱、琼脂等腐蚀、阻塞管道的物质不能直接倒在洗涤槽内，必须倒在废液缸内。

(4) 含有琼脂培养基的器皿可先将培养基刮去，或用水蒸煮至培养基融化后倒出，然后再用洗洁净清洗。凡遇有传染性材料的器皿，应经高压蒸汽灭菌后再进行清洗。

(5) 一般的器皿可以用去污粉、肥皂或洗洁精清洗，油脂很重的器皿应先将油脂擦去。沾有煤膏、焦油及树脂一类物质，可用浓硫酸或40%氢氧化钠溶液或用洗液浸泡；沾有蜡或有油漆物，可加热使之熔融后揩去，或用有机溶剂（苯、二甲苯、汽油、丙酮等）揩去。

(6) 玻璃移液管、吸管使用后应立即放入底部垫有脱脂棉或纱布的盛有自来水的量筒或标本缸内，以免干燥后难以冲洗干净。然后放入超声波清洗器内洗涤，最后用自来水急速水流冲洗干净后沥干或烘干。

(7) 载玻片先擦去油垢再清洗干净，然后在2%盐酸溶液中浸泡1～2h后用清水冲净，最后用蒸馏水冲洗，干后浸于95%酒精中保存备用。

(8) 洗涤后的器皿应达到玻璃壁能被水均匀润湿而无条纹和水珠。

（二）玻璃器皿的包扎

(1) 培养皿　洗净烘干的培养皿每5套（或根据需要而定）叠在一起，用牛皮纸或报纸卷成一筒［(彩)图5-4］，或装入特制的铁桶（盒）或不锈钢桶（盒）中，然后进行灭菌。

图5-4　包扎后的培养皿

(2) 移液管、吸管

① 在洗净干燥的移液管的粗头端塞入少许脱脂棉花，以防止使用时造成污染。塞入的棉花量要适宜，多余的棉花可用酒精灯火焰烧掉。

② 将塞好棉花的移液管尖端斜放在宽约4～5cm纸条的左下端，以45°角为宜［(彩)图5-5(a)］。

③ 将左端多余的一段纸覆折在移液管上［(彩)图5-5(b)、(c)］，右手压住移液管尖端并转动移液管，使纸条裹紧移液管［(彩)图5-5(d)］。

④ 最后用多余的纸条打一小结以防散开［(彩)图5-5(e)、(f)］，标上容量灭菌。

使用时，从移液管中间拧断纸条，抽出移液管。用同样方法包扎吸管。

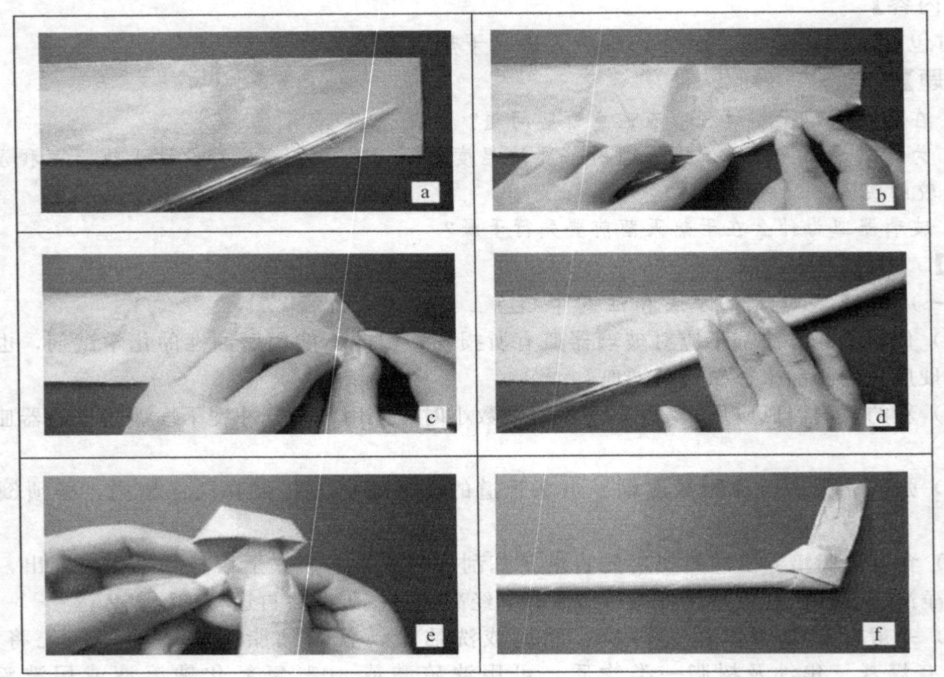

图 5-5 移液管的包扎方法

（袁丽红）

实验15 过滤除菌技术

【目的要求】

1. 掌握过滤除菌的原理。
2. 掌握利用微孔滤膜过滤除菌的操作方法。

【概述】

在微生物实验和研究中，对于不宜加热的液体或溶液，如血清、抗生素及糖溶液、有机试剂等常采用过滤除菌方法去除液体中的微生物，但不能除去支原体和病毒等。过滤除菌是通过机械作用滤去液体或气体中微生物的方法，常采用细菌过滤器。细菌过滤器的种类很多，例如布氏（Berkefeld）滤器、曼德尔（Mandler）滤器、蔡氏（Seitz）滤器、玻璃滤器和微孔滤膜滤器等。由于微孔滤膜滤器使用方便，目前广泛用于实验研究和生产中。

图 5-6 微孔滤膜滤器

微孔滤膜滤器是利用一定孔径的混合纤维酯薄膜为过滤介质，通过正压作用而过滤的一种滤器。滤膜孔径依用途而选定，作为除菌目的，一般选用孔径为 0.22～0.45μm 的滤膜。

微孔滤膜过滤器是由上下两部分容器构成，中间为微孔滤膜。使用前将滤器和滤膜灭菌。使用时取下上面容器部分，将灭菌的滤膜装于滤膜垫上，再将上下两部分安装在一起。将待过滤的液体加入滤器的上部容器中，连接并启动真空泵，这样溶液通过微孔滤膜流入下面容器中，微生物被阻留在微孔滤膜上，从而达到除菌的目的。可见，过滤除菌的最大优点是不破坏溶液中各种物质的化学成分。此外，如果过滤液体的体积不是很大，可用注射器和微孔滤膜配合使用进行过滤。(彩) 图 5-6 为一次性微孔滤膜滤器。

【实验材料】

(1) 设备　一次性微孔滤膜滤器（滤膜孔径 0.22μm）2 个、真空泵。

(2) 过滤液体　100mL 培养 10h 左右大肠埃希菌培养物 1 瓶、100mL 灭菌的营养肉汤培养基 2 瓶。

(3) 其他　营养琼脂培养基（平板）、镊子、酒精灯、250mL 灭菌三角瓶 2 个。

【实验方法】

(1) 取一个微孔滤膜滤器，打开顶部盖子，将待过滤的 100mL 大肠埃希菌培养物倒入滤器上部容器内，再盖上盖子。

(2) 连接真空泵并启动，使滤过滤膜的液体流到下部容器中。

(3) 过滤完毕，在无菌条件下取下滤器上部容器。

(4) 用灭菌的镊子取出滤膜，平铺放到营养琼脂平板上。注意有菌的一面朝上。

(5) 将滤器中滤液倒入灭菌三角瓶中。

(6) 另取一滤膜滤器，按上述操作过滤 100mL 灭菌肉汤培养基，设为阴性对照。过滤完毕，按上述方法取出滤膜放在平板培养基上和将滤器中过滤的培养基倒入灭菌三角瓶中。

(7) 将以上所有平板置于 37℃恒温培养箱中培养，三角瓶于 37℃摇床中振荡培养，转速 180r/min。

(8) 取另一瓶 100mL 灭菌肉汤培养基直接于 37℃摇床中振荡培养，设为另一阴性对照。

(9) 观察　平板滤膜上是否有菌生长，液体培养物是否混浊。

【实验内容】

1. 用细菌滤器分别过滤 100mL 大肠杆菌培养物和 100mL 灭菌肉汤培养基。
2. 将过滤后的滤膜和滤液置于适宜条件下培养并观察结果。

【实验结果】

1. 将过滤除菌实验的培养结果填入下表中。

过滤样本	平板(滤膜)培养结果	三角瓶液体培养结果
大肠杆菌培养物		
灭菌肉汤培养基		
灭菌肉汤培养基(未过滤)		

2. 评价你做的过滤除菌实验效果如何？如果经培养检查过滤溶液中有杂菌生长，你认为是什么原因造成的？

【思考题】

1. 实验中为何设两个阴性对照？
2. 你认为过滤除菌操作时应注意哪些问题？
3. 根据你所学的知识，有哪些方法可以验证过滤除菌效果？
4. 细菌滤器除了用于过滤除菌外，还用于什么方面？

（袁丽红）

第6章　微生物接种技术

微生物广泛地分布于土壤、水体、空气、动植物体表和体内等环境中。自然界中微生物不是以单一纯粹的状态存在，而是与周围环境中的生物和非生物混杂形式存在，因此，欲研究和利用某种微生物必须将其分离出来，以获得纯培养物。以上这些工作离不开微生物的接种和培养技术。此外，在保藏微生物菌种时难免不受到污染，也需要采用合适的接种技术对污染的菌种进行重新分离纯化。因此，在微生物实验和研究中，若培养微生物，接种技术是一项必须掌握的基本操作技能。为了保证纯种微生物在接种过程中不被污染，以及实验操作用的微生物不污染周围环境，接种必须在一个无杂菌污染的环境中进行严格的无菌操作。因此，无菌操作是微生物接种技术的关键。

由于实验目的、培养基种类及实验器皿等不同，所用接种方法不尽相同。斜面接种、液体接种、固体接种和穿刺接种操作均以获得生长良好的纯种微生物为目的。接种方法不同，采用的接种工具也有区别，如固体斜面培养物转接时用接种环，穿刺接种时用接种针，液体转接用移液管等。

实验16　微生物斜面接种技术

【目的要求】

1. 掌握无菌操作技术在微生物接种过程中的重要性。
2. 熟悉微生物斜面接种的用途。
3. 学会并熟练掌握微生物斜面接种方法。

【概述】

斜面接种是从已生长好的菌种斜面或平板上挑取少量菌种移植至另一支新鲜斜面培养基上的一种接种方法。在菌种扩繁培养和保藏时常采用斜面接种方法。斜面接种使用的接种工具为接种环和接种钩。接种环用于细菌、酵母菌、产生孢子的放线菌和霉菌接种，而对于较少产生孢子或不产生孢子的放线菌常用接种钩接种。霉菌由于其生长时菌落向周围扩散，常采用接种钩接种。

【实验材料】

（1）菌种　大肠埃希菌斜面培养物、曲霉菌斜面培养物。

（2）培养基　营养琼脂斜面培养基、PDA 斜面培养基。

（3）设备　超净工作台、恒温培养箱。

（4）接种工具和其他　接种环、接种钩、酒精灯、酒精棉、记号笔等。

【实验方法】

（一）用接种环进行斜面接种

用接种环进行斜面接种的具体操作如下。

（1）消毒　操作前先用75%酒精棉球擦手，待酒精挥发后才能点燃酒精灯。

（2）手持试管　将菌种管和新鲜斜面握在左手的大拇指和其他四指之间，使斜面和有菌种的一面向上［（彩）图 6-1(a)］。

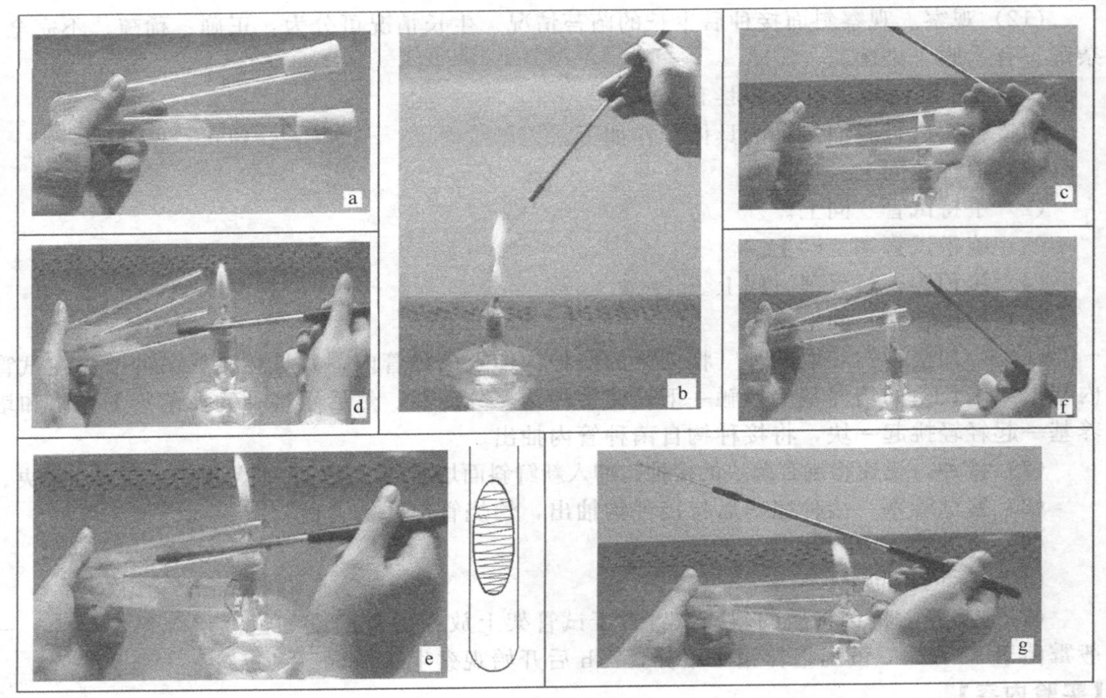

图 6-1　斜面接种操作示意图

（3）旋松试管塞　先将菌种和斜面的试管塞旋转一下，以便接种时便于拔出。

（4）接种环火焰灭菌　右手拿接种环（同握笔方式），在酒精灯火焰的外焰先将接种环一端烧红，然后再将要伸入试管部分的金属丝和金属柄灼烧灭菌［（彩）图 6-1(b)］。

（5）拔试管塞　用右手小指、无名指和手掌边同时拔出菌种管和新鲜斜面的试管塞［（彩）图 6-1(c)］并握住试管塞，再以火焰烧管口。注意不得将试管塞任意放在桌上或与其他物品相接触。同时在该操作过程中要保持试管口向上倾斜。

（6）冷却接种环和挑取菌种　将灭菌过的接种环伸入菌种管内，并且在接触菌种前先在试管内壁上或未长菌的培养基上接触一下，使接种环充分冷却，以免烫死菌种。然后用接种环在菌落上轻轻地接触，挑取少许菌种后将接种环自菌种管内抽出。抽出时勿与管壁相碰，也勿通过火焰［（彩）图 6-1(d)］。

（7）接种　迅速将沾有菌种的接种环伸入斜面培养基试管口，在斜面上，自下而上曲折划线，使菌体沾附在培养基上。划线时勿用力，否则会使培养基表面划破［（彩）图 6-1(e)］。

（8）塞试管塞　接种完毕后将接种环抽出，灼烧管口，塞上试管塞。注意塞试管塞时不要用试管口去迎试管塞，以免试管在移动时纳入不洁空气［（彩）图 6-1(f)、(g)］。

（9）接种环灭菌　接种环在放回原位前，要经火焰灼烧灭菌。同时须将棉塞进一步塞紧以免脱落。

（10）标记　接种后在试管斜面的正上方、距试管口约 2～3cm 处注明菌名、接种日期。

（11）培养　将接种后的所有斜面试管直立于试管架上放在适宜温度的恒温培养箱中培养。一般细菌于 37℃恒温培养箱中培养，24h 后开始观察生长情况。放线菌、酵母菌于28～30℃恒温箱中培养，48h 后开始观察生长情况。

（12）观察　观察斜面接种后生长的菌苔情况。生长情况可分为：正确、稀疏、不完全、杂乱、有水膜、染菌。

（二）用接种钩进行斜面接种

用接种钩进行斜面接种的具体操作如下。

（1）消毒　同上。

（2）手持试管　同上。

（3）旋松试管塞　同上。

（4）接种钩火焰灭菌　同上。

（5）拔试管塞　同上。

（6）冷却接种钩和取菌种　将灭菌的接种钩伸入菌种管内，并且在接触菌种前先在试管内壁上或未长菌的培养基上接触一下，使接种钩充分冷却。然后用接种钩在菌落上连菌和培养基一起轻轻挑起一块，将接种钩自菌种管内抽出。

（7）接种　迅速将挑有菌块的接种钩伸入新鲜斜面培养基试管内，把菌块摆放在斜面中央。

（8）塞试管塞　接种完毕后将接种钩抽出，灼烧管口，塞上试管塞。

（9）接种钩灭菌　同上。

（10）标记　同上。

（11）培养　将接种后的斜面试管置于试管架上放在适宜温度的恒温培养箱中培养。一般霉菌于 25～28℃恒温培养箱中培养，72h 后开始观察生长情况。

【实验内容】

1. 接种大肠埃希菌于营养琼脂斜面培养基上并在培养 24h 后观察生长情况。

2. 接种曲霉菌于 PDA 斜面培养基上并在培养 72h 后观察生长情况。

【实验结果】

将大肠埃希菌在营养琼脂斜面培养基上生长情况和曲霉菌在 PDA 斜面培养基上的生长情况填入下表中。

菌　种	*Escherichia coli*	*Aspergillus* sp.	菌　种	*Escherichia coli*	*Aspergillus* sp.
生长(＋或－)			生长分布图		
染菌(＋或－)					
生长情况描述					

【思考题】

1. 接种前后为什么要灼烧接种工具？

2. 为什么要待接种工具冷却后才能与菌种接触？是否可以将接种工具放在台子上冷却？如何知道接种工具是否已经冷却？

3. 若接种的培养物出现染菌情况，分析染菌的原因。

4. 若斜面培养物出现水膜现象，如何避免水膜形成？

（袁丽红）

实验17　微生物平板接种技术

【目的要求】

1. 熟悉微生物平板接种的用途。

2. 学会并熟练掌握微生物平板接种方法。

【概述】

平板接种是微生物实验和研究中最常用的接种技术。根据实验目的和要求不同，可以采用不同的平板接种方法。常用的平板接种方法有平板划线接种法、涂布接种法、倾注接种法和三点接种法等。平板划线接种是用接种环在平板培养基表面通过分区划线而达到分离微生物的一种接种方法。其原理是将微生物样品在固体培养基表面做多次划线“稀释”而达到分离的目的。因此，平板划线接种方法常用于微生物的分离和纯化。涂布接种法也是一种有效而常用的微生物纯种分离和纯化的接种方法。它是将经过适当稀释的一定体积的菌液（一般0.1～0.2mL）加到已凝固的平板培养基表面，然后用无菌涂布棒迅速将其涂布均匀，经过培养而长出单菌落，从而达到分离纯化的目的。涂布接种法也常用于微生物平板菌落计数。倾注接种法是将待分离培养的菌液经过适当稀释后，取合适稀释度的少量菌液加到灭菌培养皿中，然后再加入融化并冷却至45℃左右的培养基，充分混匀后，凝固，置于适宜条件下培养，经培养后可从平板表面和内部长出许多单菌落。因此，倾注接种法同样是菌种分离纯化的一种接种方法，此外，它也是微生物平板菌落计数常用的接种方法。平板三点接种是用接种针蘸取少量霉菌孢子，在平板培养基上点接成等边三角形的三点，培养后，每皿形成三个菌落。其优点是一个培养皿上同种菌落有三个重复，因此，它是用于观察霉菌菌落特征的理想接种方法。另外，菌落彼此相接近的边缘，常留有一狭窄的空白处，此处菌丝生长稀疏，较透明，还可分化出繁殖结构，可直接置于低倍镜下观察。

【实验材料】

（1）菌种　大肠埃希菌平板培养物、培养24h的大肠埃希菌和枯草芽孢杆菌营养肉汤培养物、曲霉菌平板培养物。

（2）培养基　营养琼脂培养基、PDA培养基。

（3）设备　超净工作台、恒温培养箱、水浴锅、微波炉。

（4）其他　接种环、接种针、涂布棒、灭菌试管、灭菌移液管、吸耳球、酒精灯、酒精棉、记号笔等。

【实验方法】

（一）平板划线接种

（1）倒平板　将灭菌的培养基放在水浴锅或电炉或微波炉中加热融化，待冷却至45℃左右时（以不烫手为宜）按无菌操作要求倒平板。

（2）划线接种　有多种划线接种法，这里介绍四区划线接种法。

采用分区划线接种，各区的作用不同，因此，各区的面积也不同。四区划线法是按照划线顺序先后依次分为A、B、C、D四个区，D区面积最大，其次是C区、B区，A区面积最小。划线时A区划3～5平行线或“之”字形线即可，D区划线最多。划线接种的要点为：①接种环要圆滑，且划线时接种环平面与平板平面之间夹角尽量小，以免划破培养基；②初次挑取菌种量不宜过多，划完一区后要把接种环上残留的菌体烧死；③划线接种时要在酒精灯火焰旁操作。

划线接种具体操作如下。

① 接种环火焰灭菌　操作同斜面接种。

② 挑菌　接种环冷却后挑取少量菌种。

③ 划A区　左手水平持皿，用无名指和小手指托住皿底，大拇指和中指夹住皿盖，抬动大拇指打开皿盖（此动作操作前可反复练习至娴熟），将接种环上的菌种先在A区划3～5条“之”字形线，然后在火焰上烧死接种环上残留的菌种［（彩）图6-2］。

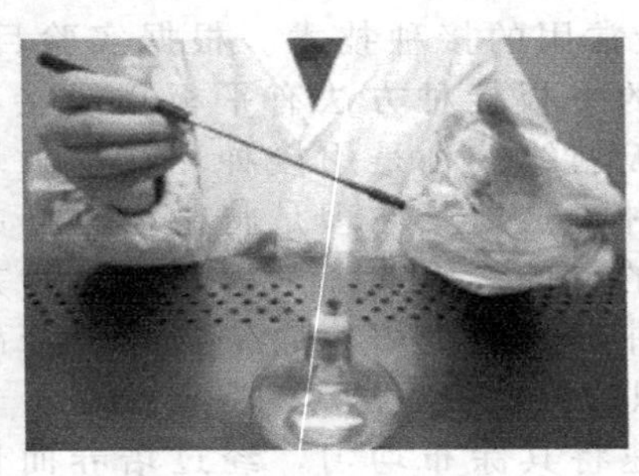

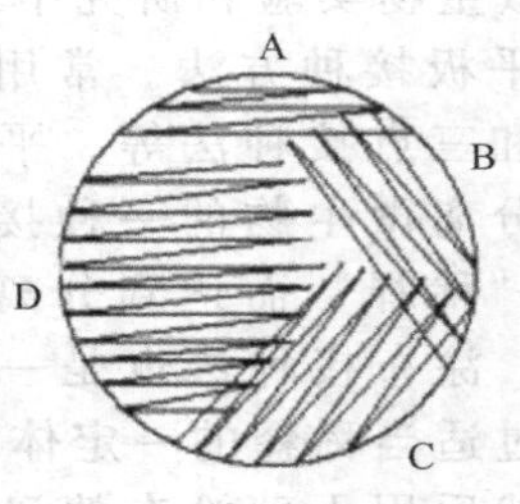

图6-2　平板划线接种（左）和分区划线示意图（右）

④ 划B区　盖上皿盖，将平板转动60°～90°，待接种环冷却后（可在培养基边缘冷却）用接种环由A区向B区划线，然后再在火焰上烧死接种环上残留的菌种。

⑤ 划C区和D区等　按划B区方法依次划C区和D区（图6-2）。

(3) 接种后在平板底部用记号笔注明菌名、接种日期。

（二）平板涂布接种

(1) 倒平板。

(2) 平板编号　取9只平板，依次标上10^{-4}、10^{-5}、10^{-6}，每个稀释度3皿。

(3) 菌液稀释

① 试管编号　取6支灭菌的试管，依次标上10^{-1}、10^{-2}、…、10^{-6}。

② 分装灭菌水　用5mL灭菌移液管在每支试管中分别加入4.5mL灭菌水。

③ 10倍系列梯度稀释　用灭菌移液管准确地吸取0.5mL大肠埃希菌悬液（注意：吸取前摇动菌液使其充分混匀）放入标号为10^{-1}试管中（注意吸管尖不要接触到液面，否则稀释不精确，结果误差大），此即为10倍稀释液（10^{-1}）；将10^{-1}试管中菌液充分混匀，另取一支无菌吸管插入10^{-1}试管中来回吸菌悬液三次，进一步将菌体分散、混匀并吸取0.5mL

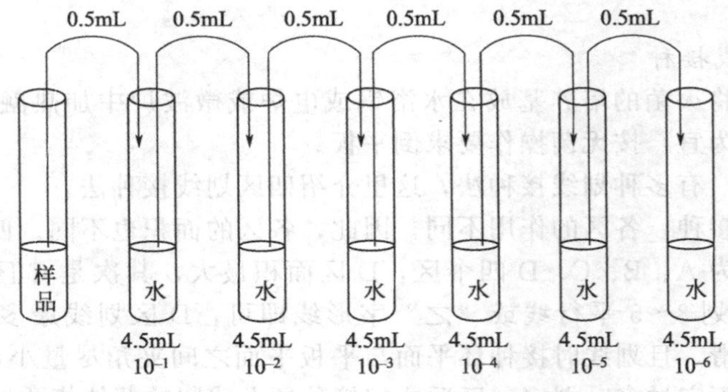

图6-3　10倍系列梯度稀释示意图

菌液至10^{-2}试管中，此即为100倍稀释（10^{-2}）。重复上述操作，直至制成10^{-6}稀释液。稀释过程如图6-3所示。

（4）取样　用灭菌移液管精确吸取适宜稀释度（10^{-4}、10^{-5}、10^{-6}）的菌液0.1～0.2mL，加到相应编号的已凝固的平板上。

（5）涂布　立即用灭菌涂布棒（可蘸取酒精火焰灭菌或包扎后干热灭菌）迅速将菌液涂布均匀。注意：涂布时沿着一个方向（顺时针或逆时针）涂布，不要两个方向来回涂布。另外，涂布操作时要小心，不要用力过大以免刮破平板。

（三）平板倾注接种

（1）培养皿编号　取9只灭菌培养皿，依次标上10^{-4}、10^{-5}、10^{-6}，每个稀释度3皿。

（2）菌液稀释　方法同上。

（3）取样　用灭菌移液管精确吸取适宜稀释度（10^{-4}、10^{-5}、10^{-6}）的菌液0.5mL，加到相应编号的灭菌培养皿中。

（4）加培养基　向各培养皿中分别倒入融化并冷却至45℃左右的营养琼脂培养基，并立即将菌液和培养基混合均匀，平放，凝固。注意混合时不要用力过大和上下振荡，以免培养基溅到皿盖上或溢出。

（四）平板三点接种

（1）标明三点位置　欲使点接的三点分布均匀，可用记号笔先在平板底部以等边三角形状标上三点。

（2）接种针火焰灭菌　同斜面接种。

（3）沾取孢子　灭过菌的接种针冷却后伸入菌种管，用针尖沾取少量霉菌孢子。

（4）点接　把接种针上沾着的孢子轻轻的点接到平板培养基上（皿底可预先标记好接种的部位）。注意在点接时切勿刺破培养基。操作姿势同图6-2。

（5）在平板底部用记号笔注明菌种名称、接种日期和接种人。

（五）培养和观察

将接种后的所有平板倒置于适宜温度的恒温培养箱中培养。一般细菌于37℃恒温箱中培养，24h后观察生长情况。霉菌于25～28℃恒温箱中培养，72h后观察生长情况。

平板划线接种培养物：各区培养物分布是否合理、各区界限是否明显、菌落分散情况、有无单菌落形成、是否染菌。

平板涂布和倾注接种：菌落分散情况、有无单菌落形成、是否染菌。

三点接种：有无生长、三个菌落是否一致、是否染菌。

【实验内容】

1. 用大肠埃希菌在营养琼脂平板培养基上作划线接种并于培养24h后观察生长情况。

2. 用大肠埃希菌和枯草芽孢杆菌混合菌液在营养琼脂平板培养基上作涂布接种并于培养24h后观察生长情况。

3. 用大肠埃希菌和枯草芽孢杆菌混合菌液在营养琼脂培养基中作倾注接种并于培养24h后观察生长情况。

4. 用曲霉菌在PDA培养基上作三点接种并于培养72h后观察生长情况。

【实验结果】

将大肠埃希菌在营养琼脂平板培养基上划线接种生长情况、大肠埃希菌和枯草芽孢杆菌混合菌液在营养琼脂平板培养基涂布接种和倾注接种生长情况、曲霉菌在PDA平板培养基上三点接种生长情况填入下表中。

接种方式	划线接种	涂布接种	倾注接种	三点接种
菌　种				
生长(＋或－)				
染菌(＋或－)				
生长情况描述				
生长分布图				

【思考题】

1. 为什么平板培养时要倒置？

2. 根据你的实验结果，采用平板倾注接种法观察到的菌落在平板固体培养基中是如何分布的？不同层次培养基中菌落大小、形态有何不同？

3. 根据你的实验结果，同一菌液同一稀释度采用平板涂布接种法和倾注接种法得到的菌落数的结果是否相同或接近？为什么？

4. 平板涂布接种法和倾注接种法相比，各有何优缺点？在实际应用时如何选择？

5. 根据平板划线接种的原理，你还可以采用哪些划线接种方法？在实验室尝试一下，看结果如何？

（袁丽红）

实验18　微生物液体接种技术和穿刺接种技术

【目的要求】

1. 掌握微生物液体接种技术和穿刺接种技术的用途。

2. 学会并熟练掌握微生物液体接种技术。

3. 学会并熟练掌握微生物穿刺接种技术。

【概述】

液体接种技术是用移液管或吸管将菌液接种到新鲜液体培养基中，或用接种环、接种针等将斜面或平板上的菌种接种到新鲜液体培养基中的一种接种方法。因此，液体接种可以分为两种方法：一是由斜面培养基接入液体培养基的接种方法。当观察微生物的生长特性、进行生化反应的测定和制备发酵种子液时等常用此种接种方法；二是由液体培养基接种液体培养基的接种方法。菌种如为液体时，接种除用接种环外，常用无菌移液管或吸管进行接种。穿刺接种是用接种针从菌种斜面上蘸取少量菌体并把它穿刺到固体或半固体直立柱培养基中的一种接种方法。经穿刺接种后的培养物可作为保藏菌种的一种方式，也是检查细菌运动性的一种方法。此外，细菌生理生化反应特性测定实验如明胶液化、产 H_2S 试验中也采用穿刺接种方法。穿刺接种只适用于细菌和酵母菌的接种培养，使用的接种工具为接种针。

【实验材料】

（1）菌种　大肠埃希菌斜面培养物、枯草芽孢杆菌斜面培养物、培养 24h 的大肠埃希菌营养肉汤培养物、培养 24h 的枯草芽孢杆菌营养肉汤培养物。

（2）培养基　分装于试管中的营养肉汤培养基、分装于三角瓶中的营养肉汤培养基、分装于试管中的营养琼脂半固体直立柱培养基。

（3）设备　超净工作台、恒温培养箱。

(4) 其他　接种环、接种针、灭菌移液管、吸耳球、酒精灯、酒精棉、5%石炭酸、记号笔等。

【实验方法】

(一) 液体接种

1. 由斜面培养基接入液体培养基

操作方法同斜面接种方法。但操作时注意试管口向上以免培养液流出，接种后接种环与管内壁轻轻研磨使菌体擦下，接种后塞好棉塞，将试管在手掌中轻轻敲打，使菌体充分分散。

2. 由液体培养基接种液体培养基

(1) 取移液管　取单支纸包装的无菌移液管时，可将移液管的包装纸从中间拧断取出。

(2) 移菌液　用无菌操作技术吸取所需的菌液。注意勿用嘴吸取菌液。

(3) 接种　一只手持待接种的三角烧瓶，注意勿使瓶口朝天，用另一只手小指和手掌边拔出瓶塞，瓶口缓缓旋转过火。将移液管深入三角烧瓶，慢慢放出菌液，最后塞上瓶塞[(彩) 图 6-4]。

(4) 移液管灭菌　将用过的移液管投入 5%石炭酸缸内灭菌。

(5) 包扎瓶口　若用纱布为通气塞，用棉绳扎好即可。

(6) 标明菌种名称、接种时间和接种人。

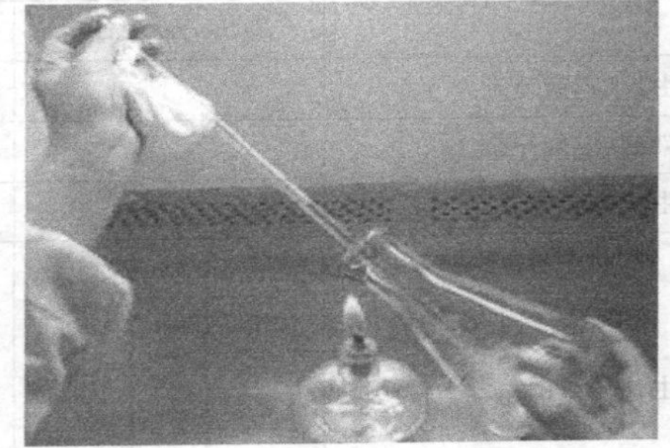

图 6-4　用移液管接种

(二) 半固体穿刺接种

(1) 消毒　操作同斜面接种。

(2) 手持试管　操作同斜面接种。

(3) 旋松试管塞　操作同斜面接种。

(4) 接种针火焰灭菌　操作同斜面接种。

(5) 拔试管塞　操作同斜面接种。

(6) 冷却接种针和取菌种　将上述在火焰上灭菌过的接种针伸入菌种管内，接种针在接触菌种前先在试管内壁上或未长菌的培养基上接触一下，使接种针充分冷却，以免烫死菌种。用接种针的针尖在菌落上蘸取少量菌种后自菌种管内抽出。抽出时勿与管壁相碰，也勿使其通过火焰。

(7) 接种　迅速将沾有菌种的接种针伸入直立柱培养基试管口，接种。有两种接种方法：一种是水平法，另一种是垂直法。无论采用何种接种方法，都要求使用的接种针要挺直，接种针自培养基的中心垂直地刺入接近培养基的底部，但勿穿透，然后延着原路将针拔出，穿刺时要手稳、动作迅速轻快[(彩) 图 6-5 示水平接种法]。

(8) 塞试管塞　操作同斜面接种。

(9) 接种针灭菌　操作同斜面接种。

(10) 标明菌种名称、接种时间和接种人。

(三) 培养和观察

将接种后的试管（液体、半固体直立柱）直立于试管架上置于 37℃恒温培养箱中培养，24h 后观察并记录生长情况。将接种后的三角瓶置于摇床上 37℃振荡培养，24h 后观察并记录生长情况。

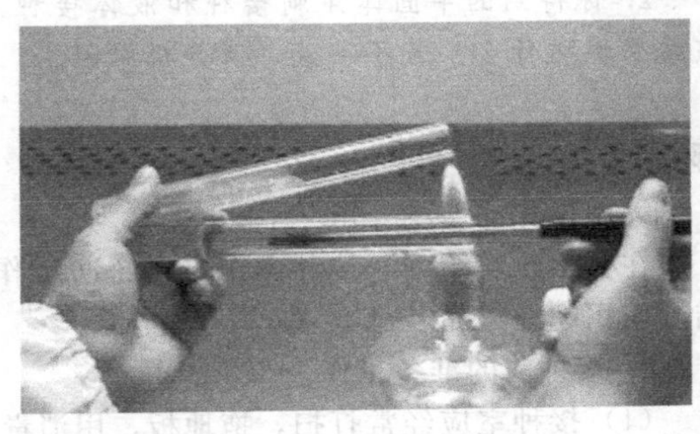

图 6-5　半固体穿刺接种法

液体接种培养物：菌液是否混浊、是否

染菌。

半固体穿刺接种的培养物：是否生长、是否沿着接种路线生长、是否染菌。

【实验内容】

1. 将大肠埃希菌和枯草芽孢杆菌分别接种于分装于试管中的营养肉汤培养基中并于培养 24h 后观察生长情况。

2. 将大肠埃希菌和枯草芽孢杆菌分别接种于分装于三角瓶中的营养肉汤培养基中并于培养 24h 后观察生长情况。

3. 用大肠埃希菌和枯草芽孢杆菌分别接种于营养琼脂半固体直立柱培养基并于培养 24h 后观察生长情况。

【实验结果】

1. 将大肠埃希菌和枯草芽孢杆菌在营养肉汤培养基（试管）和营养琼脂半固体直立柱培养基中生长情况填入下表中。

菌　种	半固体直立柱		肉汤培养基	
	Escherichia coli	*Bacillus subtilis*	*Escherichia coli*	*Bacillus subtilis*
生长(＋或－)				
染菌(＋或－)				
生长情况描述				
生长分布图				

2. 将大肠埃希菌和枯草芽孢杆菌在营养肉汤培养基（三角瓶）中生长情况填入下表中。

菌　种	*E. coli*	*B. subtilis*	菌　种	*E. coli*	*B. subtilis*
生长(＋或－)			生长情况描述		
染菌(＋或－)					

【思考题】

1. 为什么穿刺接种时不可穿透培养基？

2. 你得到的半固体穿刺接种和液体接种（试管）实验结果是否与预期结果一致？若一致，该结果说明什么？若不一致，请分析原因。

（袁丽红）

【附录】

无菌操作的基本要求

在微生物实验中，接种操作要在超净工作台或无菌室内进行，要求严格的要在无菌室内再结合使用超净工作台。

1. 接种前的准备工作

(1) 接种室应经常打扫，拖地板，用消毒液擦洗桌面及墙壁，用乳酸或甲醛熏蒸接种室。

(2) 接种室或超净工作台在使用前，先打开紫外灯灭菌半小时。

(3) 经常对接种室作无菌程度的检查。

(4) 进入接种室前，先做好个人卫生工作，换工作鞋，穿上工作衣，戴口罩。工作服、口罩、工作鞋只准在接种室内使用，不准穿着到其他地方去，并定期洗换和消毒灭菌。

(5) 接种的试管、三角瓶等应做好标记，注明培养基、菌名和接种日期。移入接种室内的所有物品，均须在缓冲室内用75%酒精擦拭干净。

2. 接种时操作要点

(1) 双手用75%酒精或新洁尔灭擦手。

(2) 操作过程不离开酒精灯火焰。

(3) 棉塞不乱放。

(4) 接种工具使用前需经火焰灼烧灭菌。

(5) 操作要正确、迅速。

(6) 接种工具用后须经火焰灼烧灭菌后才能放在桌上。

(7) 棉塞必须塞得松紧适宜。

(8) 所有使用器皿均须严格灭菌。

(9) 接种用的培养基均需事先作无菌培养试验。

3. 接种后注意事项

(1) 供培养用的培养箱应经常清理消毒。

(2) 有培养物的器皿要经高压灭菌或煮沸后才能清洗。

(袁丽红)

第7章 微生物培养技术

微生物广泛分布于自然界的土壤、水体、空气、动植物和人类体表、体内以及动物和人类的排泄物中。由于单一的自然环境往往不能满足微生物对水、空气、营养物质、温度、酸碱度等的综合需求，因此，在自然界中绝大多数微生物以单个菌体、无性孢子和芽孢等“散居”的形式存在，不能形成人类肉眼可直接观察到的群体特征。不仅如此，自然界中各种微生物混杂生活在一起，即使很少量的样品，哪怕一颗砂或尘土也是许多微生物共存的群体。要研究和利用某一种微生物，首先须将其从混杂的微生物群体中分离出来，获得该微生物的纯种，即使该微生物处于纯培养状态。因此，微生物纯种分离技术是微生物实验和研究中的最基本技术之一。

获得微生物纯种后，若开展微生物的研究，首先要对微生物进行培养。在实验室中常用的培养方法如图 7-1 所示。

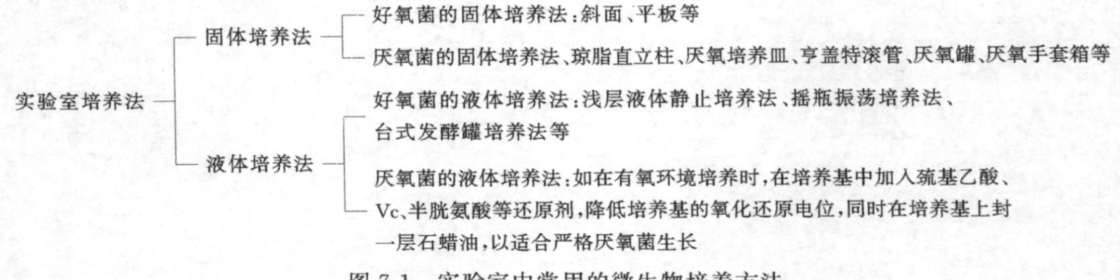

图 7-1　实验室中常用的微生物培养方法

斜面培养法、平板培养法、摇瓶振荡培养法等微生物培养技术在其他部分的实验中已有涉及，在本部分只介绍微生物的纯种分离技术和厌氧菌培养技术。

实验19　微生物的纯种分离技术

【目的要求】

1. 掌握微生物纯种分离的原理。
2. 熟练掌握常用的微生物分离和纯化技术。
3. 学会从混杂微生物群体中获得微生物纯培养的方法。

【概述】

纯种分离技术是微生物实验和研究中常用的技术。在自然界中各种微生物混杂生活在一起，为了从混杂的样本中获得所需的微生物，离不开菌种分离纯化工作。再有，在实验室中，已有的微生物菌种由于某种原因或意外受到污染或菌种出现退化现象，或者在微生物育种工作中需从大量的变异群体中分离筛选目标菌株等，这些工作同样离不开菌种分离纯化工作。因此，熟练掌握微生物纯种分离技术是每一个从事微生物工作的人员必备的基本功。

微生物纯种分离的方法可以分为两大类：一类是达到菌落纯的水平，另一类是达到细胞纯的水平（图 7-2）。平板划线法、涂布法和倾注法操作简便，分离效果好，在实验室中被普遍采用。单孢（胞）分离法需在显微镜下操作，常用于产孢霉菌的分离纯化。对于不产孢或难于产孢的真菌如内生真菌，不适合用平板划线法、涂布法、倾注法和单孢分离法进行纯化，常用菌丝顶端切割法进行纯化。

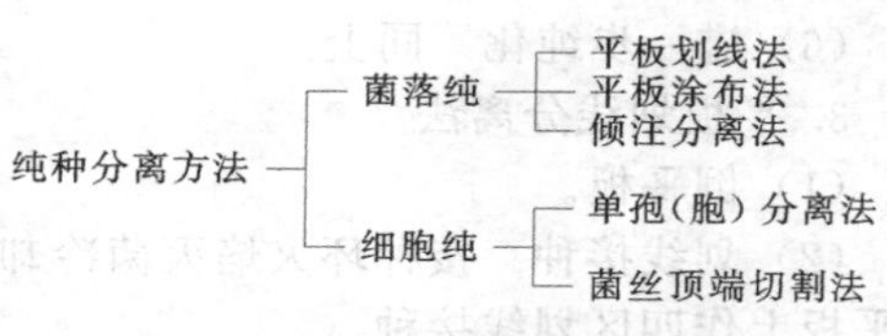

图 7-2 微生物纯种分离方法

【实验材料】

(1) 待分离的样品　土样（自采）。

(2) 菌种　曲霉菌孢悬液。

(3) 培养基　营养琼脂培养基、营养琼脂斜面培养基、PDA 平板培养基、水琼脂培养基（1.5%～2%琼脂培养基）。

(4) 仪器　普通光学显微镜、超净工作台、摇床、恒温培养箱。

(5) 其他　90mL 无菌水（分装于三角瓶中，内含玻璃珠）、灭菌试管、灭菌移液管、灭菌培养皿、灭菌载玻片、灭菌解剖刀、接种环、涂布棒、酒精灯、吸耳球、记号笔等。

【实验方法】

（一）采土样和土壤稀释液制备

1. 采样

选定采土样地点，先除去表层 5cm 的土壤，用铲子取 5～20cm 的土壤装入无菌容器中。

2. 制备土壤稀释液

(1) 土壤悬液制备　称取 10g 土样加入到盛有 90mL 无菌水的三角瓶中，置于摇床上振荡 30min，使土样中菌体充分分散于水中，此土样悬液记为 10^{-1} 菌液。

(2) 土壤悬液稀释　对土壤悬液（10^{-1}）进行 10 倍系列梯度稀释。最大稀释度根据实际土样大约含菌量而定。

（二）土壤中微生物的分离纯化

本实验以土壤中细菌分离纯化为例。

1. 平板涂布分离法

(1) 倒平板。

(2) 平板编号　在制好的平板上分别依次编号，例如 10^{-4}、10^{-5}、10^{-6}。

(3) 加样　分别吸取 10^{-4}、10^{-5}、10^{-6} 稀释度的土样稀释液 0.1～0.2mL 加入到对应编号的平板培养基上。

(4) 涂布　用灭菌涂布棒将加样涂布均匀。

(5) 培养　将涂布接种后的平板于 37℃倒置培养 24～48h，观察生长情况。

(6) 挑取单菌落　将培养长出的典型单菌落转接到营养琼脂斜面培养基上，培养。

(7) 进一步纯化　将 (6) 中斜面培养物采用平板划线法进一步纯化，以保证菌种纯度。

2. 倾注分离法

(1) 培养皿编号　取几只灭菌培养皿依次编号，例如 10^{-4}、10^{-5}、10^{-6}。

(2) 加样　分别吸取 10^{-4}、10^{-5}、10^{-6} 稀释度的土样稀释液 0.5～1.0mL 加入到对应编号的培养皿中。

(3) 加培养基　将 15～20mL 灭菌融化并冷却至 45℃左右的营养琼脂培养基倒入以上加样的培养皿中，迅速混匀，水平放置待凝固。

(4) 培养　将凝固后的平板于 37℃倒置培养 24～48h，观察生长情况。

(5) 挑取单菌落　同上。

(6) 进一步纯化　同上。

3. 平板划线分离法

(1) 倒平板。

(2) 划线接种　接种环火焰灭菌冷却后蘸取一环稀释度为 10^{-1} 土样稀释液，在营养琼脂平板上作四区划线接种。

(3) 培养　将划线接种后的平板于 37℃倒置培养 24～48h，观察生长情况。

(4) 挑取单菌落　同上。

(5) 进一步纯化　同上。

(三) 真菌单孢分离法

真菌单孢分离方法很多，例如琼胶平板稀释纯化法、琼胶平板表面单孢挑取法、玻璃毛细管分离法、显微操作器分离法等。选用这些方法时可以根据不同的实验材料和设备条件选择合适的方法，只要达到单孢分离的目的即可。这里介绍另一种简易的单孢分离方法——琼胶载片单孢分离法。

(1) 琼胶载片制作　取一块灭菌的载玻片，用灭菌移液管在其上面加一薄层融化的水琼脂培养基，平放，凝固。注意琼胶的厚度不要太厚。

(2) 孢悬液涂布　用灭菌移液管加 1～2 滴适当稀释的孢悬液，再用灭菌涂布棒将孢悬液涂布均匀。注意孢悬液中孢子浓度不能高。

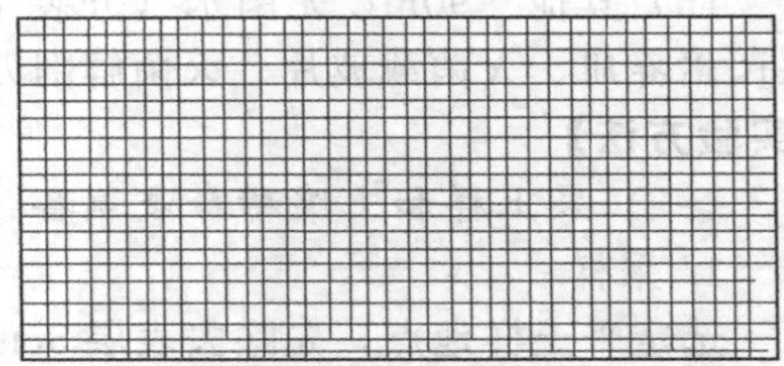

图 7-3　琼胶小块切割方法

(3) 切割琼胶小块　用灭菌的解剖刀在琼胶载片上作横竖切割，将琼胶切成小块（图 7-3）。注意琼胶小块尽可能小，使得每个琼胶小块上最多有 1 个孢子。

(4) 镜检挑单孢　将切好后的琼胶载片置于显微镜下，逐个小块镜检，将只有一个孢子的琼胶小块用灭菌接种钩轻轻挑起接种到 PDA 平板培养基上，培养。注意上述所有操作需在超净工作台上进行，操作时尽量不要染菌，如操作前将显微镜表面消毒。

【实验内容】

1. 自己选择采样地点采集土样并分别利用平板划线法、涂布法和倾注法从所采土样中分离获得 3～5 株不同种的细菌纯培养物并描述其培养特征。

2. 利用单孢分离法获得 3 株曲霉菌的单孢培养物并描述其培养特征。

【实验结果】

1. 将利用平板划线法、涂布法和倾注法从土样中分离得到纯培养物结果填入下表中。

菌落数		平板涂布分离法			倾注分离法			平板划线分离法
		10^{-4}	10^{-5}	10^{-6}	10^{-4}	10^{-5}	10^{-6}	10^{-1}
总菌落数	Ⅰ							
	Ⅱ							
	Ⅲ							
	平均值							
不同特征的菌落数	Ⅰ							
	Ⅱ							
	Ⅲ							
	平均值							

2. 描述分离得到的 3～5 株不同种细菌纯培养物的菌体和菌落特征，并将其填入下

表中。

菌体和菌落特征	菌株 1	菌株 2	菌株 3	菌株 4	菌株 5
菌体形态					
革兰染色反应					
菌落大小					
菌落颜色					
菌落形状					
边缘情况					
隆起情况					
透明情况					

3. 描述利用单孢分离法获得的 3 株曲霉菌的单孢培养物的培养特征并将其填入下表中。

菌落特征	菌株 1	菌株 2	菌株 3
菌落大小			
菌落外观			
表面菌丝体形状			
边缘			
菌落正面颜色			
菌落反面颜色			

【思考题】

1. 根据你的分离结果，比较平板划线分离法、涂布分离法和倾注分离法的优缺点。

2. 根据已学的知识，如何确定平板上某单个菌落是否为纯培养？请写出确定其是否为纯培养的实验方案。

3. 获得真菌纯培养除了采用单孢分离方法外，还有什么方法？

（袁丽红）

实验20 厌氧微生物的培养技术

【目的要求】

熟悉厌氧微生物的培养原理和方法。

【概述】

微生物对氧的需要和耐受能力在不同的类群中变化很大。根据它们和氧的关系，可将微生物分为好氧微生物、兼性好氧微生物、厌氧微生物等类群。厌氧微生物是一类在其细胞呼吸中不能以氧作为末端电子受体的微生物，根据耐氧能力又可分为耐氧厌氧微生物和严格厌氧微生物两类。前者尽管不需要氧，但可耐受氧，在有氧气存在情况下仍能生长；而后者对氧极其敏感，有氧存在即死亡。氧气对严格厌氧微生物的毒害作用在于其细胞内缺乏超氧化物歧化酶（SOD）和过氧化氢酶，不能消除氧气还原为水的过程中形成的有毒中间产物（如 H_2O_2、$O_2^-\cdot$、$OH\cdot$ 等），因而这类微生物死于 H_2O_2、$O_2^-\cdot$、$OH\cdot$ 等的毒害作用。因此，在厌氧菌的培养过程中必须创造和保持无氧环境。图 7-4 概括了厌氧微生物的一些培养方法。

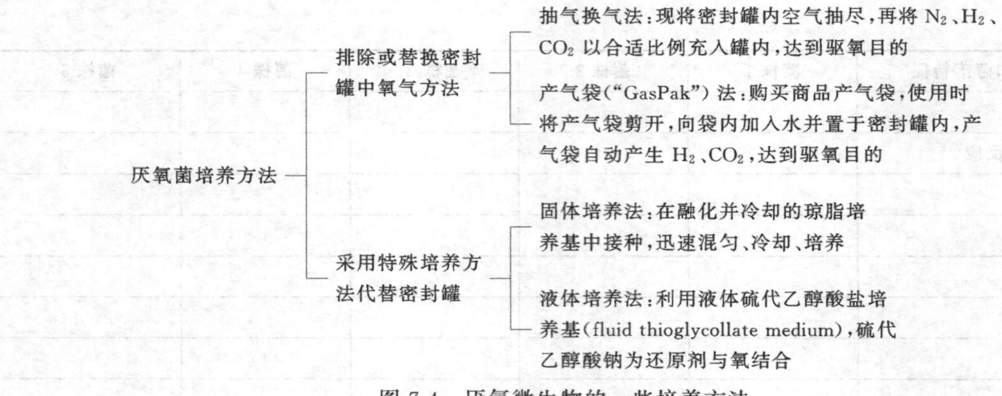

图 7-4　厌氧微生物的一些培养方法

本实验主要介绍利用厌氧菌培养罐和液体硫代乙醇酸盐培养基培养厌氧微生物的方法。图 7-5 为 GasPak™厌氧菌培养罐结构示意图和建立厌氧环境的原理。

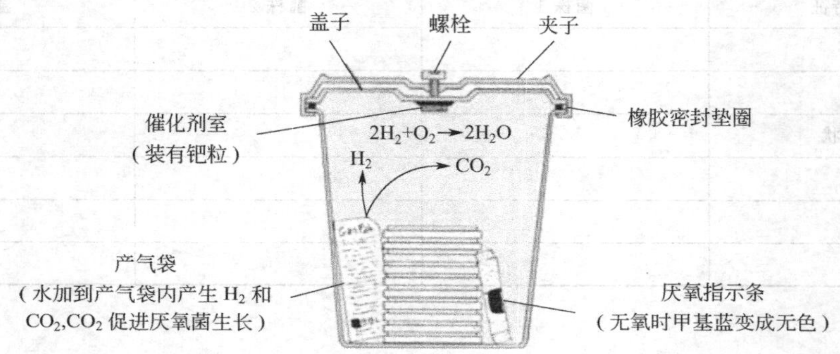

图 7-5　GasPak™厌氧菌培养罐结构示意图

【实验材料】

（1）菌种　培养 24h 蜡状芽孢杆菌、大肠埃希菌、藤黄微球菌营养肉汤培养物、培养 48h 生孢梭菌营养肉汤培养物。

（2）培养基　营养琼脂培养基（平板）、硫代乙醇酸盐培养基（分装于具螺旋盖的试管中）。

（3）设备　GasPak™厌氧菌培养罐。

（4）其他　催化剂（钯粒）、产气袋、厌氧指示袋、接种环、试管架、酒精灯、记号笔等。

【实验方法】

（一）利用 GasPak™厌氧菌培养罐培养厌氧微生物技术

（1）分区　取 2 块营养琼脂培养基平板，用记号笔在每个平板底部画一条线，将平板分成两个区域。

（2）标记　在平板底部每个区域用记号笔分别标上要接种微生物的菌名（蜡状芽孢杆菌、大肠埃希菌、藤黄微球菌、生孢梭菌）。

（3）接种　用无菌操作技术分别在平板的每个区域划线接种相对应的菌。接种时只要在每个区域划一条直线即可。

(4) 培养

① 将接种的平板倒置放入厌氧菌培养罐内。

② 将催化剂（钯粒）倒入厌氧罐罐盖下面的催化剂室内，旋紧。注意目前厌氧罐培养法中使用的催化剂是将钯或铂经过一定处理后包被于还原性硅胶或氧化铝小球上形成的“冷”催化剂，它们在常温下即具有催化活性，并可反复使用。由于在厌氧培养过程中形成水蒸气、硫化氢、一氧化碳等，会使这种催化剂受到污染而失去活性，所以这种催化剂在每次使用后都必须在140～160℃的烘箱内烘1～2h，使其重新活化，并密封后放在干燥处直到下次使用。

③ 剪开气体发生袋的一角，将其置于罐内金属架的夹上，向袋中加10mL水。同时，再剪开指示剂袋，使指示条暴露（还原态为无色，氧化态为蓝色），立即放入罐中，注意指示剂暴露面朝外，以便观察。注意必须在一切准备工作齐备后再往产气袋中注水，而加水后应迅速密闭厌氧罐，否则，产生的氢气过多地外泄，会导致罐内厌氧环境建立失败。

④ 迅速盖好厌氧罐罐盖，旋紧螺栓。

⑤ 将厌氧培养罐置于37℃恒温培养箱中培养。培养几小时后观察厌氧指示条颜色变化。从蓝色变为无色，表示罐内为厌氧条件。

(5) 另取两块营养琼脂平板，按照上述(1)～(3)步骤进行分区、标记、接种。接种后将其置于37℃恒温培养箱中，在有氧条件下培养。

(二) 利用硫代乙醇酸盐流体培养基培养法

接种厌氧菌前，必须确保硫代乙醇酸盐流体培养基新鲜，即培养基中没有溶解氧。判断硫代乙醇酸盐流体培养基是否新鲜的方法是观察培养基上部1/3是否出现粉色。如果出现粉色，说明培养基不新鲜，含有溶解氧。处理方法是将装有培养基试管的试管帽旋松，然后将其置沸水浴中加热10min，除去溶入的氧。接种前冷却至45℃。

(1) 标记　取4支装有硫代乙醇酸盐流体培养基的试管，在试管上用记号笔分别标上要接种微生物的菌名（蜡状芽孢杆菌、大肠埃希菌、藤黄微球菌、生孢梭菌）。

(2) 接种　用无菌操作技术分别在每支试管中接种相对应的菌。接种时尽量将接种环伸入培养基的底部。

(3) 培养　将接种后的试管置于37℃恒温培养箱中培养24～48h。

【实验内容】

1. 将蜡状芽孢杆菌、大肠埃希菌、藤黄微球菌和生孢梭菌分别接种于营养琼脂平板培养基上，并放入厌氧培养罐内置于37℃培养并观察生长情况。

2. 将蜡状芽孢杆菌、大肠埃希菌、藤黄微球菌和生孢梭菌分别接种于营养琼脂平板培养基上，并置于37℃恒温培养箱中培养并观察生长情况。

3. 将蜡状芽孢杆菌、大肠埃希菌、藤黄微球菌和生孢梭菌分别接种于硫代乙醇酸盐流体培养基中，并置于37℃恒温培养箱中培养并观察生长情况。

【实验结果】

1. 观察蜡状芽孢杆菌、大肠埃希菌、藤黄微球菌和生孢梭菌在硫代乙醇酸盐流体培养基中，厌氧和有氧条件下在营养琼脂平板培养基上的生长情况，并将结果填入下表中。

菌　　种	硫代乙醇酸盐流体培养基	营养琼脂培养基		对氧气的需求
		厌氧	有氧	
Micrococcus luteus				
Bacillus cereus				
Escherichia coli				
Clostridium sporogenes				

2. 将蜡状芽孢杆菌、大肠埃希菌、藤黄微球菌和生孢梭菌对氧的需求情况填入上表中。

【思考题】

1. 为什么硫代乙醇酸流体盐培养基可以用来培养厌氧微生物？

2. GasPak™厌氧菌培养罐中加美蓝指示剂的目的是什么？根据你的知识是否可以不加或加入其他指示剂代替美蓝指示剂？

3. GasPak™厌氧菌培养罐中加入产气袋，产气袋产气的原理是什么？

4. 根据你所学的知识和查阅的知识，芽孢杆菌、大肠埃希菌、藤黄微球菌和生孢梭菌在厌氧和有氧条件下预期的生长结果如何？你的实验结果是否与预期结果相符？为什么？

5. 是否还有其他方法或培养基用于厌氧菌的培养？

（袁丽红）

第8章 微生物生长繁殖测定技术

生长与繁殖是微生物的基本生命活动。一个微生物细胞在适宜的条件下，不断吸收周围环境中的营养物质，并按照其自身的代谢方式进行新陈代谢，当同化作用大于异化作用时，表现为细胞中原生质总量不断增加，于是出现了个体细胞的生长的现象。当细胞内各种组分和结构协调增长到一定程度时，细胞分裂，表现为个体数目的增加，即繁殖。由此可见，生长与繁殖是两个紧密联系、不断交替进行的生命活动过程。微生物的生长与繁殖是其在内外各种因素相互作用下生理、代谢等状态的综合反映。因此，了解和掌握微生物生长繁殖的数据可以作为研究微生物甚至其他生命体生理、生化、遗传等问题的重要指标。同时，微生物在生产实践中的各种应用、人类对有害微生物的控制也都与微生物的生长繁殖有关。可见，研究微生物生长与繁殖对阐述生命活动的本质和规律具有重要意义。

微生物生长表现为原生质总量的增加，繁殖表现为微生物个体数目的增多，所以，测定微生物生长与繁殖的方法都是直接或间接地以此为依据而建立的。图 8-1 概括了用于微生物生长繁殖测定的一些方法。

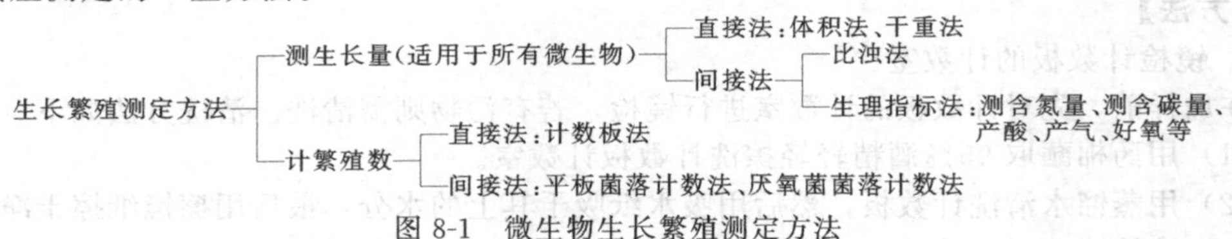

图 8-1 微生物生长繁殖测定方法

实验21 微生物显微镜直接计数法——血球计数板计数法

【目的要求】

1. 熟悉血球计数板的构造与原理
2. 掌握利用血球计数板进行微生物直接计数的方法。

【概述】

微生物的生长与繁殖交替进行，表现为细胞物质的增加和细胞数目的增加。测定微生物细胞数目（繁殖）的方法是基于计数个体数目的原理，因此，只适用于单细胞微生物（如细菌、酵母菌）的计数，而对于放线菌和霉菌等丝状生长的微生物，则只能计数其孢子数。测定细胞数目的方法有直接计数法（如血球计数板计数）和间接计数法（如平板菌落计数法）。本实验介绍血球计数板计数法。

血球计数板是一块比载玻片厚的玻璃片，玻片上有四条沟和两条嵴。中央有一短横沟和两个平台，两嵴的表面比两个平台的表面高 0.1mm，每个平台上刻有不同规格的格网，中央 $1mm^2$ 面积上刻有 400 个小方格，为一个计数区（图 8-2）。

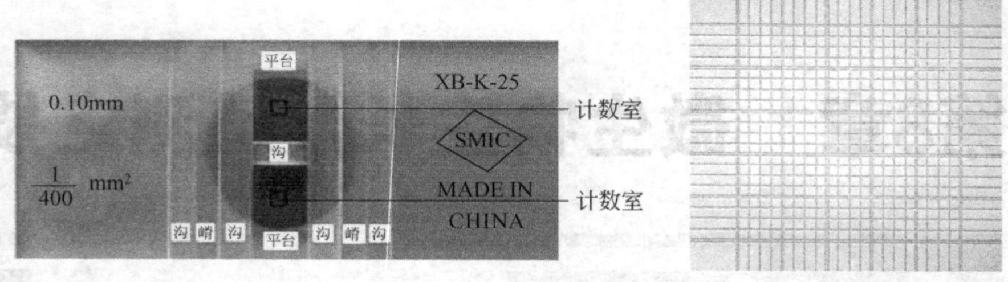

图 8-2　血球计数板的构造和计数区

血球计数板有两种规格：一种是将 $1mm^2$ 面积分为 25 个中格，每中格再分为 16 个小格（25×16）；另一种是将 $1mm^2$ 面积分为 16 个中格，每个中格再分为 25 个小格（16×25）。两种计数板都是总共有 400 个小格。在血球计数板上，刻有一些符号和数字，例如图 8-2，其中 XB-K-25 为计数板的型号和规格，表示此计数板分 25 中格；0.10mm 为盖上盖玻片后计数室的高；$1/400mm^2$ 表示计数室面积是 $1mm^2$，分 400 个小格，每小格面积是 $1/400mm^2$。因此，当将盖玻片置于两条嵴上，从两个平台侧面加入菌液后，400 个小方格（$1mm^2$ 面积）计数室上形成 $0.1mm^3$（万分之一毫升）的体积。通过对一定中格内微生物数量的统计。可计算出 1mL 菌液所含的菌体数。

【实验材料】

（1）菌种　酿酒酵母菌菌液。

（2）仪器　显微镜、血球计数板、计数器。

（3）其他　无菌滴管、吸耳球、擦镜纸等。

【实验方法】

1. 镜检计数板的计数室

在加样前，先对计数板的计数室进行镜检，若有污物则需清洗。清洗方法如下。

（1）用药棉蘸取 95%酒精轻轻擦洗计数板计数室。

（2）用蒸馏水清洗计数板，然后用吸水纸吸干其上的水分，最后用擦镜纸擦干净。

（3）镜检清洗后的计数板，直至计数室无污物方可用于菌液的计数。

2. 加样品

（1）将洁净的盖片置于血球计数板的两条嵴上。

（2）用无菌滴管吸取少许摇匀的菌悬液由盖玻片边缘滴一小滴。注意不宜加过多菌液。加样前要摇匀菌液，加菌液时不得使计数室内有气泡，两个平台上都滴加菌液。

（3）让菌悬液沿细缝靠毛细渗透作用自行渗入计数室，并充满计数室平台。

3. 计数

加样后静置约 5min 后，将血球计数板置于显微镜镜台上，先用低倍镜找到计数室所在的位置，再转换成高倍镜进行计数。

计数时需注意以下几点。

（1）不同规格的计数板的计数方法有所差异。16×25 规格的计数板，需要按对角线方位计算左上、左下、右上和右下 4 个中格（共 100 小格）的菌数；25×16 规格的计数板，除统计上述 4 个中格外，还须统计中央一中格共 5 个中格（共 80 小格）的菌数。

（2）计数时当遇到位于中格线上的菌体时，一般只计数此中格上方及右方线上的菌体（或只计数此中格下方及左方线上的菌体）。

（3）若在计数前或计数时发现菌悬液太浓，需重新稀释后再计数。酵母菌以每中格有 5～10个菌体细胞为宜。

(4) 若遇酵母菌出芽，芽体大小达到母细胞的一半时，即可作为两个菌体计数。

(5) 每一样品重复计数3～5次，取其平均值。注意每次数值不应相差过大，否则重新操作。按下列公式计算出每毫升菌液所含的酵母菌细胞数。

① 16×25 规格的计数板：

$$\text{酵母菌细胞数/mL}=\frac{100\text{小格内细胞数}}{100}\times 400\times 10000\times \text{稀释倍数}$$

② 25×16 规格的计数板：

$$\text{酵母菌细胞数/mL}=\frac{80\text{小格内细胞数}}{80}\times 400\times 10000\times \text{稀释倍数}$$

4. 清洗血球计数板

使用完毕将血球计数板用流水清洗干净，切勿用硬物洗涮。洗完后自行晾干或用吹风机吹干，并镜检观察计数室内是否有残留菌体或其他沉淀物，若不干净，必须重复洗涤至干净为止。

【实验内容】

1. 测定酿酒酵母菌液中酵母细胞数。
2. 测定酿酒酵母菌液中酵母细胞的发芽率。

【实验结果】

1. 将酿酒酵母菌液计数结果填于下表中，并计算出菌液浓度。

次数	各中格中细胞数					5个中格总细胞数	菌液稀释倍数	菌液浓度/(个/mL)	平均菌液浓度/(个/mL)
	1	2	3	4	5				
1									
2									
3									
4									
5									

2. 将发芽的酿酒酵母细胞计数结果填于下表中，并计算出样品中酵母细胞的发芽率。

次数	各中格中发芽细胞数					发芽率/%	平均发芽率/%
	1	2	3	4	5		
1							
2							
3							
4							
5							

【思考题】

1. 用血球计数板计数时，哪些步骤容易造成误差？应如何尽量减少误差力求准确？
2. 血球计数板计数有哪些优缺点？
3. 利用血球计数板计数时，注入的菌液为什么不能过多？

（袁丽红）

实验22　微生物间接计数法——平板菌落计数法

【目的要求】

1. 掌握平板菌落计数法的原理
2. 学会平板菌落计数法的方法。

【概述】

在生产和科研工作中，不仅要测定待分析样品（如水、培养液、食品、药品制剂）中含菌量，往往还需计测样品中的活菌量。平板菌落计数法是计测样品中的活菌量的常用方法。

平板菌落计数法是根据在固体培养基上形成的一个菌落是由一个单细胞繁殖而成的子细胞群体这一特征而设计的一种计数方法。将待测样品精确地进行系列稀释，使微生物分散，并以单细胞存在，再用一定量的稀释菌液涂布于平板上或用倾注法制成含菌平板，培养后，每一个活细胞即能形成一个菌落，统计菌落的数目，即可计算出样品中含有的活菌数量。在实际实验中由于一个菌落可能由一个或多个菌体细胞组成，因此，得到的菌落数实际为菌落形成单位（colony forming unit，CFU），而不是菌液中真正的含菌量，故常用 CFU 表示菌数。由于用此法计算出的菌数不包括死菌，故此法又称为活菌计数法。

【实验材料】

（1）菌种　培养 24～48h 的大肠埃希菌营养肉汤培养液。

（2）培养基　营养琼脂培养基。

（3）仪器　超净工作台，水浴锅、恒温培养箱。

（4）其他　5mL 无菌吸管、0.5mL 或 1mL 无菌吸管、无菌具塞试管、无菌培养皿、无菌生理盐水、酒精灯、试管架、计数器、记号笔等。

【实验方法】

（1）融化培养基　先将营养琼脂培养基融化，然后置于 50℃ 的恒温水浴锅中保温。

（2）编号　取 7 支无菌具塞试管，依次编号为 10^{-1}，10^{-2}，10^{-3}，…，10^{-7}；取 9 只无菌培养皿，依次编号为 10^{-5}，10^{-6}，10^{-7}，每个稀释度 3 皿。

（3）菌液稀释　菌液按图 8-3 所示进行 10 倍系列梯度稀释。

（4）取样　分别精确吸取 10^{-5}，10^{-6}，10^{-7} 的稀释菌液各 0.2mL，加入对应编号的无菌培养皿中（图 8-3）。注意各稀释度菌液的移液管不能混用。

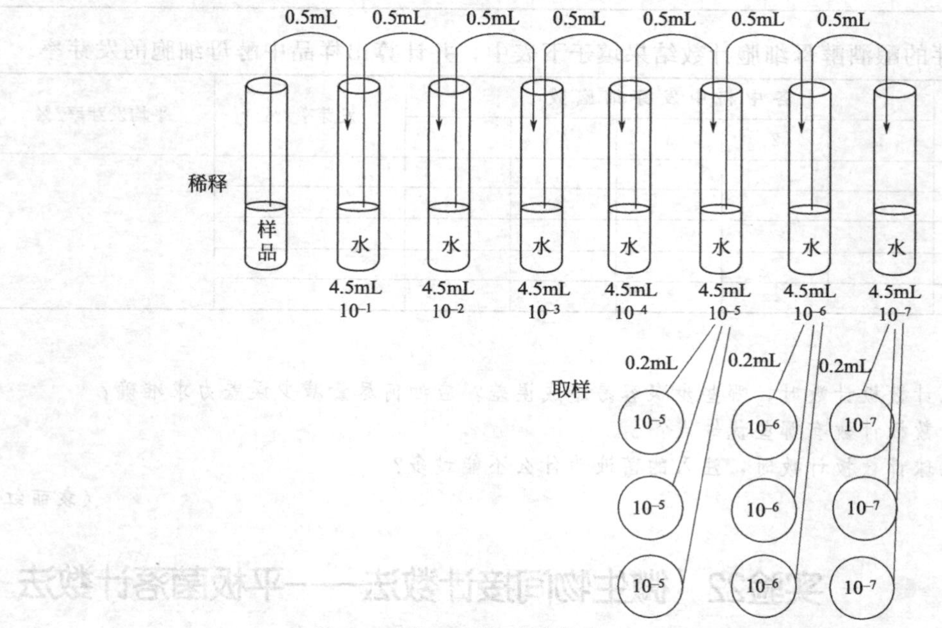

图 8-3　菌液 10 倍系列稀释过程和取样示意图

（5）倒平板　立即向上述盛有不同稀释度菌液的平皿中倒入融化后冷却至 45℃ 左右的营养琼脂培养基 10～15mL，迅速旋转培养皿使培养基和稀释液充分混合，水平放置，凝固。

(6) 培养　含菌平板完全凝固后置于37℃恒温培养箱中倒置培养。

(7) 计数　培养48h后取出平板利用计数器计数。若平板上菌落比较多，可先在皿底划分若干区域后再计数。

(8) 待测样品活菌量计算　一般选择菌落数在30～300之间的稀释度计算较为合适，算出同一稀释度三个平板上的菌落平均数，并按下列公式计算：

每毫升菌液中菌落形成单位（CFU/mL）=同一稀释度三次重复的平均菌落数×稀释倍数×5

计算待测样品活菌量时需说明几点（表8-1）。

① 同一稀释度三个重复的菌落数不应相差很大，否则表明实验不准确。实际实验中同一稀释度重复不能少于三个，这样便于数据统计，减少误差。

② 由10^{-5}，10^{-6}，10^{-7}三个稀释度计算出的每毫升菌液中菌落形成单位也不应相差太大。

③ 有两个稀释度菌落数在30～300间时按两者菌落总数比值决定：若比值小于2，取平均；若比值大于2，取较少的菌落总数。

④ 所有稀释度的菌落数均大于300时，则应以稀释度最高的平板菌落数计算。

⑤ 所有稀释度的菌落数均小于30时，则应以稀释度最低的平板菌落数计算。

表8-1　菌落数的报告方式

	各稀释度平均菌落数			两稀释度菌落数之比	菌落总数/(CFU/mL)	报告方式/(CFU/mL)
	10^{-1}	10^{-2}	10^{-3}			
1	1365	164	20		16400	1.6×10^4
2	2760	295	46	1.6	37750	3.8×10^4
3	2890	271	60	2.2	27100	2.7×10^4
4	不可计	4650	510	—	510000	5.1×10^5
5	27	11	5	—	270	2.7×10^2
7	不可计	305	12	—	30500	3.1×10^4

【实验内容】

计测培养48h的大肠埃希菌培养液中活菌数。

【实验结果】

将测得的培养48h的大肠埃希菌培养液中活菌数结果填入下表中。

稀释度	10^{-5}				10^{-6}				10^{-7}			
	1	2	3	平均值	1	2	3	平均值	1	2	3	平均值
CFU/皿												
CFU/mL												
平均CFU/mL												
结果说明												

【思考题】

1. 要使平板菌落计数准确，需要掌握哪几个关键环节？
2. 当平板上长出的菌落不是均匀分散的而是集中在一起时，你认为问题出在哪里？
3. 用倾注接种法和涂布接种法计数，平板上长出的菌落有何不同？
4. 平板菌落计数有哪些优缺点？

（袁丽红）

实验23　细菌生长曲线的测定——比浊法

【目的要求】

1. 掌握细菌生长曲线的基本特征及测定原理。

2. 学会利用细菌培养液浊度间接测定细菌生长情况及绘制细菌生长曲线的方法。

3. 学会利用细菌生长曲线计算代时。

【概述】

微生物的生长一般不以细胞的大小变化表示，而是以其繁殖，即群体生长作为微生物生长的指标。

微生物生长曲线是定量描述微生物群体生长规律的一条实验曲线。测定微生物生长曲线方法是将少量菌种接种到一定体积的液体培养基中，在适宜的温度和通气等条件下培养，菌体就会迅速增殖。在培养过程中定时取样测定菌体生长量，最后以培养时间为横坐标、以菌体数目的对数值为纵坐标绘制一条曲线。微生物的典型生长曲线为单细胞微生物（如细菌、酵母菌）的生长曲线，由延滞期、对数期、稳定期和衰亡期四个阶段组成（图 8-4）。通过生长曲线可以计算出微生物生长的重要参数——代时（G）。代时的计算方法有直接法和间接法两种。

直接法是利用公式计算，即：

$$代时\ G=\frac{\lg 2\times t}{\lg N_2-\lg N_1}$$

式中，N_1 为对数期开始或某时刻的细菌数；N_2 为对数期末的细菌数；t 为 N_1 与 N_2 之间的培养时间（h 或 min）。

间接法是在对数期取两个生长量，例如图 8-5，取对数期菌体生长量 1：$OD_{600\text{-}1}=0.2$，菌体生长量 2：$OD_{600\text{-}2}=0.4$，在横坐标查出两个生长量相对应的培养时间，$t_{OD\ 0.2}=60\text{min}$，$t_{OD\ 0.4}=90\text{min}$，则代时 $G=t_{OD\ 0.4}-t_{OD\ 0.2}=90-60=30\text{min}$。

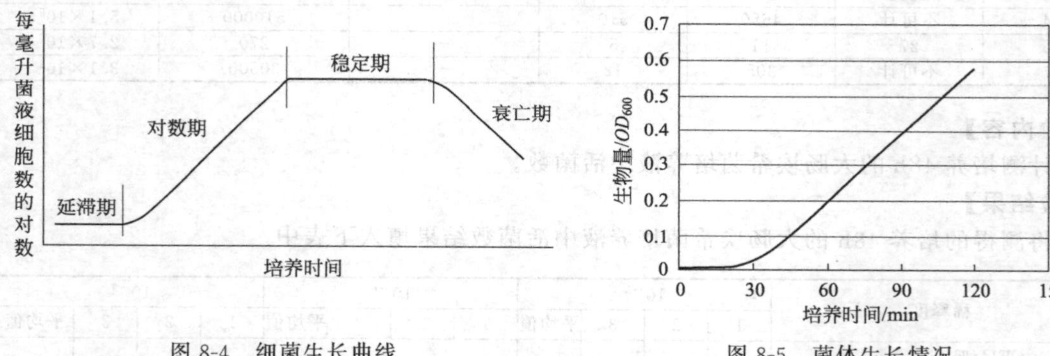

图 8-4　细菌生长曲线　　　图 8-5　菌体生长情况

在发酵生产和科研工作中，常采用比浊法测定细菌、酵母菌等单细胞微生物培养菌液 OD 值代表菌体生长情况，这一方法对于菌体生长曲线的测定十分方便。本实验以大肠埃希菌和枯草芽孢杆菌为材料，采用比浊法测定两种细菌生长曲线。

【实验材料】

（1）菌种　培养 10～16h 大肠埃希菌和枯草芽孢杆菌菌液（$OD_{600}=0.8\sim1.0$）。

（2）培养基　100mL 营养肉汤培养基（分装于 500mL 三角瓶中，其中添加 1%～3%葡萄糖）。

（3）仪器设备　超净工作台、摇床、可见光分光光度计。

（4）其他　无菌移液管、试管（15×150）、玻璃比色皿、酒精灯、记号笔等。

【实验方法】

（一）大肠埃希菌生长曲线的测定

（1）用无菌移液管吸取 5mL 大肠埃希菌菌液接入 100mL 肉汤培养基中，摇匀后于 37℃振荡培养，转速 180r/min。

（2）每隔 30min 取 3mL 培养的菌液，于分光光度计上测 OD_{600}，以蒸馏水作对照。注意接种后零时刻也取样测 OD_{600}。开始测量时先不稀释，当 $OD_{600}>1.5$ 时，适当稀释使 OD_{600} 在 0.5～1.5 之间。要求固定参比杯，固定使用同一台分光光度计测定。

(3) 以培养时间为横坐标、以培养液 OD_{600} 为纵坐标在半对数坐标纸上描点绘图。

（二）枯草芽孢杆菌生长曲线的测定

用无菌移液管吸取 5mL 枯草芽孢杆菌菌液接入 100mL 肉汤培养基中，摇匀后于 37℃振荡培养，转速 180r/min。其余方法同大肠埃希菌生长曲线的测定方法。

【实验内容】

1. 采用比浊法测定大肠埃希菌生长曲线。
2. 采用比浊法测定枯草芽孢杆菌生长曲线。

【实验结果】

1. 将比浊法测得的大肠埃希菌和枯草芽孢杆菌生长结果填入下表中。

培养时间/h	0	0.5	1.0	1.5	2.0	2.5	3.0	3.5	4.0	4.5	5.0	5.5	6.0
Escherichia coli OD_{600}													
Bacillus subtilis OD_{600}													

2. 以培养时间为横坐标，以 OD_{600} 为纵坐标，在半对数坐标纸上描点绘图表示大肠埃希菌和枯草芽孢杆菌的生长曲线。

3. 根据绘制的生长曲线，计算大肠埃希菌和枯草芽孢杆菌代时 G，并作出比较。

【思考题】

1. 为什么可采用比浊法来表示细菌的相对生长状况？
2. 生长曲线中为什么会出现延滞期、稳定期和衰亡期？
3. 什么是代时？可以用生长曲线中的任何时期计算吗？为什么？
4. 比较大肠埃希菌和枯草芽孢杆菌生长曲线的特征，说明什么？

（袁丽红）

实验24 霉菌生长曲线的测定——干重法

【目的要求】

1. 掌握霉菌生长曲线的基本特征。
2. 学会利用测干重法测定霉菌生长情况及绘制霉菌生长曲线。
3. 学会霉菌生长曲线特征的描述。

【概述】

霉菌为丝状真菌，其生长繁殖方式与单细胞微生物不同，主要表现为菌丝延长、细胞内含物质量的增加，生长发育到一定阶段形成无性孢子或有性孢子。无性孢子和有性孢子又可继续萌发形成菌丝，重复以上生长发育过程。此外，霉菌菌丝段也可以进行繁殖。这类微生物在液体培养基中培养时，虽然也以几乎均匀分散的菌丝悬液的方式生长（丝状生长），但是在大多数情况下，以松散的絮状沉淀到交织紧密的菌丝球的形式在培养基生长。霉菌在液体培养基中的生长方式是菌种本身特性、接种量、接种物特征（菌丝是否易于断裂、菌丝体是聚集还是分散等）以及环境和营养条件等因素综合作用的结果，这一点在发酵工业生产中尤为重要，因为霉菌在液体培养基中的生长方式直接影响到发酵过程的通气性、生长速率、搅拌耗能及菌体与发酵液的分离效果。

霉菌在液体培养过程中，考察其生长特征是霉菌研究中的重要生物学指标。霉菌的群体生长规律与单细胞微生物相似。例如腐皮镰刀菌（*Fusarium solani*）在深层液体培养基中的生长曲线也具有延迟期、对数期、稳定期和衰亡期四个时期。

由于霉菌菌体在液体培养基中的培养特征与单细胞微生物的不同，在发酵生产和科研工作中霉菌的生长通常以单位时间内菌体质量（主要是干重）的变化来表示。因此，常采用测定收获菌体的干重代表菌体生长情况。

【实验材料】

（1）菌种　培养 72h 黑曲霉斜面培养物。

（2）培养基　PD 培养基（分装于 150mL 三角瓶中，每瓶装 30mL 培养基）。

（3）仪器设备　超净工作台、摇床、干燥箱、真空泵、分析天平。

（4）其他　灭菌生理盐水、砂芯漏斗、滤纸、无菌吸管和移液管、无菌三角瓶(250mL)、血球计数板、酒精灯、接种环等。

【实验方法】

（一）浓度为 10^6 spores/mL 孢悬液制备

（1）在黑曲霉斜面培养物中加入少量灭菌生理盐水，用灭菌接种环轻轻刮培养物表面使孢子分散于灭菌水中，再用无菌吸管把孢子液转移至灭菌空三角瓶中。

（2）孢子浓度调整　先用血球计数板测定孢悬液浓度，然后再按适当比例稀释，调整孢悬液浓度为 10^6 spores/mL。

（二）黑曲霉菌生长曲线测定

（1）接种　用无菌移液管吸取 1mL 孢悬液接入 PD 培养基中。注意接种前将孢悬液摇匀。接种 15 瓶以上。

（2）培养并取样测定　把接种后的三角瓶置于 30℃摇床上振荡培养，转速 180r/min。每隔 3～4h 取一瓶培养物测定。测定时首先把三角瓶内全部培养物抽滤于一张滤纸上，然后将得到的抽滤物放入 100～105℃烘箱中烘干至恒重，最后用分析天平称重，求出菌体生物量。注意求菌体生物量时要减去滤纸质量。

（3）以培养时间为横坐标、以收获的菌体干重为纵坐标在半对数坐标纸上描点绘图。

【实验内容】

采用干重法测定黑曲霉液体振荡培养的生长曲线。

【实验结果】

1. 将干重法测得的黑曲霉生长结果填入下表中。

培养时间/h													
干重/mg													

2. 以培养时间为横坐标，以收获菌体干重为纵坐标，在半对数坐标纸上描点绘图表示黑曲霉液体振荡培养的生长曲线。

【思考题】

1. 为什么采用干重法表示霉菌的生长状况？还可以用什么方法表示霉菌生长情况？
2. 为什么取样测定要将三角瓶内的全部培养物过滤？
3. 根据你的实验结果描述霉菌液体振荡培养的生长特征？
4. 比较霉菌和细菌生长曲线的特征，看二者有何异同？

（袁丽红）

【附录】

半对数坐标纸

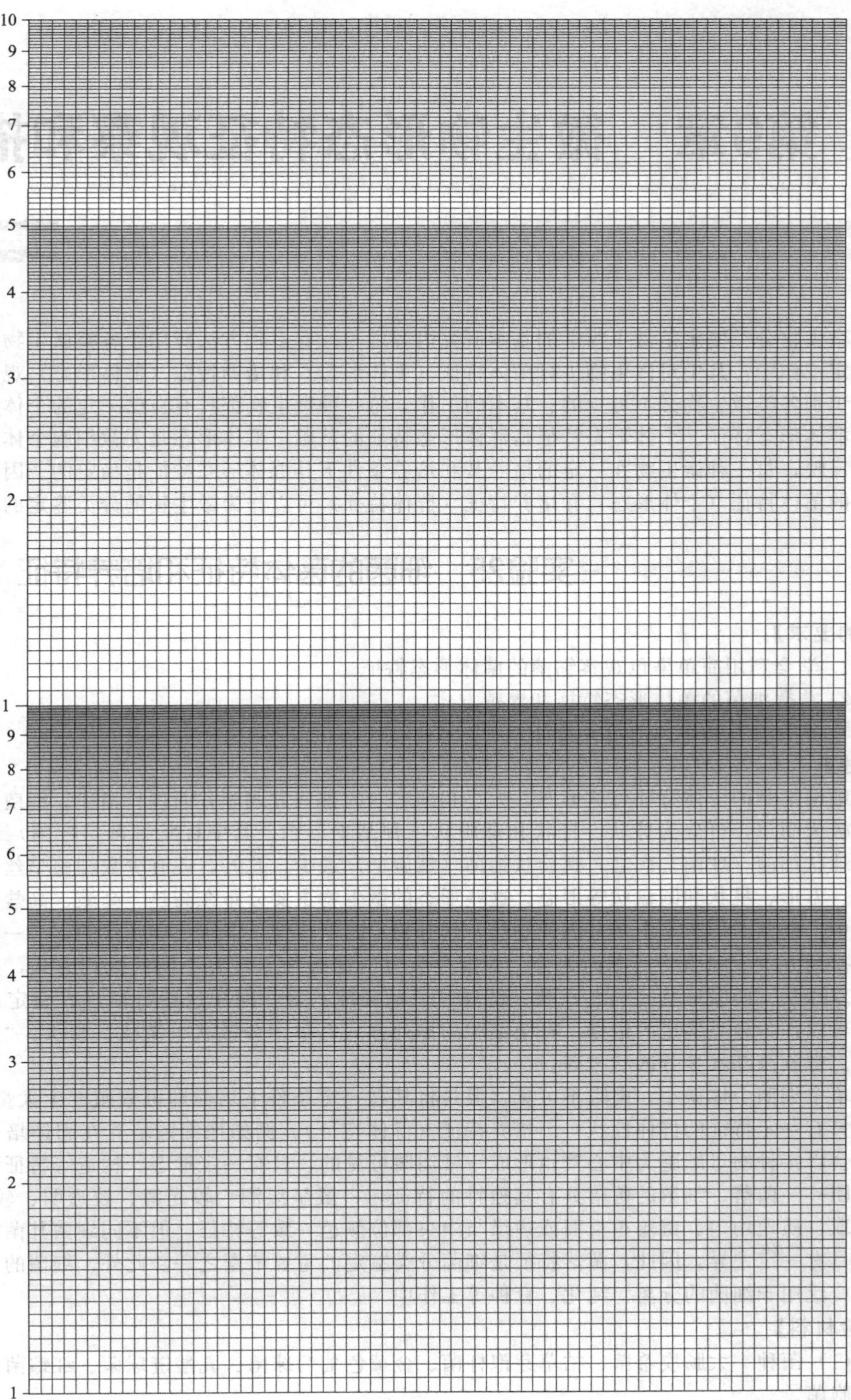
10
9
8
7
6
5
4
3
2
1
9
8
7
6
5
4
3
2
1

第9章 微生物形态特征观察和描述

微生物分类鉴定是微生物学的基本研究内容之一。有多种方法应用于各类微生物的分类和鉴定工作中，其中对微生物进行菌体特征（个体形态）和培养特征（群体形态）观察是区分和识别各类微生物必不可少的、基本的工作。每一种微生物都具有自己一定的个体形态特征和群体形态特征。个体形态特征是群体形态特征的基础，群体形态是无数细胞个体形态的集中反映，每一种微生物在一定的培养基和培养条件下其群体形态特征是稳定的。因此，微生物的菌体特征（个体形态）和培养特征（群体特征）可以作为微生物的分类鉴定的依据。

实验25 细菌的菌体特征和培养特征

【目的要求】

1. 学会利用简单染色观察细菌的菌体形态特征。
2. 掌握细菌的菌体形态特征和繁殖方式。
3. 掌握并熟悉细菌的培养特征。

【概述】

细菌细胞的个体特征可从形态、大小和细胞间的排列方式等方面进行描述。细菌的个体形态极为简单，可分为球状、杆状和螺旋状三种基本形态。其中杆状细菌（杆菌）最为常见，球状细菌（球菌）次之，螺旋状细菌（螺旋菌）最少。此外，还有少数细菌呈丝状、三角状、方形、星状和圆盘状等形态，这些形态的微生物主要分布在高热、高酸、高盐等极端环境中。细菌的形态是由多基因控制的，具有稳定的遗传性，即子代和亲代的形态一致。细菌的排列方式依细菌的形态而划分。根据分裂方向球菌细胞具有不同的排列方式，如单球状、双球状、四联球状、八叠球状、链球状、葡萄球状等，同样这些特征具有稳定的遗传性，可以作为分类鉴定的依据。杆菌细胞的排列方式有单个分散状、链状、栅状、“八”字状等。螺旋菌基本呈分散状排列。

单个细菌个体微小，肉眼不可见，但是将其在一定条件下培养即可繁殖产生大量后代，形成具有一定特征的群体性状——培养特征（群体特征）。例如把细菌培养在固体培养基表面就会以接种的母细胞为中心繁殖形成一堆肉眼可见的、具有一定形态、构造等特征的子细胞集团——菌落。细菌的菌落具有其独特的特征，一般呈湿润、较光滑、较透明、较黏稠、易挑取、质地均匀、菌落正反面或边缘与中央部位颜色一致等特征，但不同细菌其菌落形态特征具有一定差异，因此，菌落特征是细菌分类鉴定的重要依据之一。此外，细菌的菌落特征也广泛用于细菌的分离、纯化、育种等工作中。

【实验材料】

(1) 菌种 大肠埃希菌、枯草芽孢杆菌、金黄色葡萄球菌、乳酸链球菌、红螺菌、铜绿假单胞菌。

(2) 仪器　普通光学显微镜、恒温培养箱、超净工作台。

(3) 染料　吕氏美蓝染色液。

(4) 培养基　营养琼脂培养基（平板、斜面）、营养肉汤培养基（分装于试管中）。

(5) 其他　载玻片、接种环、酒精灯、香柏油、二甲苯、无菌水、擦镜纸、记号笔等。

【实验方法】

（一）接种与培养

将大肠埃希菌、枯草芽孢杆菌、金黄色葡萄球菌、乳酸链球菌、红螺菌、铜绿假单胞菌分别接种于营养琼脂平板、斜面和肉汤培养基中，于37℃培养24～48h。注意平板接种采用划线接种法，要求长出分散的单菌落；斜面接种采用在斜面上由底部向上划一直线的接种方法。

（二）细菌菌体特征观察和描述

(1) 制片　取一块洁净的载玻片，在玻片中央加一小滴无菌水，用无菌接种环取少量待观察菌，进行简单染色。

(2) 镜检观察　将制好的玻片于显微镜下先用低倍镜观察，再换油镜观察。

（三）细菌培养特征描述

将在不同条件下培养的细菌培养物的培养特征分别进行观察和比较。

(1) 平板培养基上细菌菌落特征　观察单菌落的培养特征包括：菌落大小（极小、小、中等、大）、颜色、形状（圆形、不规则、假根状）、边缘（整齐光滑、叶状、波浪状、锯齿状、丝状）、隆起（扁平、稍隆起、凸起、乳头状凸起）、透明度（透明、半透明、不透明）（图9-1）。

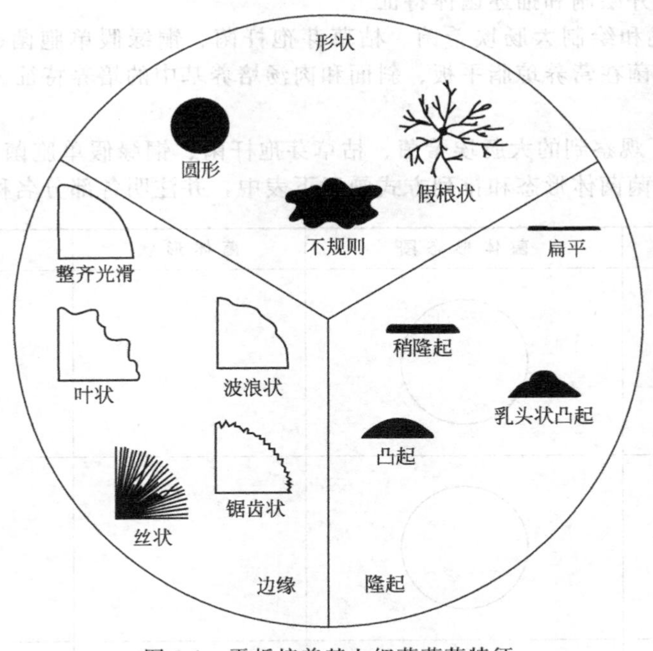

图9-1　平板培养基上细菌菌落特征

(2) 斜面培养基上细菌菌苔特征（图9-2）　包括生长好坏、形状（丝状、有小刺、念珠状、扩展状、假根状、树状）、光泽等。

(3) 液体培养基中生长特征（图9-3）　包括表面生长（如膜、环等）、混浊程度、沉淀的形态、有无气泡、颜色等。细菌在液体培养基中生长分布有：菌液混浊并且分布均匀；

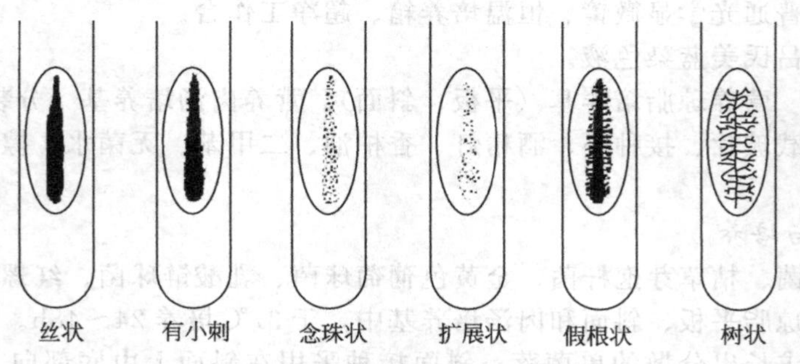

图 9-2 斜面培养基上细菌菌苔特征

菌液混浊、菌体分布均匀但聚集成絮状；菌体在液面形成菌膜；菌体在管底形成沉淀。

【实验内容】

1. 将大肠埃希菌、枯草芽孢杆菌、金黄色葡萄球菌、乳酸链球菌、红螺菌、铜绿假单胞菌分别接种于营养琼脂平板（划线接种法）、斜面（采用在斜面上由底部向上划一条直线的接种方法）和肉汤培养基中，并置于37℃恒温培养箱中培养24～48h。

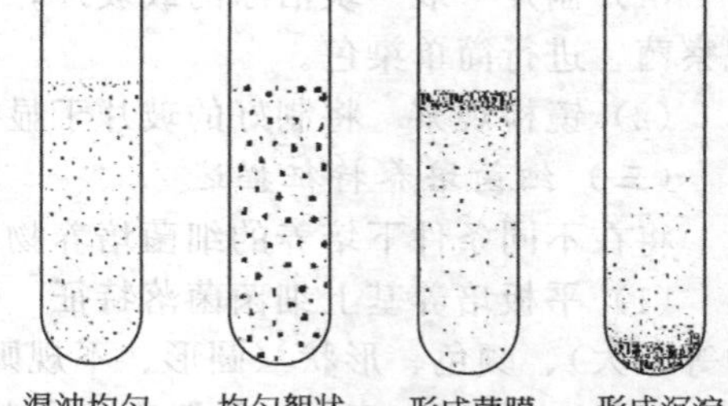

图 9-3 液体培养基中细菌生长特征

2. 分别对大肠埃希菌、枯草芽孢杆菌、铜绿假单胞菌、金黄色葡萄球菌、乳酸链球菌和红螺菌进行简单染色，并绘制和描述菌体特征。

3. 观察、描述和绘制大肠埃希菌、枯草芽孢杆菌、铜绿假单胞菌、金黄色葡萄球菌、乳酸链球菌和红螺菌在营养琼脂平板、斜面和肉汤培养基中的培养特征。

【实验结果】

1. 将显微镜下观察到的大肠埃希菌、枯草芽孢杆菌、铜绿假单胞菌、金黄色葡萄球菌、乳酸链球菌和红螺菌菌体形态和排列方式画于下表中，并注明各部分名称。

菌　种	菌体形态图	菌体形状	排列方式
Escherichia coli			
Bacillus subtilis			
Pseudomonas aeruginosa			

续表

菌　　种	菌体形态图	菌体形状	排列方式
Staphylococcus aureus	○		
Streptococcus lactis	○		
Rhodospirillum sp.	○		

2. 描述大肠埃希菌、枯草芽孢杆菌、铜绿假单胞菌、金黄色葡萄球菌、乳酸链球菌和红螺菌菌体形状和排列方式并填入上表中。

3. 将大肠埃希菌、枯草芽孢杆菌、铜绿假单胞菌、金黄色葡萄球菌、乳酸链球菌和红螺菌在营养琼脂平板培养基上培养特征填入下表中。

菌落特征	*E. coli*	*B. subtilis*	*Ps. aeruginosa*
菌落特征图	○	○	○
菌落大小			
菌落颜色			
菌落形状			
边缘情况			
隆起情况			
透明情况			
菌落特征	*S. aureus*	*St. lactis*	*R.* sp.
菌落特征图	○	○	○
菌落大小			
菌落颜色			
菌落形状			
边缘情况			
隆起情况			
透明情况			

4. 将大肠埃希菌、枯草芽孢杆菌、铜绿假单胞菌、金黄色葡萄球菌、乳酸链球菌和红螺菌在营养琼脂斜面培养基上培养特征填入下表中。

菌苔特征	*E. coli*	*B. subtilis*	*Ps. aeruginosa*
菌苔特征图			
生长好坏			
菌苔颜色			
光泽			
形状			

菌苔特征	*S. aureus*	*St. lactis*	*R.* sp.
菌苔特征图			
生长好坏			
菌苔颜色			
光泽			
形状			

5. 将大肠埃希菌、枯草芽孢杆菌、铜绿假单胞菌、金黄色葡萄球菌、乳酸链球菌和红螺菌在肉汤培养基中的培养特征填入下表中。

液体培养特征	*E. coli*	*B. subtilis*	*Ps. aeruginosa*
菌体生长分布图			
颜色			
气泡			
生长性状			

液体培养特征	*S. aureus*	*St. lactis*	*R.* sp.
菌体生长分布图			
颜色			
气泡			
生长性状			

【思考题】

1. 为什么菌体特征和菌落特征作为微生物的分类鉴定的依据？
2. 观察细菌菌体特征的最佳培养时间是在何时？为什么？
3. 根据你的实验结果和所掌握的知识，细菌菌体特征和菌落特征有何关系？

（袁丽红）

实验26 放线菌的菌体特征和培养特征

【目的要求】

1. 学会放线菌的制片方法。
2. 掌握放线菌的形态特征和繁殖方式。
3. 掌握并熟悉放线菌的培养特征。

【概述】

放线菌为丝状原核微生物，菌体由菌丝体构成。放线菌的菌丝分为基内菌丝（也叫营养菌丝）、气生菌丝和孢子丝三种类型，最后由孢子丝通过横隔分裂等方式形成孢子。不同放线菌孢子丝和孢子的形态多样，孢子丝有直、波曲、钩状、轮生等多种，孢子形态有球形、椭圆形、杆状、圆柱形、瓜子状等。此外，孢子表面特征也会因种而异，有光滑、刺状、毛发状等。因此，放线菌的菌体形态是放线菌分类鉴定的重要依据。

在固体培养基上多数放线菌有基内菌丝和气生菌丝的分化，气生菌丝成熟时进一步分化成孢子丝并产生成串的干粉状孢子，它们伸展在空间，并且菌丝间没有毛细管水存积，从而使放线菌产生与细菌有明显差别的菌落特征：菌落干燥、不透明、表面呈致密的丝绒状，上面有一薄层彩色的“干粉”；菌落和培养基结合紧密，难以挑取；菌落的正反面颜色常不一致，在菌落边缘的琼脂常出现变形现象等。但是，对于缺乏气生菌丝或气生菌丝不发达的放线菌，其菌落特征与细菌相近。不同放线菌其菌落形态特征具有一定差异，因此，菌落特征也是放线菌分类鉴定的重要依据之一。

【实验材料】

(1) 菌种　细黄链霉菌、灰色链霉菌。

(2) 仪器　普通光学显微镜、恒温培养箱、超净工作台。

(3) 培养基　高氏1号培养基。

(4) 其他　灭菌培养皿、载玻片、灭菌盖玻片、无菌滴管、镊子、接种环、香柏油、擦镜纸、记号笔等。

【实验方法】

（一）放线菌菌体特征观察和描述

1. 水浸片制作和观察

(1) 接种与培养　将细黄链霉菌、灰色链霉菌用划线接种法接种于高氏1号琼脂平板培养基上（要求长出单菌落），于28～30℃培养3～7d。

(2) 取洁净载玻片，滴加1滴无菌水。

(3) 用灭菌接种环挑取培养3～7d的放线菌菌体少许，置于载玻片的无菌水水滴中。

(4) 取洁净盖玻片1块，先将盖玻片一端与液面接触，然后轻轻放下，小心盖在液滴上。注意避免产生气泡。

(5) 水浸片制好后，于显微镜下先用低倍镜观察，再换高倍镜或油镜观察。

2. 压片制作和观察

(1) 接种与培养　操作方法同上。

(2) 挑取单菌落小块　用小刀挑取有单菌落的培养基一小块，放在洁净的载玻片上。

(3) 加盖玻片　用镊子取一块洁净的盖玻片在酒精灯火焰上稍微加热，然后将盖玻片盖在有单菌落的培养基小块上，并用镊子轻轻压几下，使菌落的菌体印在盖玻片上。

(4) 观察　将印有菌体的盖玻片放在洁净的载玻片上（有菌体的一面朝下），显微镜观察。

3. 插片制作和观察

(1) 倒平板　将高氏1号培养基熔化后在灭菌的培养皿内倒入15～20mL左右培养基，凝固。

(2) 插片　将灭菌的盖玻片以45°角插入培养基中，插入的深度为平板培养基厚度的1/2或1/3。

(3) 接种培养　用接种针将菌种接种在盖玻片与培养基相连接的沿线，于28～30℃培养6～15d。

(4) 观察　培养后菌丝体生长在培养基和盖玻片上，用镊子小心取出盖玻片，轻轻擦去较差一面的菌体，放在载玻片上（有菌体的一面朝下），显微镜观察。

（二）放线菌培养特征描述

观察并描述菌落的大小、表面形状（呈崎岖、褶皱、平滑）、气生菌丝体的形状（绒状、粉状、茸毛状）、有无同心环、菌落颜色等。

【实验内容】

1. 将细黄链霉菌、灰色链霉菌用划线接种法接种于高氏1号琼脂平板培养基上（要求长出单菌落），于28～30℃培养3～7d。

2. 将细黄链霉菌、灰色链霉菌进行插片培养。

3. 将灰色链霉菌平板置于显微镜下，用低倍镜观察灰色链霉菌整体特征，然后制片观察、绘制和描述灰色链霉菌菌丝、孢子丝、孢子形态特征。

4. 将细黄链霉菌平板置于显微镜下，用低倍镜观察细黄链霉菌整体特征，然后制片观察、绘制和描述细黄链霉菌菌丝、孢子丝、孢子形态特征。

5. 观察和描述细黄链霉菌、灰色链霉菌在高氏1号琼脂平板培养基上的菌落特征。

【实验结果】

1. 将显微镜下观察到的细黄链霉菌和灰色链霉菌菌体形态画于下表中，注明各部分名称并描述其特征。

Streptomyces. microflavus	*Streptomyces. griseus*
菌丝________________	菌丝________________
孢子丝______________	孢子丝______________
孢子________________	孢子________________

2. 观察其中一种放线菌的主要发育过程，并绘图填入下表中。

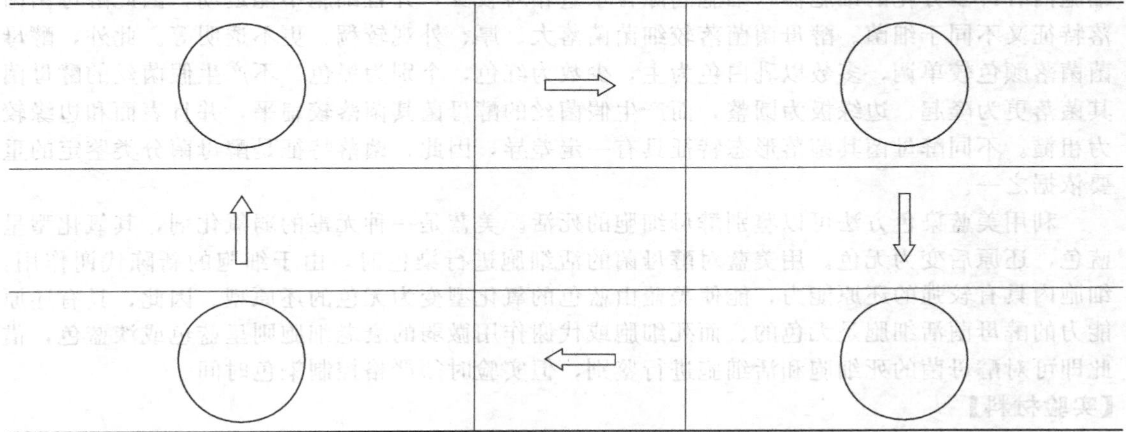

3. 将细黄链霉菌和灰色链霉菌在高氏 1 号琼脂平板培养基上的菌落特征填入下表中。

菌　落　特　征	*S. microflavus*	*S. griseus*
菌落大小		
表面形状		
气生菌丝团形状		
有无同心环		
菌落颜色		

【思考题】

1. 比较三种制片方法的优缺点，在何种情况下利用何种制片方法观察效果较好？
2. 放线菌的菌体为什么不易挑取？

（袁丽红）

实验27　酵母菌的菌体特征和培养特征

【目的要求】

1. 掌握酵母菌的个体形态、生长及繁殖方式。
2. 掌握鉴别酵母细胞死活的染色方法。
3. 掌握并熟悉酵母菌的培养特征。

【概述】

酵母菌是单细胞真核微生物，细胞一般呈卵圆形、圆形、圆柱形或柠檬形。每种酵母菌细胞都有其一定的形态和大小。由于酵母细胞核与细胞质有明显的分化，因此，酵母细胞通常比细菌大几倍到十几倍。酵母菌繁殖方式比较复杂，无性繁殖主要是出芽繁殖，少数酵母以裂殖方式繁殖。此外，有些酵母能形成假菌丝。有性繁殖是通过接合方式形成子囊及子囊孢子。因此，观察酵母菌个体形态时，应注意其细胞形状、无性繁殖是芽殖还是裂殖，芽体在母体细胞上的位置，有无假菌丝等特征，有性繁殖形成的子囊和子囊孢子的形状及数目。

由于酵母菌也是单细胞微生物，在固体培养基表面培养时，细胞间也充满着毛细管水，所以其菌落特征与细菌相似，一般呈较湿润、较透明、表面较光滑、容易挑起、菌落质地均匀、正面与反面以及边缘与中央的颜色较为一致等特征。但是，由于酵母菌细胞较细菌大，细胞内有许多分化的细胞器，细胞间隙含水量相对较少，并且细胞不能运动，因此酵母菌菌落特征又不同于细菌。酵母菌菌落较细菌菌落大、厚、外观较稠、更不透明等。此外，酵母菌菌落颜色较单调，多数以乳白色为主，少数为红色，个别为黑色。不产生假菌丝的酵母菌其菌落更为隆起，边缘极为圆整，而产生假菌丝的酵母菌其菌落较扁平，并且表面和边缘较为粗糙。不同酵母菌其菌落形态特征具有一定差异，因此，菌落特征是酵母菌分类鉴定的重要依据之一。

利用美蓝染色方法可以鉴别酵母细胞的死活。美蓝是一种无毒的弱氧化剂，其氧化型呈蓝色，还原后变为无色。用美蓝对酵母菌的活细胞进行染色时，由于细胞的新陈代谢作用，细胞内具有较强的还原能力，能使美蓝由蓝色的氧化型变为无色的还原型。因此，具有还原能力的酵母菌活细胞是无色的、而死细胞或代谢作用微弱的衰老细胞则呈蓝色或淡蓝色，借此即可对酵母菌的死细胞和活细胞进行鉴别，但实验时须严格控制染色时间。

【实验材料】

(1) 菌种　酿酒酵母、红酵母、产朊假丝酵母。

(2) 仪器　普通光学显微镜、恒温培养箱、超净工作台。

(3) 培养基　麦芽汁琼脂培养基、麦芽汁液体培养基、醋酸钠琼脂培养基。

(4) 染色液　吕氏美蓝染色液、芽孢染色液。

(5) 其他　接种环、载玻片、盖玻片、擦镜纸等。

【实验方法】

(一) 酵母菌菌体特征观察和描述

1. 酵母菌个体形态与出芽繁殖

(1) 接种与培养　将酿酒酵母、红酵母、产朊假丝酵母划线接种于麦芽汁琼脂平板培养基上（要求长出单菌落），于28～30℃培养2～3d。

(2) 制片和观察　酵母细胞较大，观察时可不染色。用水浸片法观察。在载片中央滴加一小滴无菌水，用灭菌接种环挑取酵母菌少许置于无菌水中，使菌体与无菌水混合均匀，然后将盖玻片斜置轻轻盖在液滴上。先用低倍镜观察，再换高倍镜观察酵母细胞的形状及出芽方式。

2. 假菌丝形态

(1) 接种与培养　将假丝酵母划线接种在麦芽汁琼脂平板培养基上，并在划线处盖上灭菌的盖玻片，于28～30℃培养2～3d。

(2) 制片和观察　滴加一滴无菌水于载玻片上，将盖玻片从平板上轻轻取下，斜置轻放盖在液滴上。用显微镜观察呈分枝状的假菌丝细胞形状及大小。

3. 子囊孢子

(1) 接种与培养　将酿酒酵母接种于麦芽汁液体培养基中，28～30℃培养24h，连续转接 3～4 次，使其生长良好，最后转接到醋酸钠斜面培养基上，25～28℃培养 4～5d。

(2) 制片和观察　用水浸片法制片观察或涂片后用芽孢染色法染色，观察子囊孢子形状、每个子囊内子囊孢子的数目。

4. 酵母细胞的死活染色鉴别

取吕氏美蓝染色液一滴，置于载玻片中央。用灭菌接种环挑取待鉴别的酵母菌少许放在染色液中，轻轻混合均匀，染色 3～5min，将盖玻片轻轻盖在液滴上。用显微镜观察。另外，用美蓝液染色 30min 后再观察，观察死细胞数量是否增加。

(二) 酵母菌培养特征观察和描述

大多数酵母菌的菌落与细菌相似，因此，要观察酵母菌单菌落的特征，包括菌落的大小、颜色、质地、表面、边缘特征。

【实验内容】

1. 将酿酒酵母、红酵母、产朊假丝酵母划线接种于麦芽汁琼脂平板培养基上，于 28～30℃培养 3～7d；将假丝酵母划线接种在麦芽汁琼脂平板培养基上，并在划线处盖上灭菌的盖玻片，于 28～30℃培养 2～3d；将复壮的酿酒酵母接种于醋酸钠斜面培养基上，于 25～28℃培养 4～5d。

2. 观察并绘制酿酒酵母、红酵母、产朊假丝酵母个体形态及繁殖方式（包括出芽方式），并比较其差异。

3. 观察并绘制假丝酵母的假菌丝分枝和假菌丝细胞形状。

4. 观察并绘制酿酒酵母子囊孢子形状、每个子囊内子囊孢子的数目。

5. 用美蓝染色法鉴别酿酒酵母死活细胞，并统计细胞死亡率。此外，通过实验分析美蓝染色时间对酵母细胞死活数量变化的影响。

6. 观察、描述和绘制酿酒醉母、产朊假丝酵母、红酵母在麦芽汁琼脂平板培养基上的菌落特征。

【实验结果】

1. 将显微镜下观察到的酿酒酵母、红酵母和产朊假丝酵母个体形态和繁殖方式填入下表中。

菌　种	低　倍 放　大______倍	高　倍 放　大______倍	繁　殖　方　式
Saccharomyces cerevisiae	○	○	○
Rhodotorula sp.	○	○	○
Candida utilis	○	○	○

2. 将显微镜下观察到的产朊假丝酵母假菌丝分枝和假菌丝细胞形状绘于下表中。

C. utilis	低　倍 放　大________倍	高　倍 放　大________倍
假菌丝分枝		
假菌丝细胞形态		

3. 将显微镜下观察到的酿酒酵母有性繁殖特征绘于下表中。

菌　　种	子　囊 放　大________倍	子 囊 孢 子 放 大________倍
S. cerevisiae		

4. 将美蓝染色液不同染色时间酵母死细胞和活细胞结果填入下表中。

染色时间 /min	视野 1		视野 2		视野 3		平均死亡率 /%	平均存活率 /%
	死细胞	活细胞	死细胞	活细胞	死细胞	活细胞		
3								
30								

5. 将酿酒酵母、产朊假丝酵母、红酵母在麦芽汁琼脂平板培养基上的菌落特征填入下表中。

菌 落 特 征	*S. cerevisiae*	*C. utilis*	*R.* sp.
菌落特征图			
菌落大小			
菌落颜色			
菌落形状			
边缘情况			
隆起情况			
质地			
表面情况			
透明情况			

【思考题】

1. 显微镜下观察的酵母菌的个体形态特征与细菌个体形态特征有何不同？

2. 美蓝染色液染色时间对酵母菌死活细胞数量变化有何影响？试对所得的实验结果进行分析。

3. 如何区分酵母菌与细菌的菌落？

4. 酵母菌在液体培养基中培养会有哪些特征？

（袁丽红）

实验28　霉菌的菌体特征和培养特征

【目的要求】

1. 学习并掌握霉菌的制片方法。

2. 掌握霉菌的载片培养方法。

3. 熟悉霉菌个体形态及无性孢子和有性孢子的形态。

4. 掌握并熟悉霉菌的培养特征。

【概述】

霉菌为丝状真菌，基本构造是分枝或不分枝的菌丝。菌丝在显微镜下观察时呈管状。低等的霉菌菌丝无横隔，菌丝内含有许多细胞核。比较高等的霉菌菌丝具有横隔，从而将菌丝隔成许多细胞。霉菌菌丝直径一般为 2～10μm，比细菌直径和放线菌菌丝直径大几倍到十几倍。一般霉菌通过产生无性孢子和有性孢子的方式进行繁殖，无性孢子和有性孢子特征是霉菌分类鉴定的重要依据。同样，菌丝特征也是霉菌分类鉴定的依据之一。霉菌经制片后可用低倍或高倍镜观察其形态特征，在观察时要注意菌丝直径的大小、菌丝隔膜的有无、菌丝的特化形态（如营养菌丝、气生菌丝、匍匐菌丝、假根等）、无性繁殖或有性繁殖时形成的孢子类型、特征及着生方式等。

由于霉菌的细胞呈丝状，在固体培养基上生长时有营养菌丝、气生菌丝的分化，并且气生菌丝间没有毛细管水，因此，霉菌的菌落特征较为接近放线菌菌落特征，外观干燥，不透明，菌落和培养基结合紧密，不易挑取，菌落的正反面颜色、构造、边缘与中心的颜色与构造常不一致。但是与放线菌菌落相比，其菌落较大、质地疏松、呈现或松或紧的蛛网状、绒毛状、棉絮状或毡状。可见，霉菌的菌落具有非常明显的特征，从外观上极易辨认。但不同霉菌其菌落形态特征具有一定差异，因此，菌落特征也是霉菌分类鉴定的重要依据之一。

显微镜下观察霉菌形态有多种方法，最简便的方法是直接制片观察法。但由于霉菌菌体结构比较复杂，通常由菌丝特化形成各种各样的结构，采用直接制片法易破坏霉菌自然生长状态下的形态结构特征，不易观察到完整典型的形态特征，而采用载片培养法可以清晰地观察到菌体的完整特征。因此，载片培养法是研究霉菌形态特征的理想方法，并且还可随时用光学显微镜对霉菌进行观察，同时也是研究霉菌生长全过程的一种有效方法。由于霉菌的菌丝体较粗大，而且孢子容易飞散，如将菌丝体置于水中容易变形，所以观察时将其置于乳酸石炭酸溶液中，保持菌丝体原形，细胞不易干燥，并兼有杀菌作用。必要时，还可用树胶封固，制成永久标本长期保存。本实验介绍直接制片法和载片培养法观察霉菌形态。

【实验材料】

（1）菌种　米根霉、黑曲霉、产黄青霉。

（2）培养基　PDA 培养基。

(3) 仪器设备　普通光学显微镜、恒温培养箱、超净工作台。

(4) 溶液或试剂　乳酸石炭酸液、95%乙醇溶液。

(5) 其他　显微镜、水浴锅、灭菌水、灭菌“U”形玻璃棒、灭菌滤纸（直径 90mm）、灭菌培养皿、灭菌吸管、灭菌载玻片（或凹玻片）、灭菌盖玻片、酒精灯、接种环、接种钩、镊子、擦镜纸、记号笔等。

【实验方法】

（一）霉菌菌体特征观察和描述

1. 直接制片法观察

(1) 接种与培养　将米根霉、黑曲霉、产黄青霉用三点接种法接种于 PDA 平板培养基上，于 25～28℃培养 2～5d。

(2) 制片和观察　首先在低倍镜下直接观察霉菌平板培养物，了解霉菌繁殖结构的初步特征，然后制片观察菌体特征。取一干净的载玻片，在其中央滴一滴乳酸石炭酸液，用灭菌接种钩从贴近培养基处挑取少量菌体放入乳酸石炭酸液中，然后将盖玻片轻轻盖在液滴上，显微镜观察。先用低倍镜观察，再换高倍镜观察。

Ⅰ. 根霉菌的形态观察

根霉菌菌丝无横隔，只有在匍匐菌丝上形成厚垣孢子时才形成横隔。根霉菌的营养菌丝特化形成匍匐菌丝向四周蔓延，并由匍匐菌丝生出假根伸向培养基，与假根相对方向上生长出孢囊梗，在其顶端形成孢子囊，内生孢囊孢子。孢子囊成熟后破裂，孢子囊的囊轴明显呈球性或近似球形。囊轴基部与柄相连形成囊托。

① 将根霉菌平板培养物置于显微镜下，用低倍镜观察孢囊梗，孢子囊，假根等形态。

② 制片置于显微镜下观察菌丝有无隔膜和分枝、假根、匍匐菌丝、孢子囊、孢囊梗、囊轴、囊托、孢囊孢子形状、颜色等特征。

Ⅱ. 曲霉菌的形态观察

曲霉菌的菌丝体由具横隔的分枝菌丝构成，无色或有明亮的颜色。分生孢子梗是从特化了的厚壁而膨大的菌丝细胞（足细胞）生出，并略垂直于足细胞的长轴。分生孢子梗大多无横隔，常在顶部膨大成可孕的顶囊，顶囊表面产生小梗，放射生出。分生孢子自小梗顶端相继形成，最后成为不分枝的孢子链。由顶囊、小梗以及分生孢子链构成分生孢子头，具有各种不同的颜色和形状，如球形、放射形、棍棒形或直柱形等。

① 将曲霉菌平板培养物置于显微镜下，用低倍镜观察分生孢子头和分生孢子链特征。

② 制片置于显微镜下观察菌丝有无隔膜和分枝、分生孢子着生情况、分生孢子形态及颜色、顶囊特征、小梗排列方式和形态特征。

Ⅲ. 青霉菌的形态观察

青霉菌的营养菌丝无色、淡色或鲜明的颜色，具横隔，气生菌丝密毡状、松絮状或部分结成菌丝索。分生孢子梗由埋伏型或气生型菌丝生出，稍垂直于该菌丝，其先端生有扫帚状的分枝轮称为帚状枝。帚状枝是由单轮或二次到多次分枝系统构成，对称或不对称，最后一级分枝产生孢子的细胞称为小梗。着生小梗的细胞称为梗基，支持梗基的细胞称为副枝。小梗用断离法产生分生孢子，形成不分枝的链。

① 将青霉菌平板培养物置显微镜下，用低倍镜观察分生孢子穗（帚状）和分生孢子链特征。

② 制片置于显微镜下观察菌丝有无隔膜和分枝、分生孢子着生情况、分生孢子形态及颜色、分生孢子梗、帚状枝、大梗、小梗等特征。

2. 载片培养法观察霉菌形态（图 9-4）

(1) 在灭菌的培养皿底铺一张灭菌圆形滤纸，放上一根灭菌“U”形玻璃棒，再在棒上搁置一片灭菌的载玻片。

(2) 用灭菌接种环挑取少量待观察的孢子于载玻片的适当位置。为充分利用载玻片，每张载玻片可接两处。

(3) 将溶化并冷却至45℃左右的PDA培养基用无菌吸管吸取少量滴在接种后的载玻片上，凝固。注意培养基滴加量要少，外形应圆而薄（直径约5mm）。

(4) 用无菌镊子将灭菌的盖玻片分别盖在凝固后的两处培养基上，然后用镊子轻轻压几下。注意载片培养时盖玻片不能紧贴载玻片，要彼此有极小缝隙。一是为了通气，二是使各部分结构平行排列，易于观察。

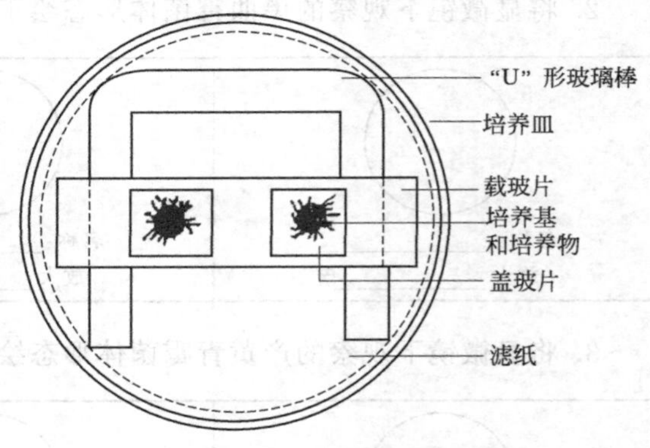

图 9-4　霉菌载片培养示意图

(5) 在培养皿底部的滤纸上加入适量灭菌水，以保证培养皿内适宜湿度。盖上培养皿盖后置于28℃恒温培养箱中培养。

(6) 根据观察的要求，培养一定时间后将载玻片上的培养物置显微镜下观察。

（二）霉菌培养特征观察和描述

(1) 接种与培养　将米根霉、黑曲霉、产黄青霉用三点接种法接种于PDA平板培养基上，于25～28℃培养2～5d。

(2) 观察　观察菌落的大小、外观（疏松、致密）、表面菌丝体形状（绒毛状、絮状、蛛网状、毡状）、边缘、菌落颜色（正面、反面）等。

【实验内容】

1. 将米根霉、黑曲霉、产黄青霉用三点接种法接种于PDA平板培养基上，于25～28℃恒温培养箱中培养2～5d。

2. 观察、绘制和描述米根霉菌丝、孢囊梗、囊轴、囊托、孢囊、假根、匍匐菌丝形态特征。

3. 观察、绘制和描述黑曲霉菌丝、分生孢子头、分生孢子链、分生孢子着生情况、分生孢子形态及颜色、顶囊、小梗排列方式等特征。

4. 观察、绘制和描述产黄青霉菌丝、分生孢子穗、分生孢子链、分生孢子着生情况、分生孢子形态及颜色、分生孢子梗、帚状枝、大梗、小梗等特征。

5. 观察和描述米根霉、黑曲霉、产黄青霉在PDA平板培养基上的菌落特征。

【实验结果】

1. 将显微镜下观察的米根霉菌体形态绘于下表中，并注明其名称。

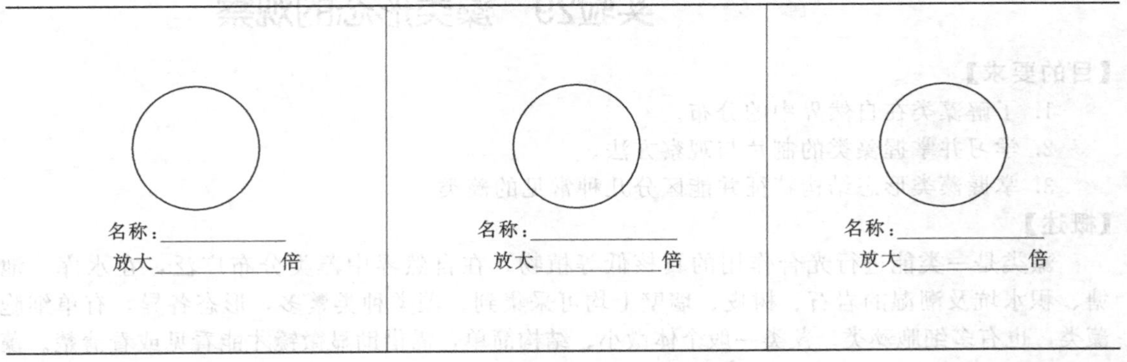

2. 将显微镜下观察的黑曲霉菌体形态绘于下表中。

名称： 放大＿＿＿＿倍	名称： 放大＿＿＿＿倍	名称： 放大＿＿＿＿倍

3. 将显微镜下观察的产黄青霉菌体形态绘于下表中。

名称： 放大＿＿＿＿倍	名称： 放大＿＿＿＿倍	名称： 放大＿＿＿＿倍

4. 将米根霉、黑曲霉、产黄青霉在PDA平板培养基上的菌落特征填入下表中。

菌落特征	*Rhizopus oryzae*	*Aspergillus niger*	*Penicillium chrysogenum*
菌落大小			
菌落外观			
表面菌丝体形状			
边缘			
菌落正面颜色			
菌落反面颜色			

【思考题】

1. 载片培养法中使用“U”形玻璃棒和培养皿底部的滤纸上加入适量灭菌水的目的是什么？除了加灭菌水之外，还可以加入什么溶液？

2. 载片培养法还适于培养哪类微生物用于形态观察？

3. 为什么载片培养所用的材料均要灭菌？

4. 如何区分霉菌与放线菌的菌落？

（袁丽红）

实验29　藻类形态的观察

【目的要求】

1. 了解藻类在自然界中的分布。

2. 学习并掌握藻类的制片与观察方法。

3. 掌握藻类形态结构特征并能区分几种常见的藻类。

【概述】

藻类是一类能进行光合作用的真核低等植物。在自然界中藻类分布广泛，在水库、池塘、积水坑及潮湿的岩石、树皮、墙壁上均可采集到。藻类种类繁多，形态各异，有单细胞藻类，也有多细胞藻类。藻类一般个体微小、结构简单，需借助显微镜才能看见或看清楚。藻类的分类依据是光合色素的种类、形态结构如淀粉核有无及位置、游动孢子的鞭毛、眼点及收缩泡的有无以及生殖方式等。根据这些特征的差异，通常将藻类分为10个门，其中水生环境和污水生物处理中常见的为裸藻门、绿藻门、金藻门、甲藻门、黄藻门、硅藻门、隐藻门。常见的属有裸藻、衣藻、小球藻、硅藻等。另外，对有些藻类来讲，以上进行藻类分类鉴定的特征往往出现在不同的发育阶段，所以用显微镜直接观察自然采集的藻类样本时较难鉴别藻类，需要用纯培养体来观察全生育期的细胞构造及发育变化过程，才能准确识别藻类。

【实验材料】

（1）藻种样本　采集自自然界各种水体的试样。

（2）试剂　路哥碘液。

（3）仪器　普通光学显微镜。

（4）其他　载玻片、盖玻片、解剖针、滴管、吸水纸等。

【实验方法】

（1）制片　用吸管吸取水样置于载玻片中央，滴加一点碘液，盖上盖玻片。注意不要产生气泡，用吸水纸吸去盖玻片周围多余的水分。

（2）镜检　分别在低倍镜和高倍镜下观察，根据藻类分门检索表查对识别水样中的藻类。

【实验结果】

1. 将显微镜下观察的藻类细胞形态构造图绘于下表中并注明结构名称。

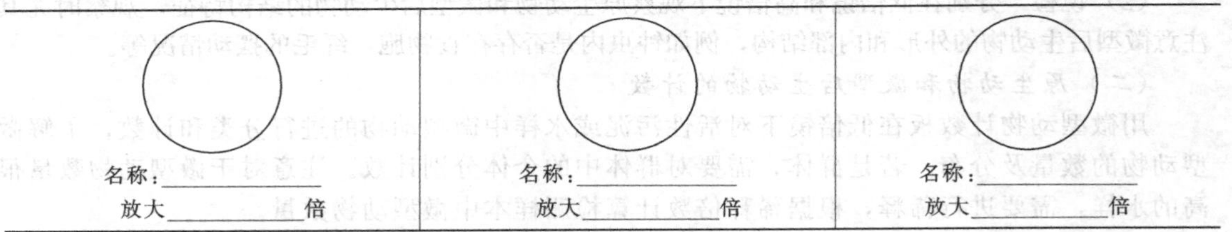

名称：______ 放大______倍	名称：______ 放大______倍	名称：______ 放大______倍

2. 将根据检索表查对识别的藻类名称填于上表中。

【思考题】

1. 制片时为什么加碘液？

2. 根据你的实验结果，分析你所检测的水样中藻类类群分布特征。

（袁丽红）

实验30　原生动物和微型后生动物的观察

【目的要求】

1. 了解原生动物和微型后生动物在自然界中的分布。

2. 学习并掌握原生动物和微型后生动物的制片与观察方法。

3. 掌握原生动物和微型后生动物的结构特征并区分几种重要的原生动物和微型后生动物。

4. 了解活性污泥或水样中微型动物的数量及分布。

【概述】

原生动物是最原始、最低等、结构最简单的单细胞真核动物。虽然在形态上只有一个细胞，但是其形态多样，并且在生理上是一个完善的有机体，即在原生动物细胞内分化出能行使各种生理功能的胞器，从而使之执行营养、呼吸、排泄、生殖等机能。例如执行消化、营养机能的胞器有胞口、胞咽、食物泡等；排泄的胞器有收集管、伸缩胞、胞肛等；运动的胞器有鞭毛、纤毛、伪足等；感觉的胞器有眼点等。此外，有的胞器能执行多种功能，如鞭毛、纤毛、伪足等除了执行运动功能外，还能执行摄食，甚至感觉的功能。原生动物种类繁多，根据其运动胞器和摄食方式的不同将生活在水体中的原生动物分为四大类：鞭毛虫类、肉足虫类、纤毛虫类和吸管虫类。大部分原生动物为异养生活，以吞食细菌、真菌、藻类为食，或以死的有机体、腐烂物和有机颗粒为食。因此，它们在污水生物处理中起着非常重要的作用。

微型后生动物是形体微小的多细胞动物，分布于天然水体、潮湿土壤、水体底泥和污水生物处理系统中，对水体起一定的净化和指示作用。常见的种类有轮虫、线虫、寡毛类以及枝角类等甲壳动物。

原生动物和微型后生动物形体微小，所以也需要借助显微镜进行观察。

【实验材料】

（1）原生动物和微型后生动物样本　活性污泥、水样。

（2）仪器　普通光学显微镜。

（3）其他　载玻片、盖玻片、计数板、解剖针、滴管、吸水纸等。

【实验方法】

（一）原生动物和微型后生动物的观察

（1）制片　用吸管吸取活性污泥一小滴置于载玻片中央，盖上盖玻片。注意不要产生气泡；当污泥颗粒较大时，应用解剖针轻轻压片，使之成为薄层，便于观察。

（2）镜检　分别在低倍镜和高倍镜下观察原生动物和微型后生动物的结构特征，观察时尤其注意微型后生动物的外形和内部结构，例如钟虫内是否存在食物胞，纤毛的摆动情况等。

（二）原生动物和微型后生动物的计数

用微型动物计数板在低倍镜下对活性污泥或水样中微型动物的进行分类和计数，了解微型动物的数量及分布。若是群体，需要对群体中的个体分别计数。注意对于微型动物数量很高的水样，需要进行稀释，根据稀释倍数计算检测样本中微型动物数量。

【实验结果】

1. 将显微镜下观察的微型动物形态构造图绘于下表中并注明名称及结构。

○	○	○
名称：________ 放大________倍 样本：________	名称：________ 放大________倍 样本：________	名称：________ 放大________倍 样本：________

2. 制作一简明表格并将微型动物的种类和数量填入其中。

【思考题】

1. 根据你的实验结果，分析你所检测的活性污泥或水样中微型动物的种群分布特征。

2. 根据你的活性污泥中微型动物种类和数量的实验结果以及你所掌握的相关知识，判断活性污泥法处理系统的运行状况。

（袁丽红）

第10章 噬菌体检测技术

噬菌体是寄生于微生物细胞内的一类病毒，为专性寄生物。自然界中凡是有微生物分布的地方都可发现有该微生物相应的噬菌体存在，因此噬菌体分布非常广泛，土壤、空气、水中及生物体内都可存在。例如受粪便污染的水体和阴沟污水中含有大量大肠埃希菌，就能很容易地分离到大肠埃希菌噬菌体。噬菌体个体比细菌小数百倍，可以附着于尘埃上随风飘移，因此，能长久地扩散和传播到一定的范围。噬菌体可脱离寄主而独立存活，对自然条件也具有一定的耐受能力。噬菌体在寄主细胞内能大量迅速繁殖形成子代噬菌体。因此，噬菌体给微生物发酵工业带来很大危害。除发酵设备和环境中存在大量噬菌体，生产菌种也常遭受噬菌体感染而严重退化。凡是受到噬菌体感染的发酵工业都会使其生产水平受到一定影响。当受到噬菌体严重感染时，轻则引起发酵周期延长、发酵液变清、发酵产物难以形成，重则造成倒灌、停产甚至发酵工厂关闭。因此，在发酵工业中建立定期的噬菌体检查管理制度尤为重要。另外，噬菌体在现代分子生物学及基因工程中具有重要的作用。

噬菌体存在的特征是使含有特异宿主细胞的菌液由浑浊变澄清或者在有特异宿主细胞生长的固体平板上形成透明的或浑浊的空斑，称噬菌斑。因此，可以利用液体和固体培养方式进行噬菌体的检出、分离、纯化及效价测定等检测等工作。

实验31 大肠埃希菌噬菌体的分离和纯化

【目的要求】

1. 了解噬菌体分离检查的意义。
2. 掌握噬菌体分离和纯化原理。
3. 学会用双层琼脂平板法分离纯化噬菌体。
4. 学会噬菌斑的观察与区别。

【概述】

噬菌体具有高度专一的寄生性，缺乏独立代谢的酶系，不能脱离寄主而自行繁殖，必须依赖于寄主细胞的繁殖，并且只能在活的、正在繁殖的细胞中繁殖，而在死的、衰老的、处于休眠状态的细胞中，或在代谢产物或培养基上均不能繁殖。因此，必须采用“二元培养法”对噬菌体进行分离培养和纯化，即通过培养相应的宿主细胞，再以噬菌体感染敏感宿主菌实现噬菌体的培养并产生噬菌斑，进而通过噬菌斑的形态、特征进行噬菌体的分离和纯化。图 10-1 为各种噬菌斑的特征。每种噬菌体形成的噬菌斑具有一定的形态特征，因此可作为该噬菌体鉴定的依据。噬菌体的分离纯化方法与其他微生物的分离类似，可以采用平板划线法、稀释涂布法、双层琼脂平板法、单层琼脂平板法、点样法等。对于噬菌体含量较低的样品可进行一定培养使噬菌体增殖后再进行分离及纯化，以提高分离效率。

本实验介绍利用双层琼脂平板法分离纯化大肠埃希菌噬菌体方法。

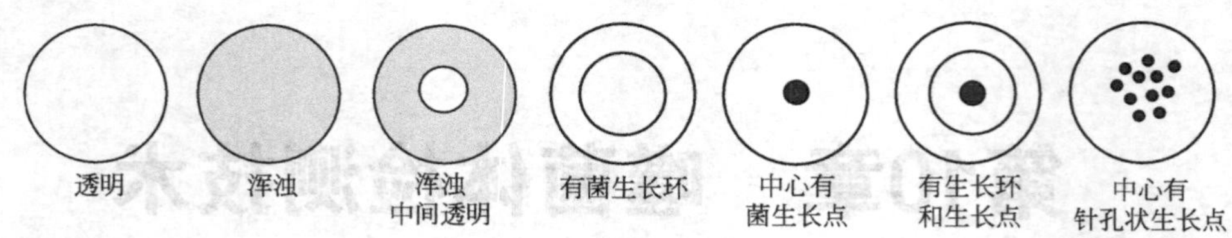

图 10-1 噬菌斑特征

【实验材料】

（1）菌种　培养 24h 的大肠埃希菌营养琼脂斜面培养物。

（2）噬菌体样品　污水或池塘水等。

（3）培养基　营养琼脂培养基（固体、半固体）、营养肉汤培养基（20mL，分装于 100mL 三角瓶中）、2 倍浓度营养肉汤培养基（100mL，分装于 500mL 三角瓶中）。

（4）仪器设备　恒温培养箱、摇床、超净工作台、离心机、过滤器（含 0.22μm 滤膜）、真空泵。

（5）器皿　灭菌培养皿、涂布棒、灭菌移液管（10mL）、灭菌量筒量（100mL）。

（6）其他　接种环、接种针、酒精灯、记号笔等。

【实验方法】

（一）噬菌体的分离——双层琼脂平板法

1. 大肠埃希菌的培养

利用无菌操作技术，将适量大肠埃希菌接种于营养肉汤培养基中，37℃振荡培养约16～18h 至对数生长期（$OD_{650}=0.8$ 左右）。

2. 增殖噬菌体样品

（1）吸取 10mL 上述大肠埃希菌培养液加入到 100mL 2 倍浓度营养肉汤培养基中，37℃振荡培养 4～6h。

（2）培养后向其中再加入 100mL 污水，37℃继续培养 12～14h。

3. 制备噬菌体的裂解液

（1）将上述增殖培养的噬菌体和大肠埃希菌混合液于 2500r/min 离心 30min，得上清。

（2）将上清液用细菌过滤器过滤，收集滤液。

（3）滤液无菌检查　取少量滤液接种于 20mL 营养肉汤培养基中，37℃培养过夜。同时以另一瓶未接种的营养肉汤培养基为阴性对照。结果：若培养液未变混浊，表明滤液中菌已除净。

4. 噬菌体的检出

（1）倒平板　取 3 只灭菌培养皿，分别倒入融化并冷却至 45℃左右的营养琼脂培养基，平放、凝固。

（2）在 3 只平板上分别加入 0.2mL 培养至对数生长期的大肠埃希菌培养液并涂布均匀。

（3）取 2 只涂布接种的平板，在平板上分别滴加 6～8 滴上述制备的噬菌体裂解液。第 3 只平板滴加无菌水作为对照。注意滴加时要分散滴加，不要集中在一个区域。

（4）将上述 3 只平板于 37℃培养 20～24h，观察是否有噬菌斑的出现。

结果：若对照平板没有噬菌斑而加入噬菌体裂解液的平板有噬菌斑可进行分离纯化噬菌体。

5. 噬菌体的分离

（1）取 3 只无菌培养皿，每个培养皿倒入约 10mL 固体培养基，平放、待凝固，作底层培养基。

（2）将 100mL 半固体培养基加热溶解并冷却至 50℃左右，然后加入培养至对数期的大肠杆菌培养液 1mL 及已经证明存在噬菌体的裂解液 0.5mL，迅速混合均匀。

(3) 将与菌液、噬菌体裂解液混合均匀的培养基趁热倒至已凝固的底层培养基上，平放，凝固。

(4) 将凝固后的平板于 37℃ 培养。观察噬菌斑的形态特征。可出现单个噬菌斑或连片的噬菌斑。如果噬菌斑连片出现，说明噬菌体裂解液中噬菌体浓度较高或添加量较多，可进行适度稀释后或减少裂解液添加量再进行分离。

（二）噬菌体的纯化方法

(1) 大肠埃希菌平板制备　取 0.2mL 培养至对数生长期大肠埃希菌培养液涂布于营养琼脂培养基平板上，37℃ 培养 18h。

(2) 噬菌体的纯化　用火焰灭菌的接种针在噬菌斑中刺一下，在培养 18h 后的大肠埃希菌平板上进行划线，于 37℃ 培养。观察噬菌斑的形态特征。

结果：当平板表面出现形态和大小完全一致的噬菌斑，方可认为获得了纯化的大肠埃希菌噬菌体。

【实验内容】

1. 采集用于分离噬菌体的水样。
2. 利用双层琼脂平板法分离大肠埃希菌噬菌体。
3. 对分离得到的噬菌体进行纯化。

【实验结果】

1. 将双层琼脂平板法分离大肠埃希菌噬菌体的结果填入下表中。

	平板 1	平板 2	对照平板
噬菌斑形成(+)或(−)			
噬菌斑数目			

2. 将纯化的大肠埃希菌噬菌体的噬菌斑特征绘于下图中，并对其进行描述。

○	○	○

【思考题】

1. 分离噬菌体时为什么进行噬菌体样品的增殖？
2. 通过本实验的学习和所掌握的知识，如何获得没有菌体细胞的噬菌体粒子？
3. 噬菌体分离纯化的关键步骤有哪些？
4. 根据你的实验结果和所掌握的知识，噬菌体分离时影响噬菌斑数目的因素有哪些？

（袁丽红　陆利霞）

实验32　大肠埃希菌T2噬菌体效价的测定

【目的要求】

1. 掌握噬菌体效价测定的原理。
2. 学会噬菌体效价测定方法。

【概述】

在涂有敏感宿主细胞的固体培养基表面，若接种相应的噬菌体稀释液，其中每一个噬菌体粒子由于先侵染和裂解一个细胞，然后以此为中心，再反复侵染和裂解周围大量的细胞，就会在菌苔上形成具有一定形态、大小、边缘和透明度的噬菌斑。噬菌斑除了可用于噬菌体鉴定、噬菌体分离纯化外，还可用于噬菌体计数，即噬菌体效价测定。

噬菌体的效价是指 1mL 样品中所含侵染性噬菌体的粒子数，也叫噬菌斑形成单位(plague-forming units，pfu)。由于在含有特异宿主细菌的琼脂平板上，一般一个噬菌体产生一个噬菌斑，故可根据一定体积的噬菌体培养液所出现的噬菌斑数计算出噬菌体的效价。

噬菌体效价的测定方法很多，但常采用双层琼脂平板法。此法所形成的噬菌斑的形态、大小较一致，且清晰度高，计数比较准确，所以被广泛应用。

【实验材料】

(1) 菌液和噬菌体样品　培养 24h 的大肠埃希菌和 T2 噬菌体营养肉汤培养物。

(2) 培养基　营养琼脂培养基（10mL，分装于试管中，2%琼脂，作底层培养基用）、营养琼脂培养基（4mL，分装于试管中，0.7%琼脂，作上层培养基用）、营养肉汤培养基(9mL，分装于试管中，用于噬菌体稀释)。

(3) 仪器设备　水浴锅、恒温培养箱、超净工作台。

(4) 其他　灭菌培养皿、灭菌移液管、试管架、酒精灯、温度计、吸耳球、记号笔等。

【实验方法】

(1) 噬菌体样品的稀释　将噬菌体样品用营养肉汤培养基进行 10 倍系列梯度稀释：10^{-1}，10^{-2}，10^{-3}，…，10^{-8}。

(2) 倒底层琼脂培养基　取 15 只灭菌培养皿，每皿倒入 10mL 融化并冷却至 45℃营养琼脂培养基，放平，凝固后依次标明 10^{-4}，10^{-5}，10^{-6}，10^{-7}，10^{-8}各稀释度，每个稀释度 3 皿。

(3) 制备上层混合液并倒上层培养基

① 取 3 支装有 4mL 营养琼脂培养基试管，在每支试管上均标明 10^{-4}稀释度，然后置于100℃水浴锅中加热融化培养基。融化后将其冷却至 45℃。

② 用灭菌移液管分别吸取 0.1mL 10^{-4}稀释度的噬菌体样品稀释液于上述融化并冷却至45℃培养基中，然后再用另一支灭菌移液管分别吸取 0.2mL 大肠埃希菌培养液加入其中，迅速用双手掌快速搓动试管使其混匀，然后倒入标明为 10^{-4}的含有底层琼脂平板表面，铺平，凝固。

③ 重复①和②步骤完成 10^{-5}，10^{-6}，10^{-7}，10^{-8}各稀释度的倒上层半固体琼脂培养基操作。

(4) 培养　将上述所有平板于 37℃倒置培养 24h。

(5) 观察记录　培养后记录各平板上出现的噬菌斑数目（pfu/皿）。

记录方法：记录噬菌斑数目在 30～300 的平板；若噬菌斑数目大于 300，记为 TNTC(too numerous to count)；若噬菌斑数目小于 30，记为 TFTC(too few to count)。

(6) 计数完毕，将平板放在沸水中煮沸 20min 后清洗、干燥。

(7) 计算噬菌体效价　取噬菌斑数目在 30～300 的数值计算噬菌体效价。效价计算公式为：

$$\text{效价(pfu/mL)}=\frac{\text{平均每皿噬菌斑数(pfu/皿)}}{\text{噬菌体样品体积(mL)}\times\text{稀释度}}$$

【实验内容】

利用双层琼脂平板法测定大肠埃希菌 T2 噬菌体效价。

【实验结果】

1. 将各测定平板上形成的噬菌斑数目（pfu/皿）记录于下表。

噬菌体样品稀释度		10^{-4}	10^{-5}	10^{-6}	10^{-7}	10^{-8}
pfu/皿	1					
	2					
	3					
平均值						

2. 根据上表结果计算噬菌体效价。

【思考题】

1. 测定噬菌体效价的意义是什么？

2. 本实验测定的是烈性噬菌体的效价，若要测定温和噬菌体效价，如何修改上述实验步骤进行测定？

（袁丽红）

第11章　微生物菌种保藏技术

微生物菌种是国家的重要自然资源的一部分。微生物易受外界环境的影响而经常发生小几率的变异，这些变异可能造成菌种优良性状的劣化或自身的死亡。而优良菌株的获得又是一项艰苦的工作，要使菌种在生产中长期保持优良的性状，就必须设法减少菌种的退化和死亡，即做好菌种保藏工作。因此，菌种保藏是一项重要的微生物学基础工作。微生物菌种保藏的目的在于使菌种经过一定时间保藏后仍然保持活力，不污染杂菌，形态和生理特征稳定，以便以后的使用。理想的微生物菌种保藏方法应具备下列条件：①长期保藏后微生物菌种仍保持存活；②保证高产突变株不改变表型及基因型，特别是不改变代谢产物生产的高产能力。无论何种保藏方法，主要是根据微生物本身的生理生化特点，人为地创造适宜条件，使微生物的代谢处于缓慢、并且生长繁殖受抑制的休眠状态。一般人为创造的环境主要有：低温、干燥、缺氧及缺乏营养等。在此种条件下，可使微生物菌株很少发生突变和死亡，以达到保持纯种和存活的目的。常用的菌种保藏方法有：斜面菌种低温保藏法、液体石蜡保藏法、砂土保藏法、冷冻干燥保藏法、液氮超低温保藏法。

对于需要保藏的微生物除了选择适宜的保藏方法外，还需要挑选典型、优良、纯正的菌种及细胞，并保证微生物的代谢处于最不活跃或相对静止的状态（如可以选择细菌的芽孢、真菌的孢子等材料）。同样，对于不产孢子的微生物来说，也要使其新陈代谢处于最低水平，又不会死亡，从而达到长期保藏的目的。

另外，尤其要注意的是在进行菌种保藏之前，要必须设法保证它是典型的纯培养物。在保藏过程中要进行严格的管理和检查，发现问题应及时处理。

实验33　斜面传代低温保藏法

【目的要求】

1. 熟悉斜面传代低温保藏的方法。
2. 了解斜面传代低温保藏法的优缺点。
3. 学会斜面传代低温保藏菌种的操作方法。

【概述】

斜面传代低温保藏法是微生物菌种保藏的常用方法之一。该保藏方法是将微生物接种在适宜的斜面培养基上，在适宜条件下进行培养，使菌种生长旺盛并长满斜面，对于具有休眠体的菌种培养至休眠细胞的产生阶段。然后经检查无污染后，将斜面试管放入4℃冰箱进行保存，每隔一定时间进行传代培养后，再继续保藏。对于厌氧微生物菌种可进行穿刺接种培养、或接种后将灭菌的液体石蜡倒入斜面进行保藏、或采用庖肉培养基进行培养保藏。斜面传代低温保藏法的优点是操作简单，无需特殊设备，费用低廉，可大量的保存（尤其是适用于生产中需要大量的斜面菌种及研究中短期菌种的需要)，适宜各类微生物菌种的保藏。其缺点是保存时间短，一般保存 1～6 个月（对不同微生物的保藏时间则因菌种而异)，需要每隔一定时间重新保藏，易产生菌种的衰退现象，易污染杂菌。选用斜面传代低温保藏法进行微生物菌种保藏需要选用适宜菌种生长的培养基。许多生产及研究单位对经常使用的菌种多采用该法进行保藏。

【实验材料】

(1) 菌种　待保藏的细菌、放线菌、酵母菌、霉菌等斜面菌种。

(2) 培养基　营养琼脂培养基（斜面，培养和保藏细菌用)、麦芽汁琼脂培养基（斜面，培养和保藏酵母菌用)、高氏 1 号琼脂培养基（斜面，培养和保藏放线菌用)、PDA 培养基（斜面，培养和保藏霉菌用)。

(3) 仪器　培养箱、超净工作台、冰箱（4℃)。

(4) 其他　接种针、接种环、酒精灯、标签等。

【实验方法】

(1) 斜面培养基无菌检验　检验方法参照第 5 章实验 13。检验无菌后备用。

(2) 接种　将各斜面菌种在无菌超净工作台上转接到相应的适宜培养基上，每一菌种要求接种 3 支以上斜面。

(3) 贴标签　接种后将标有菌名、培养基的种类、接种时间的标签贴于试管斜面的正上方。

(4) 培养　将接种后并贴好标签的斜面试管放入恒温培养箱进行培养，培养至斜面铺满菌苔。细菌于 37℃培养 24～36h；酵母菌于 28～30℃培养 36～60h；放线菌和霉菌于 28℃培养 3～7d。对于厌氧微生物采用厌氧方式培养以满足微生物的生长。

(5) 保藏　将培养结束的斜面试管及时放入 4℃冰箱进行保存。为防止棉塞受潮，可用牛皮纸包扎，或换上无菌胶塞，也可以用溶化的固体石蜡熔封棉塞或胶塞。

(6) 无菌检验　同时将培养结束后的各斜面菌种各挑取一支，通过斜面菌苔特征观察、镜检、或实验室发酵试验确定所培养的斜面菌种性能是否保持原种的特性。对于不符合要求的菌种需重新制作斜面进行培养，检查合格后才能用作斜面菌种的保藏。

【实验内容】

1. 对待接种的营养琼脂斜面培养基、麦芽汁琼脂斜面培养基、高氏 1 号琼脂斜面培养基和 PDA 斜面培养基进行无菌检验。

2. 将待保藏的细菌、放线菌、酵母菌、霉菌菌种分别接种于相应的斜面培养基并培养。

3. 观察记录并比较各保藏菌种接种前后的培养特征（菌苔特征）和菌体形态特征。

4. 将培养并检查合格的各斜面菌种放入 4℃冰箱保存。

【实验结果】

1. 写出斜面传代低温保藏菌种的操作过程和条件。

2. 将所培养的各斜面菌种特征填入下表中。

菌种		细菌	放线菌	酵母菌	霉菌
菌种名称					
菌苔特征	转接前				
	转接后				

续表

菌种		细菌	放线菌	酵母菌	霉菌
菌体特征	转接前				
	转接后				

【思考题】

1. 适合于菌种保藏的培养基应具备哪些条件？
2. 菌种斜面传代低温保藏法有何优缺点？

（陆利霞　袁丽红）

实验34　液体石蜡保藏法

【目的要求】

1. 熟悉液体石蜡保藏的方法。
2. 了解液体石蜡保藏菌种的原理和优缺点。
3. 学会液体石蜡保藏菌种的操作方法。
4. 学会菌种恢复培养的方法。

【概述】

液体石蜡保藏法是将斜面或液体培养物浸入液体石蜡中于室温或4～6℃进行保藏。通过液体石蜡封藏使微生物处于隔氧状态，降低代谢速度。该保藏方法简单有效，适用于丝状真菌、酵母菌、细菌和放线菌菌种保藏，尤其对于难以进行冻干保藏的微生物菌种的保藏更为有效，但该方法不适于可以代谢石蜡的微生物。采用液体石蜡进行封藏时液体石蜡需进行灭菌，灭菌方法可采用高压蒸汽灭菌法，然后在40℃恒温箱中干燥去除水分，或者在105～110℃下干热灭菌2h。液体石蜡保藏的具体操作方法是将无菌液体石蜡倒入已经生长好的培养物表面（斜面或液体）即可。石蜡的用量以高出培养物1cm为宜。因此，该法操作简单，无需特殊的设备。放线菌、霉菌及产芽孢的细菌一般可保藏2年。酵母菌和不产芽孢的细菌可保藏1年。液体石蜡保藏的菌种在运输过程中也不需要低温条件。

【实验材料】

（1）菌种　待保藏的细菌、放线菌、酵母菌、霉菌等斜面菌种。

（2）培养基　营养琼脂培养基（斜面，培养和保藏细菌用）、麦芽汁琼脂培养基（斜面，培养和保藏酵母菌用）、高氏1号琼脂培养基（斜面，培养和保藏放线菌用）、PDA培养基（斜面，培养和保藏霉菌用）。

（3）试剂　医用液体石蜡（相对密度0.83～0.89）。

（4）仪器　培养箱、超净工作台、高压蒸汽灭菌锅或干燥箱、冰箱（4℃）。

（5）其他　接种针、接种环、250mL三角瓶、瓶塞、牛皮纸（或锡箔纸）、灭菌吸管、酒精灯、标签等。

【实验方法】

（1）斜面培养基无菌检验　检验方法参照第5章实验13。检验无菌后备用。

（2）接种　将各斜面菌种在超净工作台上转接到相应的适宜培养基上，每一菌种接种3支以上斜面。

（3）贴标签　接种后将标有菌名、培养基的种类、接种时间的标签贴于试管斜面的正上方。

（4）培养　将接种后并贴好标签的斜面放入恒温培养箱中培养至斜面铺满菌苔。细菌于37℃培养24～36h；酵母菌于28～30℃培养36～60h；放线菌和霉菌于28℃培养3～7d。对于厌氧微生物采用厌氧方式培养以满足微生物的生长。

（5）液体石蜡的灭菌

① 将液体石蜡分装于三角瓶中，装量不超过三角瓶体积的1/3，塞上棉塞，外包牛皮纸或锡箔纸。

② 将分装并包扎好的液体石蜡于121℃灭菌30min，然后在40℃恒温箱中干燥2h去除水分（或者在105～110℃下干热灭菌2h）。灭菌后的石蜡，如果水分已除净，为均匀透明状液体。

（6）加入灭菌液体石蜡　在超净工作台上用无菌吸管吸取灭菌石蜡加入已培养好的斜面试管中。石蜡的加入量以高出培养物1cm为宜。塞上试管塞。

（7）保藏　将加入液体石蜡的试管竖直放置于20℃或室温或4～6℃冰箱中保藏。在低温下保藏注意严防液体石蜡冻结。保藏期间应定期检查，如培养物露出液面，应及时补充无菌液体石蜡。如发现异常应重新培养、保藏。

（8）菌种恢复培养　当要使用保藏菌株时，直接用接种环取斜面菌种，或用无菌吸管吸取液体培养物，接种于适宜的新鲜培养基上，置于适宜条件下培养。由于菌体外粘有石蜡油，生长较慢且有黏性，因此，一般待生长繁殖后再转接一次即能得到良好的培养物。注意从石蜡油保藏的菌种管挑菌后，接种环上沾有菌体和石蜡油，因此，接种环在火焰上灭菌时要先烤干再灼烧，以防菌液飞溅，污染环境。

【实验内容】

1. 对待接种的营养琼脂斜面培养基、麦芽汁琼脂斜面培养基、高氏一号琼脂斜面培养基和PDA斜面培养基进行无菌检验。
2. 将待保藏的细菌、放线菌、酵母菌、霉菌菌种分别接种于相应的斜面培养基并培养。
3. 观察记录并比较各保藏菌种接种前后的培养特征（菌苔特征）和菌体形态特征。
4. 液体石蜡灭菌。
5. 将灭菌的液体石蜡加入培养好的菌种管中，保藏。

【实验结果】

1. 写出液体石蜡保藏菌种的操作过程和条件。
2. 将所培养的各斜面菌种特征填入下表中。

菌　种		细菌	放线菌	酵母菌	霉菌
菌种名称					
菌苔特征	转接前				
	转接后				
菌体特征	转接前	○	○	○	○
	转接后	○	○	○	○
保藏条件					

3. 将保藏的各菌种石蜡保藏条件填入上表中。

【思考题】

1. 为何液体石蜡保藏法不适合于利用石蜡的微生物的保藏？

2. 液体石蜡保藏法的优缺点有哪些？

（陆利霞　袁丽红）

实验35　冷冻干燥保藏法

【目的要求】

1. 熟悉冷冻干燥保藏的方法。

2. 了解冷冻干燥保藏菌种的原理和优缺点。

3. 学会冷冻干燥保藏菌种的操作方法

4. 学会菌种的复苏方法。

【概述】

冷冻干燥保藏法，又称冷冻真空干燥保藏法，是将含菌的液体样品在减压条件下升华其中水分，最后达到干燥。由于冷冻过程产生的冰晶及冰晶升华过程可对细胞产生伤害，因此在冷冻过程中需要加入冷冻保护剂。冷冻干燥保藏法集中了菌种保藏中低温、干燥、缺氧和添加保护剂等多种有利于菌种保藏的条件，使微生物代谢处于相对静止的状态，适合于菌种的长期保藏，菌种保藏时间一般可达10～20年。该法适用于细菌、放线菌、霉菌（除不产生孢子只产生菌丝体的真菌外）、酵母菌的保藏，具有保藏范围广、存活率高等特点，是目前最有效的菌种保藏方法之一。

目前常用的冷冻保护剂为脱脂奶粉（牛奶）、蔗糖、谷氨酸钠、动物血清等。脱脂奶粉（牛奶）的浓度为10%，需要配置成20%的浓度，采用110℃灭菌20min。蔗糖浓度为0.5～1.0mol/L，高压蒸汽灭菌。动物血清可采用马血清、牛血清等，采用过滤法除菌，浓度为10%。

冷冻干燥保藏法主要步骤为：①将待保藏菌种的细胞或孢子悬液悬浮于冷冻保护剂中；②在低温（－45℃）下将微生物细胞快速冷冻；③在真空条件下使冰升华，除去大部分水。

使用冻干菌种时，将保藏管打开后，直接加入新鲜的液体培养基使冻干粉溶解、混匀，然后再将含冻干菌种的培养基加入斜面或平板培养基上在适宜条件下培养即可重新获得具有活力的菌种。

冷冻干燥保藏法缺点是操作过程繁琐，并且需要冻干机。此外，冻干的质量直接影响菌种的保存效果。

【实验材料】

（1）菌种　待保藏的细菌、放线菌、酵母菌、霉菌等斜面菌种。

（2）培养基　营养琼脂斜面培养基、麦芽汁琼脂斜面培养基、高氏1号琼脂斜面培养基、PDA斜面培养基。

（3）试剂　灭菌脱脂牛奶（或奶粉）、2%盐酸溶液。

（4）仪器　培养箱、超净工作台、冷冻真空干燥机。

（5）器皿　安瓿瓶（中性硬质玻璃，内径6mm，长度10cm）、灭菌长滴管、移液管。

（6）其他　接种针、接种环、250mL三角瓶、棉花、瓶塞、牛皮纸（或锡箔纸）、灭菌吸管、酒精灯、标签等。

【实验方法】

（一）准备安瓿瓶

（1）安瓿瓶先用2%盐酸溶液浸泡过夜，再用自来水冲洗至中性，最后用蒸馏水冲洗3次，烘干。

（2）将标有菌名、制种日期的标签放入安瓿瓶，瓶口塞上棉花后用牛皮纸包扎。注意有字的一面朝向管壁。

（3）将包扎好的安瓿瓶于121℃灭菌30min。备用。

（二）制备菌悬液

（1）菌种斜面培养　将待保藏菌种接种于适宜培养基上，置于适宜温度下培养，获得生长良好的培养物。一般细菌培养24～28h，酵母菌培养3d，放线菌和霉菌培养7～10d。如果为芽孢菌，可采用其芽孢保藏；放线菌和霉菌可采用孢子保藏。

（2）吸取2～3mL无菌脱脂牛奶加入斜面菌种管中（脱脂牛奶可从市场购买或自行制备，制备方法见本实验后附录），然后用接种环轻轻刮下培养物，再用双手搓动试管，使培养物充分而均匀分散在脱脂牛奶中制成胞（孢）悬液。调整菌悬液浓度为10^8～10^{10}个/mL。

（三）分装菌悬液

用灭菌移液管将上述菌液分装于灭菌安瓿瓶中，每瓶0.2mL。重新塞上棉塞。注意分装时不要将菌液粘在管壁上。

（四）菌悬液冷冻干燥

（1）将装有菌液的安瓿瓶置于低温冰箱进行冷冻，温度为-40℃；

（2）将冷冻后的安瓿瓶放入真空冻干机，控制真空度小于13.33Pa，接近干燥状态时逐渐降到3～4Pa。当安瓿瓶中的培养物呈酥松块状或松散片状，并从安瓿瓶内壁脱落，可认为已初步干燥，冻干结束。

（五）封瓶

干燥后，在保持3～4Pa真空度下进行封瓶，密封结束后去除真空。

（六）保藏

将保藏管保藏于5℃以下。保藏温度低有利于菌种的稳定性。

（七）复苏

（1）用手指弹保藏管，使培养物在保藏管的下端。

（2）在超净工作台中用70%酒精棉球擦拭保藏管无培养物一端，用砂轮在该端保藏管锉一道沟，用无菌纱布包好保藏管，用手掰开保藏管；或者在酒精等火焰上灼烧无培养物的保藏管端，然后用酒精棉球擦拭使破裂。

（3）在保藏管中加入0.5～1.0mL适宜液体培养基，使冻干菌种复水。

（4）将上述含冻干菌种的液体培养基接种于斜面培养基或平板培养基在适宜条件下培养。或者直接取少量粉状培养物接种于液体培养基、固体培养基，在适宜条件下培养。

【实验内容】

1. 安瓿瓶清洗、包扎和灭菌。
2. 分别制备待保藏的细菌、放线菌、酵母菌、霉菌的菌悬液并分装于安瓿瓶。
3. 对分装于安瓿瓶的待保藏的细菌、放线菌、酵母菌、霉菌的菌悬液进行冷冻干燥和封瓶、保藏。
4. 对制备好的细菌、放线菌、酵母菌、霉菌冻干粉进行复苏。

【实验结果】

1. 写出冷冻干燥保藏菌种的操作过程和条件。
2. 将复苏后的菌种的生长情况和菌落特征填入下表中。

菌种	细菌	放线菌	酵母菌	霉菌
菌种名称				
生长情况				
菌落特征				

【思考题】

1. 为何冷冻干燥保藏需要加入冷冻保护剂？

2. 复苏过程的关键操作点是什么？

【附录】

脱脂牛奶制备方法

(1) 将新鲜牛奶煮沸，然后将装有煮沸牛奶的容器置于冷水中，待脂肪漂浮于液面成一层时，除去上层油脂。

(2) 将上述牛奶于 3000r/min、4℃离心 15min，再除去上层油脂，即制成脱脂牛奶。

(袁丽红　陆利霞)

实验36　液氮超低温保藏法

【目的要求】

1. 熟悉液氮超低温保藏的原理和方法。
2. 了解液氮超低温保藏法的优缺点。
3. 学会液氮超低温保藏菌种的操作方法。
4. 学会菌种的复苏方法。

【概述】

液氮超低温保藏法是菌种以甘油、二甲基亚砜等作为保护剂，在液氮超低温（－196℃）下保藏的方法。一般微生物在－130℃以下新陈代谢活动就完全停止了，因此，液氮超低温保藏法比其他任何保藏方法都要优越，被世界公认为防止菌种退化的最有效方法。从 20 世纪 70 年代起，国外已经采用液氮超低温保藏法保藏微生物菌种。该方法适用于各种微生物菌种的保藏，甚至连藻类、原生动物、支原体等都能用此法获得有效的保藏。液氮超低温可保藏菌种 10～20 年。

液氮超低温保藏菌种的原理是菌种细胞从常温过渡到低温，并在降到低温前，使细胞内的自由水通过细胞膜外渗出来，以免膜内因自由水凝结成冰晶而使细胞损伤。采用超低温保藏菌种的一般方法为：①离心收集对数生长中期至后期的细胞；②用新鲜培养基重新悬浮所收集的细胞；③加入等体积的 20%甘油或 10%二甲基亚砜；④混匀后分装入保藏管或安瓿瓶中，于超低温保藏。

由于在超低温条件下培养基中的水可形成冰晶对细胞产生一定的伤害，因此需要控制降温速度，同时加入冷冻保护剂。一般认为降温的速度控制在每分钟 1～10℃，细胞死亡率低，随着降温速度加快，细胞死亡率相应提高。冷冻保护剂一般选择甘油、二甲基亚砜、糊精、血清蛋白、吐温 80 等。但最常用的是甘油和二甲基亚砜。因为它们可以渗透到细胞内，并且进入和游离出细胞的速度比较慢，通过强烈的脱水作用而保护细胞。一般甘油使用的浓度为 10%～20%，二甲基亚砜为 5%～10%。所使用的甘油采用高压蒸汽灭菌，二甲基亚砜采用过滤灭菌。如果菌种生长在斜面上，可直接用含 10%甘油的新鲜液体培养基洗涤收集。

采用超低温保藏的菌种，由于在较低温度下呈冻结状态。因此，在使用时需要进行复苏，以减少冰晶对细胞的伤害。复苏时快速将保藏管放入 37～40℃水浴，轻轻摇动加速冰晶的溶解，然后将保藏细胞转入该菌种适宜的新鲜培养液混匀后，再接种至适宜新鲜培养基斜面或平板进行培养即可获得有活力的菌株。

【实验材料】

(1) 菌种　待保藏的细菌、放线菌、酵母菌、霉菌等斜面菌种。

(2) 培养基　营养琼脂培养基（斜面）、肉汤培养基、麦芽汁培养基（斜面、液体）、高氏1号培养基（斜面、液体）、PDA培养基（斜面、液体）以及含10%甘油的上述各种液体培养基。

(3) 试剂　灭菌20%甘油。

(4) 仪器　培养箱、超净工作台、冰箱（4℃）、液氮罐。

(5) 器皿　安瓿瓶（中性硬质玻璃，内径6mm，长度10cm）、灭菌长滴管、灭菌移液管。

(6) 其他　2%盐酸溶液、接种针、接种环、棉花、牛皮纸（或锡箔纸）、灭菌吸管、酒精灯、酒精喷灯、记号笔等。

【实验方法】

（一）准备安瓿瓶

(1) 安瓿瓶先用2%盐酸溶液浸泡过夜，再用自来水冲洗至中性，最后用蒸馏水冲洗3次，烘干。

(2) 瓶口塞上棉花后用牛皮纸包扎。

(3) 将包扎好的安瓿瓶于121℃灭菌30min。备用。

（二）待保藏菌种菌悬液的制备

1. 从生长斜面制备菌悬液

(1) 菌种斜面培养　将待保藏菌种接种于适宜培养基上，置于适宜温度下培养，获得生长良好的培养物。一般细菌培养24～28h，酵母菌培养3d，放线菌和霉菌培养7～10d。如果为芽孢菌，可采用其芽孢保藏。放线菌和霉菌可采用孢子保藏。

(2) 每一斜面加入5mL含10%甘油的液体培养基（适宜该菌种生长的培养基）。

(3) 用接种环轻轻刮下孢子或菌体，再用双手搓动试管，使培养物充分而均匀分散在培养基中，即制成菌悬液。

(4) 每一安瓿瓶中分装0.5～1.0mL菌悬液。

(5) 立即用酒精喷灯封安瓿瓶口，并检查瓶口确保严密、不漏气。

(6) 在安瓿瓶上注明菌名和制种日期。

(7) 将封口后的安瓿瓶于4℃冰箱中放置30min。

2. 从液体培养物制备菌悬液

(1) 菌种液体培养　将待保藏菌种接种于适宜的液体培养基中，置于适宜温度下培养，获得生长良好的培养物。

(2) 在液体培养基中加入等体积灭菌20%甘油，轻轻振荡混匀。

(3) 每一安瓿瓶中分装0.5～1.0mL菌悬液。

(4) 立即用酒精喷灯封安瓿瓶口，并检查瓶口确保严密、不漏气。

(5) 将封口后的安瓿瓶于4℃冰箱中放置30min。

（三）采用分段降温法控速冷冻并保藏

(1) 将安瓿瓶从4℃冰箱中取出，置于铝盒或布袋中，放入－20℃至－40℃冰箱中1～2h。

(2) 取出安瓿瓶并迅速放入液氮罐中快速冷冻并保藏。这种降温法冷冻速率大约每分钟下降1～1.5℃。注意在保藏期间液氮会缓慢挥发。不同结构的液氮罐，液氮挥发量不同，一般10d内挥发量为15%，因此要注意及时补充液氮。

（四）复苏

(1) 从液氮罐中取出保藏管，立即置于37～40℃水浴中，并轻轻振动以加速溶冰。

(2) 用无菌吸管将保藏管中的培养物移入含有2mL无菌的新鲜液体培养基，并反复吹吸混匀。

(3) 取混匀的培养液 0.1～0.2mL 转接至斜面或平板培养基上，在适宜的条件下培养。

【实验内容】

1. 安瓿瓶清洗、包扎和灭菌。

2. 分别制备待保藏的细菌、放线菌、酵母菌、霉菌的菌悬液并分装于安瓿瓶中、封口。

3. 对分装于安瓿瓶的待保藏的细菌、放线菌、酵母菌、霉菌的菌悬液进行控速冷冻和保藏。

4. 对冷冻保藏的细菌、放线菌、酵母菌、霉菌进行复苏。

【实验结果】

1. 写出液氮超低温保藏菌种的操作过程和条件。

2. 将复苏后的菌种的生长情况和菌落特征填入下表中。

菌种	细菌	放线菌	酵母菌	霉菌
菌种名称				
生长情况				
菌落特征				

【思考题】

1. 为何超低温保藏需要加入冷冻保护剂？

2. 复苏过程的操作关键是什么？

3. 在液氮中保藏菌种要注意哪些问题？

4. 修改本实验过程，用超低温冰箱保藏微生物菌种。

（袁丽红　陆利霞）

第12章 微生物分类鉴定技术

虽然微生物个体微小、结构简单，但其种类繁多。据保守估计，地球上真菌约有150万种、细菌4万种、病毒130万种，可是被人类认识的微生物只有15万～20万种，仅是估计量的5%～20%。因此，进一步开发利用微生物资源对人类社会的发展具有重要意义。要认识、研究和利用类群庞大的微生物资源，首要任务之一是对其进行分类。微生物分类学就是根据一定的原则对微生物进行分群归类。根据相似性或相关性水平排列成系统，并对各个类群的特征进行描述，以便达到查考和对未被分类的微生物进行鉴定的目的。因此，微生物分类学的任务是分类、鉴定和命名。对一未知微生物分类鉴定分为三个步骤：一是获得该微生物的纯培养；二是测定一系列必要的鉴定指标；三是查对权威性的菌种鉴定手册。可见，分类鉴定步骤二中测定的鉴定指标与我们所采用的分类鉴定的方法有关。考察微生物分类鉴定指标可以从四个不同水平上进行：①细胞形态和习性水平，例如观察微生物的形态结构特征、营养要求、生长条件、代谢特性、致病性、抗原性和生态学特性等；②细胞组分水平，例如对细胞壁、脂类、醌类、光合色素等成分进行分析等；③蛋白质水平，包括对氨基酸序列等进行分析等；④核酸水平，包括G+C%(物质的量分数）测定、核酸序列分析、全基因组测序等。据此，微生物分类鉴定方法分为经典（传统）分类鉴定法和现代分类鉴定法两大类。微生物经典（传统）分类鉴定法是以微生物的形态学特征、生理生化特征、生态学特征等为分类鉴定的依据，因为这些特征易于观察，尤其是许多形态学特征是多基因表达的结果，具有相对的稳定性。但缺点是微生物可利用的形态特征较少，很难把所有微生物放在同一水平上进行比较，并且形态特征在不同类群中进化速度差异很大，仅根据形态推断进化关系往往不准确。随着生命科学、物理学、化学的发展以及分析检测技术手段、计算机学科的进步，微生物分类鉴定方法有了很大飞跃。微生物现代分类鉴定方法可以以细胞组分和含量、生物大分子特征如蛋白质、核酸作为分类鉴定的依据，使得分类鉴定结果更加准确、可信。这样也使得微生物系统分类基础发生了重大变化，由以表型特征为主的经典分类系统进入了表型特征和分子特征相结合的时代。在本部分实验中主要介绍目前常用于微生物分类鉴定的方法和技术，包括传统的分类鉴定方法和现代的分子鉴定方法。传统的分类鉴定方法中形态特征观察和描述已在第3章、第9章有述，不再重复。这里只以糖发酵实验和IMViC实验为例介绍细菌生理生化反应特性的测定，同时介绍目前广泛使用的简便、快速、自动化的微生物鉴定系统——Biolog自动微生物分析系统进行微生物鉴定的操作方法。

实验37 细菌的生理生化反应——糖发酵实验和IMViC实验

【目的要求】

1. 了解生理生化反应在细菌分类鉴定中的重要性。
2. 掌握细菌分类鉴定中常用的生理生化反应及其原理。

3. 学会常用生理生化反应的测定方法、结果判定及其意义。

【概述】

各种细菌具有不同的酶系组成，从而表现出对某些物质（含碳化合物、含氮化合物等）的分解利用情况不同，代谢产物也不同，说明细菌具有代谢类型的多样性。因此，在细菌分类鉴定中除了将其形态特征（个体形态和群体形态）作为分类鉴定的依据外，还要进行生理特性和生化反应的测定，将细菌的形态特征和生理生化特征相结合进行分类鉴定。

细菌的生理特性和生化反应包括：营养要求（碳源、氮源、能源和生长因子等）、代谢产物特征（种类、颜色和显色反应等）、酶（产酶种类和反应特性等）、生长的温度、需氧的程度等。本实验介绍细菌分类鉴定中常用的生理生化反应——糖发酵实验和 IMViC 实验。

1. 糖类发酵实验

不同细菌分解利用糖的能力不同，有的能利用，有的不能利用，能利用者，有的产酸又产气，有的只产酸而不产气。因此，将细菌能否利用糖以及利用糖表现出是否产酸产气作为细菌分类鉴定的依据。观察是否产酸可在发酵培养基中加入指示剂溴甲酚紫（其 pH 值在 5.2 以下呈黄色，在 6.8 以上呈紫色），培养后根据指示剂的颜色变化来判断。观察是否产气可在发酵培养基中倒置放入杜氏小管，培养后观察倒置小管中有无气泡。

2. IMViC 实验

IMViC 实验是由吲哚实验（I）、甲基红实验（M）、VP（Voges-Proskauer）实验（Vi）和柠檬酸盐利用实验（C）组成的一个系统，主要用于鉴别肠杆菌科各个菌属，尤其用于大肠埃希菌和产气肠杆菌的鉴别。

（1）吲哚实验　某些细菌具有色氨酸酶，能分解蛋白胨中的色氨酸生成吲哚。吲哚可与对二甲基氨基苯甲醛结合形成红色化合物——玫瑰吲哚，因此，吲哚反应呈红色者为阳性，无变化者则为阴性。

（2）甲基红实验　某些细菌分解葡萄糖产生丙酮酸，丙酮酸进一步分解产生乳酸、甲酸、乙酸等。由于分解葡萄糖产生大量有机酸，使培养基 pH 降至 4.5 以下，加入酸性指示剂甲基红即显红色。有些细菌如产气肠杆菌分解葡萄糖产生的酸量很少，或将产生的酸进一步转化为醇、醛或酮等物质，培养基的 pH 仍在 5.4 以上，加入指示剂甲基红则呈黄色。因此，甲基红试验呈红色者为阳性，呈黄色者为阴性。

（3）VP 实验　某些细菌在葡萄糖蛋白胨培养基中分解葡萄糖产生丙酮酸，丙酮酸进一步缩合、脱羧形成乙酰甲基甲醇。乙酰甲基甲醇在强碱条件下被空气中的 O_2 氧化为二乙酰，二乙酰与蛋白胨中的胍基化合物发生反应生成红色产物。因此，VP 试验呈红色反应者为阳性，无红色反应者为阴性。

（4）柠檬酸盐利用实验　柠檬酸盐培养基不含任何糖类，柠檬酸盐为唯一碳源，磷酸二氢铵为唯一氮源。如果细菌能利用柠檬酸盐为唯一碳源，利用铵盐为唯一氮源，则可在柠檬酸盐培养基上生长。分解柠檬酸盐，使培养基变碱，从而使培养基中的指示剂溴麝香草酚蓝由绿色变为深蓝色。因此，柠檬酸盐实验培养基上有细菌生长，并且培养基变为深蓝色为阳性，而无细菌生长，培养基颜色不变仍为绿色者为阴性。

【实验材料】

（1）菌种　大肠埃希菌、产气肠杆菌、普通变形杆菌、枯草芽孢杆菌。

（2）培养基　糖发酵培养基（葡萄糖、乳糖和蔗糖）、蛋白胨水培养基、葡萄糖蛋白胨培养基、Simmons 柠檬酸盐培养基。

（3）试剂和溶液　吲哚试剂、甲基红试剂、40％氢氧化钾溶液、肌酸、乙醚、1.6％溴甲酚紫溶液。

（4）仪器设备　电子天平、超净工作台、恒温培养箱、高压灭菌锅。

(5) 器皿及其他　试管、移液管、杜氏小管、接种环、酒精灯、牙签、记号笔等。

【实验方法】

(一) 糖发酵实验

(1) 糖发酵培养基的配制、分装和灭菌　分别配制含葡萄糖、乳糖和蔗糖的糖发酵液体培养基，分装于试管中并灭菌。注意培养基分装时将杜氏小管倒置放入试管中。

(2) 试管标记　取分别装有葡萄糖、蔗糖和乳糖发酵培养液试管各 5 支，分别标记大肠埃希菌、产气肠杆菌、普通变形菌、枯草芽孢杆菌和阴性对照。

(3) 接种培养　以无菌操作技术接种少量上述各菌至各自对应的试管中，阴性对照不接菌。摇匀后置于 37℃静止培养 24、48、72h，观察结果。

(4) 观察记录　观察结果时，与阴性对照比，若接种培养液中没有细菌生长或有细菌生长但培养液保持原有颜色，反应结果为阴性，记为"—"，表明该菌不能利用该种糖生长或虽然可利用该种糖但发酵不产酸；若接种培养液呈黄色，但培养液中杜氏小管内没有气泡，反应结果为阳性，记为"＋"，表明该菌能分解该种糖，只产酸不产气；若接种培养液呈黄色，并且培养液中杜氏小管内有气泡，为阳性反应，记为"＋＋"，表明该菌分解该种糖产酸又产气。

(二) IMViC 实验

1. 吲哚实验

(1) 蛋白胨水培养基的配制、分装和灭菌　配制蛋白胨水液体培养基，分装于试管中并灭菌。

(2) 试管标记　取装有蛋白胨水培养基试管 4 支，分别标记大肠埃希菌、产气肠杆菌、普通变形菌和阴性对照。

(3) 接种培养　以无菌操作技术接种少量上述各菌至各自对应的试管中，阴性对照不接菌。摇匀后于 37℃静止培养 24～48h。

(4) 观察记录　培养结束后沿试管壁缓慢加入吲哚试剂，注意不要摇动试管，使试剂浮于培养液上层，若有吲哚存在，则两液面交界处呈红色为阳性，记为"＋"；若无变化则为阴性，记为"—"。

2. 甲基红实验

(1) 葡萄糖蛋白胨水培养基的配制、分装和灭菌　配制葡萄糖蛋白胨水液体培养基，分装于试管中并灭菌。

(2) 试管标记　取装有葡萄糖蛋白胨水培养基试管 4 支，分别标记大肠埃希菌、产气肠杆菌、普通变形菌和阴性对照。

(3) 接种培养　以无菌操作技术接种少量上述各菌至各自对应的试管中，阴性对照不接菌。摇匀后于 37℃静止培养 18～24h。

(4) 观察记录　培养结束后沿试管壁缓慢加入甲基红指示剂，仔细观察培养液上层，注意不要摇动试管，若培养液上层变为红色为阳性反应，记为"＋"；若仍呈黄色则为阴性反应，记为"—"。

3. VP 实验

(1) 葡萄糖蛋白胨水培养基的配制、分装和灭菌　同甲基红实验

(2) 试管标记　同甲基红实验

(3) 接种培养　以无菌操作技术接种少量上述各菌至各自对应的试管中，阴性对照不接菌。摇匀后于 37℃静止培养 24～48h。

(4) 观察记录　培养结束后，另取 4 支洁净的空试管并分别标记大肠埃希菌、产气肠杆菌、普通变形杆菌和阴性对照，分别加入 3～5mL 各菌的培养液，再加入 40%氢氧化钾溶液 10～20 滴，用牙签挑入约 0.5～1.0mg 肌酸，振荡试管使空气中的氧气溶入，然后放在

37℃恒温培养箱中保温 15～30min。若培养液呈红色为阳性反应，记为“+”；若不呈红色则为阴性反应，记为“－”。

4. 柠檬酸盐利用试验

（1）柠檬酸盐斜面培养基的配制、分装和灭菌　配制柠檬酸盐斜面培养基，分装于试管中并灭菌。

（2）试管标记　取柠檬酸盐斜面 4 支，分别标记大肠埃希菌、产气肠杆菌、普通变形菌和阴性对照。

（3）接种培养　以无菌操作技术划线接种上述各菌至各自对应的斜面上，阴性对照不接菌。于 37℃培养 1～4d。

（4）观察记录　培养期间每日进行观察。观察结果时，与空白对照比，若培养基斜面上有细菌生长，并且培养基变为深蓝色为阳性，记为“+”；若无细菌生长，培养基颜色不变仍保持绿色则为阴性，记为“－”。

【实验内容】

1. 分别配制含葡萄糖、乳糖和蔗糖的糖发酵培养基，灭菌后接种大肠埃希菌、产气肠杆菌、普通变形杆菌和枯草芽孢杆菌，培养后比较 4 种菌的糖发酵实验结果。

2. 配制蛋白胨水培养基，灭菌后接种大肠埃希菌、产气肠杆菌和普通变形杆菌，培养后比较 3 种菌的吲哚实验结果。

3. 配制葡萄糖蛋白胨水培养基，灭菌后接种大肠埃希菌、产气肠杆菌和普通变形杆菌，培养后比较 3 种菌的甲基红实验结果。

4. 配制葡萄糖蛋白胨水培养基，灭菌后接种大肠埃希菌、产气肠杆菌和普通变形杆菌，培养后比较 3 种菌的 VP 实验结果。

5. 配制柠檬酸盐斜面培养基，灭菌后接种大肠埃希菌、产气肠杆菌和普通变形杆菌，培养后比较 3 种菌的柠檬酸盐利用实验结果。

【实验结果】

1. 将大肠埃希菌、产气肠杆菌、普通变形杆菌和枯草芽孢杆菌的糖发酵实验结果填入下表中。

检测菌	葡萄糖	乳糖	蔗糖
Escherichia coli			
Enterobacter aerogenes			
Proteus vulgaris			
Bacillus subtilis			
-ve control			

2. 将大肠埃希菌、产气肠杆菌和普通变形杆菌的 IMViC 试验结果填入下表中。

检测菌	吲哚实验	甲基红实验	VP 实验	柠檬酸盐利用实验
E. coli				
E. aerogenes				
P. vulgaris				
-ve control				

【思考题】

1. 在 VP 反应中加入 KOH 溶液和肌酸作用是什么？
2. 细菌生理生化反应实验中为什么要设阴性对照？
3. 现分离到一株肠道细菌，试利用细菌的生理生化反应，设计一种实验方案对其进行鉴别。

（袁丽红）

实验38　利用Biolog自动微生物分析系统进行微生物鉴定

【目的要求】

1. 了解 Biolog 自动微生物分析系统进行微生物鉴定的原理。
2. 学会利用 Biolog 自动微生物分析系统进行微生物鉴定的操作方法。
3. 掌握系统鉴定结果的含义。

【概述】

随着仪器分析技术的进步和计算机的广泛应用，微生物菌种鉴定逐渐由传统的形态学观察和人工生理生化实验鉴定发展进入了基于仪器自动化分析的鉴定系统阶段。微生物鉴定系统是将微生物对底物的生化反应类型与已建立的数据库类型相比较，实现了鉴定过程的规范化和程序化。自 20 世纪 80～90 年代以来，已推出了多种微生物鉴定系统（表 12-1），并且微生物鉴定系统不断发展，自动化程度不断提高。

表 12-1　微生物鉴定系统及其反应原理

系　　统	系统反应	分　　析	阳性结果显示
Biolog	碳源利用	有机产物	微生物利用碳源代谢时产生的酶使无色的四唑类物质变为紫色
API；Crystal；VITEX；Micro Scan	pH 基础反应（多为 15～24h）	碳源利用	pH 指示剂颜色变化；碳源产酸；氮源产碱
Micro Scan；IDS(Remel)	酶谱（多为 2～4h）	微生物已有的酶	无色复合物被适当酶水解时色源/荧光源释放引起颜色变化
MIDI	挥发性或非挥发性酸检测	细胞脂肪酸	以检测代谢产物为基础的层析技术，与数据库中的资料相比较

Biolog 自动微生物分析系统［（彩）图 12-1］是美国 Biolog 公司从 1989 年开始推出的一套基于代谢指纹法原理的微生物鉴定系统。最早进入商品化应用的是革兰阴性好氧细菌（GN）鉴定数据库，其后陆续推出革兰阳性好氧细菌（GP）、酵母菌（YT）、厌氧细菌（AN）和丝状真菌（FF）鉴定数据库。目前已经可鉴定包括细菌、酵母菌和丝状真菌在内近 2000 种微生物，其中革兰阴性菌 524 种（106 个属）、革兰阳性菌 341 种（55 个属）、厌氧菌 361 种（73 个属）、酵母 267 种（52 个属）、丝状真菌 619 种（106 个属），几乎涵盖了所有的人类、动植物病原菌和工业、食品及环境微生物，便于各领域对于微生物的鉴定。因此，Biolog 自动微生物分析系统已成为国际上微生物鉴定常用的技术手段之一。此外，Biolog 的智能软件和独特的设计理念又使其特别适用于生态研究领域。

图 12-1　Biolog 自动微生物分析系统

Biolog 自动微生物分析系统鉴定的原理是不同种类的微生物对碳源的利用具有特异性，微生物在利用碳源进行新陈代谢时，产生的酶如氧化还原酶能使四唑类物质（如 TV）发生颜色反应，使氧化态的无色的四唑类物质被还原变为还原态的紫色的四唑类物质。因此，针对每一类微生物（GN、GP、AN、YT、FF）筛选出 95 种不同碳源，固定于 96 孔板上

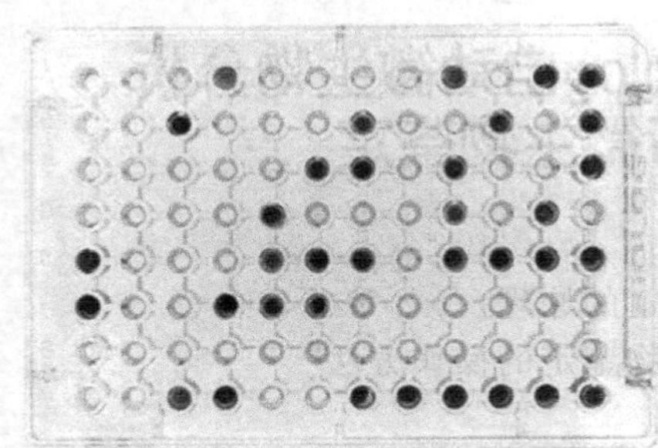

图 12-2 Biolog 96 孔微孔鉴定板

[(彩) 图 12-2], 96 孔板横排为：1, 2, 3, 4, 5, 6, 7, 8, 9, 10, 11, 12；纵排为：A, B, C, D, E, F, G, H；96 孔中都含有四唑类物质，其中 A1 孔为水，作阴性对照，其他 95 孔为 95 种不同碳源物质。接种待鉴定微生物菌悬液后培养一定时间，检测显色反应。另外，微生物利用碳源代谢，不断增殖，浊度也会发生改变。Biolog 基于以上原理建立了每种微生物的特征指纹图谱，即与微生物种类相对应的数据库。检测时通过智能软件将待鉴定微生物的图谱与数据库参比，即可得出鉴定结果。鉴定细菌时，全部基于显色反应原理；鉴定酵母时，A-C 行基于显色反应原理，D-H 行基于浊度差异原理；鉴定丝状真菌时，系统自动为 95 种碳源测定两套数据，即显色反应和浊度。

本实验以革兰阳性菌芽孢杆菌的鉴定为例介绍利用 Biolog 自动微生物分析系统进行微生物鉴定的操作方法。

【实验材料】

(1) 菌种　芽孢杆菌。

(2) 培养基　BUG+M。BUG(Biolog Universal Growth Agar) 琼脂培养基是一种通用的、高营养的用于培养好氧菌的琼脂培养基，其中强化了可提高微生物代谢活性的营养物质，以优化鉴定板的性能。BUG+M 为 BUG 加 0.25% 麦芽糖，麦芽糖作为一种附加的糖源，提供特殊的营养，并抑制芽孢的形成。

(3) 试剂和溶液　7.66% 巯基乙酸钠（安瓿瓶装，巯基乙酸钠有利于革兰阳性菌芽孢杆菌在接种液中形成悬浊液）、革兰阴性/阳性接种液（GN/GP-IF，为灭菌的溶液，由各种组分组成，以保证微生物正常生长的渗透压，并使接种的微生物达到良好的乳化分散效果，以保证接种液的均一性。）、BIOLOG GP-Rod SB 浊度标准液、灭菌水。

(4) 仪器设备　Biolog 自动微生物分析系统、浊度计、超净工作台、恒温培养箱。

(5) 其他　GP2 微孔鉴定板（用于鉴定和分析革兰阳性好氧菌）、RESERVOIR 加样槽、BIOLOG PIPETTOR(为 8 道电动连续移液器)、灭菌试管、灭菌移液管、STREAKERZ™木棒、LONGSWABS™长棉签、接种环、酒精灯等。

【实验方法】

以革兰阳性芽孢杆菌的鉴定为例，BIOLOG 微生物鉴定操作步骤如下。

(一) BUG+M+T 琼脂平板的制备

(1) 取一支灭菌试管，以无菌操作技术加入 3mL 无菌水。

(2) 打开巯基乙酸钠安瓿瓶　取一塑料套将装有巯基乙酸钠的安瓿瓶挤破。

(3) 加巯基乙酸钠　加 8 滴巯基乙酸钠溶液至 3mL 无菌水中，摇匀。

(4) 涂布巯基乙酸钠溶液于 BUG+M 平板上　取一支长棉签，将棉签浸入巯基乙酸钠溶液中。取出棉签，在 BUG+M 平板直径方向划一条线，在与线条垂直方向来回划线，均匀涂布。将平板转动 90°，均匀涂布，直到巯基乙酸钠溶液均匀涂布于平板上，此平板即称为 BUG+M+T 琼脂平板。

(5) 晾干　晾干两分钟，未晾干易使细菌扩散。

(二) 接种 BUG+M+T 平板进行纯培养

(1) 挑取单菌落　用 STREAKERZ™木棒挑取分离良好的单菌落。

(2) 接种　在 BUG+M+T 琼脂平板上划十字接种。如果待接微生物容易扩展生长，仅需划单条的十字线。该接种技术的目的是在琼脂平板上中部形成一个窄十字交叉线，芽孢杆菌在营养缺乏时易形成芽孢。划窄线的目的是保证充足的营养，避免形成芽孢。如果芽孢菌不易扩展生长，可在同一个方向上以“之”字形来回划三条线，线间距尽可能短。注意如果菌落生长较缓慢，应同时接 2～3 个平板，保证足够菌制备菌悬液。

（3）培养　置于 30℃ 恒温培养箱中培养 16～24h。如果微生物生长快速，只需 16h 即可。

（三）制备菌悬液

（1）划标记线　用接种棒在菌苔的四条边的中点处划一标记线［（彩）图 12-3］。目的是挑菌时仅挑取每条边外半部分的菌落，因为十字的中间部分菌落有产芽孢趋势。如挑取中间部分的菌落，由于菌落呈休眠状态，反应微弱，易产生假阴性结果。

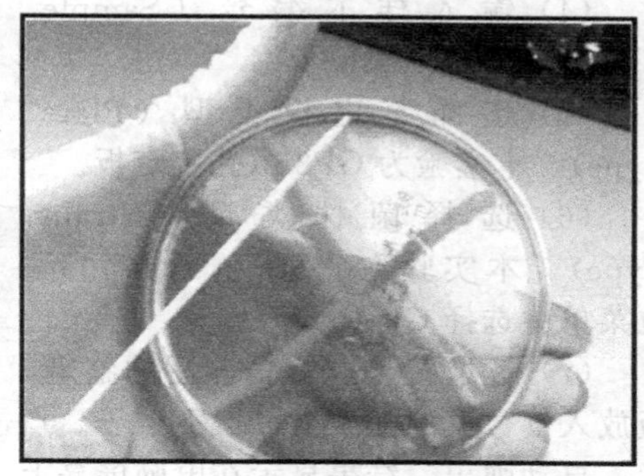

图 12-3　划标记线

（2）挑取菌落　用一支接种棒，挑取外半部分的菌落，将接种棒小心插入一支干的灭菌试管中。先将接种棒沿试管内壁旋转几圈，将菌落转至试管内壁，然后用接种棒上下划动，并转动试管，将菌落均匀分散。再挑取另三条边的菌落，用同样的方法进行分散。注意挑取菌落时不要挑起平板的培养基，否则会带入其他碳源。

（3）制备菌悬液　用一支无菌吸管吸取 3～5mL GN/GP-IF 接种液，加至上述试管中。用一支无菌棉签将试管内壁的菌落洗下与 GN/GP-IF 均匀混合。再将剩余的 GN/GP-IF 接种液移入试管中混合均匀。最后制备好的悬浊液呈乳白色。

（四）调整浊度

（1）读空白值　用吸水纸擦干净 GN/GP-IF 接种液的试管外壁。将 GN/GP-IF 空白液置于浊度计中，调整指针至 100% T。

（2）读取标准浊度液　用 GP-Rod SB 浊度标准液检查浊度仪的准确性。浊度标准液的读数应该为 28% T±3%。

（3）读菌悬液　擦干净试管外壁，将试管插入浊度计中，菌悬液浊度应为 28%T±3%。如菌悬液达到要求的浊度，将试管置于试管架上静置 5min，5min 后浊度仍为 28%T±3%；如果菌悬液的浊度小于 28%T±3%（透光率比标准浊度液高），应增加浊度，方法是挑取菌落到另一支干的灭菌试管中，采用（三）中（2）的方法分散菌落，加接种液制备浊度高的菌悬液，再取该菌悬液用于增加浊度；如果菌悬液的浊度高于 28%T±3%（透光率比标准浊度液低），应降低浊度，方法是继续加接种液，直至达到要求的浊度。静止 5min 后，浊度应为 28% T±3%。

（五）接种

（1）浊度调整好后，将菌悬液倾入 V 型加样槽。留最后的 1mL 菌悬液在试管中，不要全部倒入加样槽。

（2）用 8 道移液器取菌悬液加到鉴定板的微孔内，每个孔加 150μL 菌悬液，加满所有的微孔。

（六）培养

为防止微孔板水分蒸发，应将微孔鉴定板放在一带盖塑料盒中，底部垫一湿毛巾保湿。放置在 30℃ 恒温培养箱中培养 4～6h 或 16～24h。

（七）读取结果

（1）双击计算机桌面图标 MicroLog 4.0 打开 MicroLog 应用程序，出现下面界面［（彩）图

12-4]。

(2) 点击 SET UP，初始化设置。如果人工读数，直接按 Data 进入。

(3) 选择培养时间（Incubation Time） 4～6h 或 16～24h。

(4) 输入样本编号（Sample Number）。

(5) 选择鉴定板类型（Plate Type） 本实验为 GP2 微孔鉴定板。

(6) 选择菌株类型（Strain Type） 本实验在“Strain type”下拉菜单中选择 GP-Rod SB。

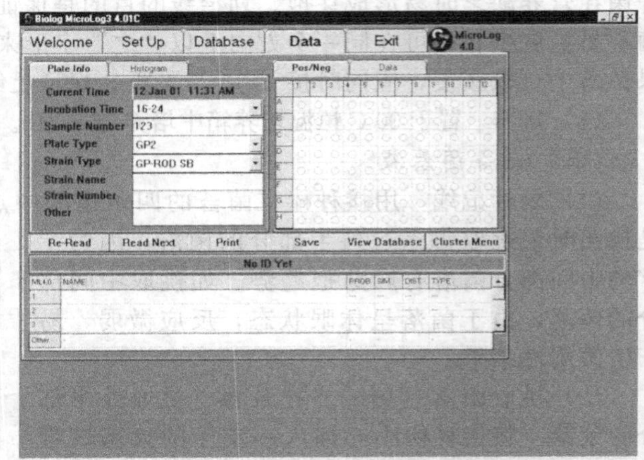

图 12-4 MicroLog 应用程序界面

(7) 读取结果 将培养后的鉴定板放入读数仪的托架上，取下盖子。点击“Read Next”键开始读数。待读数仪扫描鉴定板后，自动弹出，结果显示在电脑屏幕上［(彩) 图12-5］。

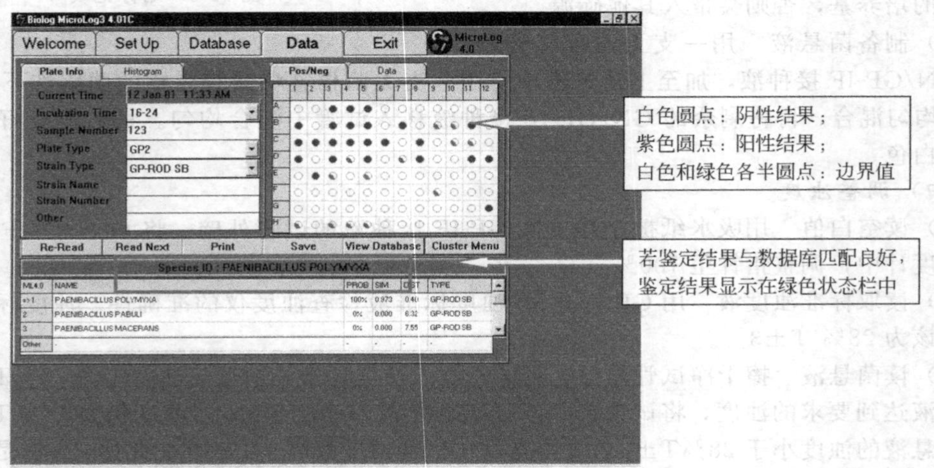

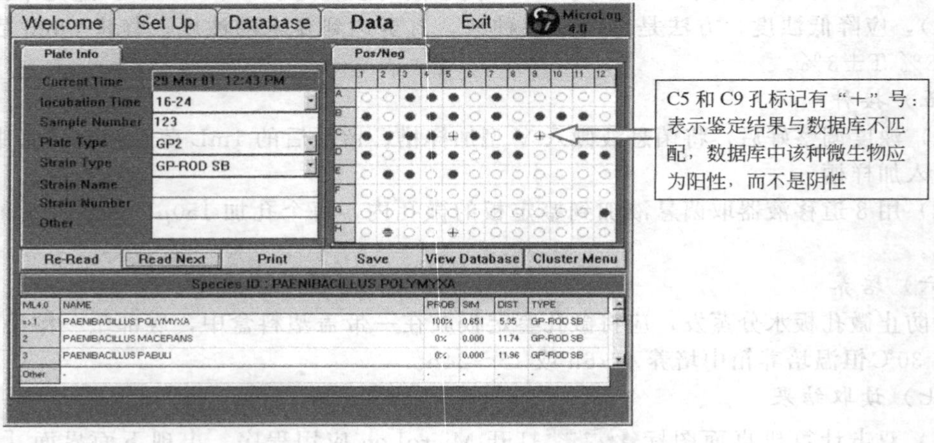

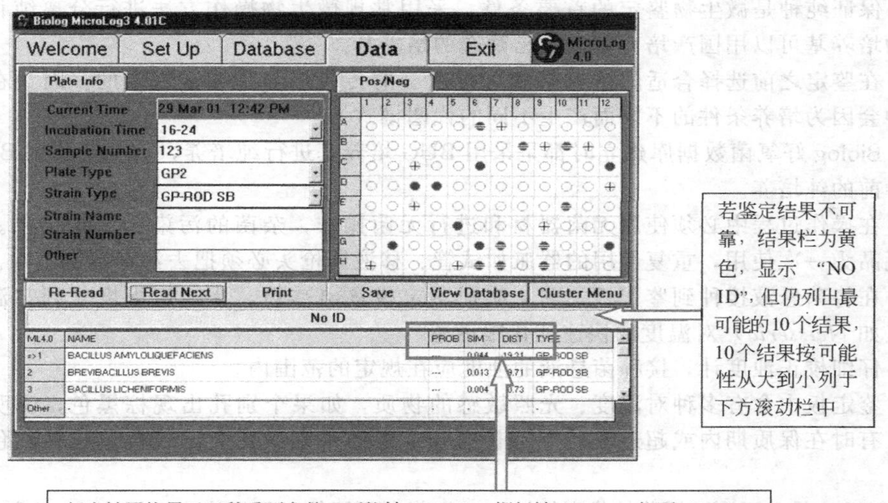

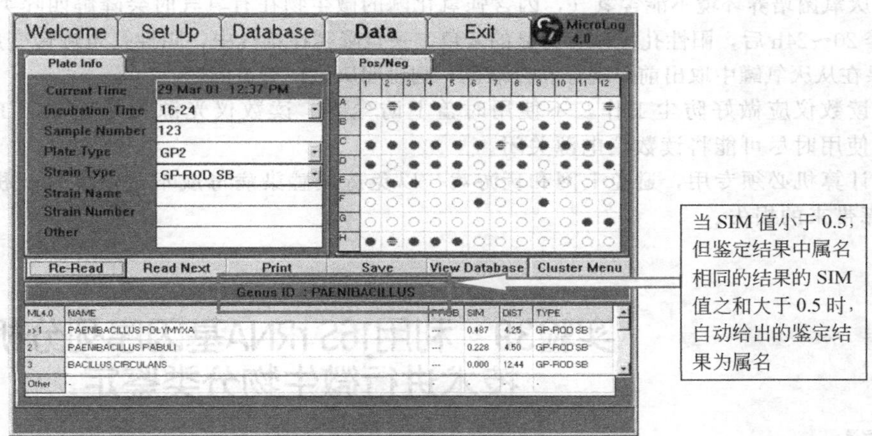

图 12-5　MicroLog 应用程序分析结果

【实验内容】

利用 Biolog 自动微生物分析系统鉴定一株芽孢杆菌。

【实验结果】

1. 给出芽孢杆菌的鉴定结果，并对系统读取结果进行详细说明。

2. Biolog 自动微生物分析系统鉴定结果与原来结果是否一致？若不一致，根据所掌握的知识，如何确定其准确的分类地位？

【思考题】

1. 制备 BUG+M+T 平板的目的是什么？

2. 根据所掌握的知识，如何利用 Biolog 自动微生物分析系统鉴定一株未知微生物？写出具体的实验方案。

【附录】

利用 Biolog 系统鉴定微生物注意事项

为了得到准确和具有重复性的结果，利用 Biolog 系统鉴定微生物需注意以下事项。

(1) 保证纯种是微生物鉴定的首要条件。采用常规微生物操作方法进行分离纯化，用于分离纯化的培养基可以用国产培养基或自己筛选的培养基。

(2) 在鉴定之前选择合适的培养基和进行适当的传代培养是非常重要的。因为在接种之前许多菌种会因为培养条件的不同而产生不同的代谢模式。

(3) Biolog 好氧菌数据库建立时都是采用 BUG 培养基进行纯培养，故一定要用 BUG 培养基进行接种前的纯培养。

(4) 在操作过程中必须使用无菌器材和进行无菌操作，杂菌的污染会干扰结果。另外，大多数消耗品为一次使用，重复使用的器皿如试管、移液器枪头必须把去污剂清洗干净。

(5) 在将菌悬液接种到鉴定板之前，应把鉴定板拿出冰箱，让鉴定板恢复到常温。因为有些菌种（如 *Neisseria*）对温度的快速变化很敏感。

(6) 仔细校正浊度计，接种菌悬液的浊度应在规定的范围内。

(7) 鉴定板中含有多种对温度、光照敏感的物质，如果个别孔出现棕黑色，说明碳源已经被降解。有时在保质期内或超过保质期不长的鉴定板的个别微孔会出现黄色或粉红色属于正常现象。

(8) Biolog 是基于测试活菌的代谢特性。一些菌在很短的时间里会由于温度、pH 和渗透压的压力而丧失代谢活性。所以为了获得良好的鉴定结果必须确保菌种为活菌，操作要小心。

(9) 为了延长鉴定板的保质期限，应在 2～8℃下避光保存。

(10) 厌氧菌培养环境不能含氢气，因含强氢化酶的微生物在有氢气时会降解四唑类显色物质。厌氧菌培养 20～24h 后，阳性孔应该有明显的紫色。一旦曝露在空气中，阴性孔也慢慢变成微弱的蓝绿色。如果在从厌氧罐中取出前发现存在蓝绿色，则说明厌氧环境有问题。

(11) 读数仪应做好防尘工作，不使用时盖上防尘罩。读数仪光源为易耗品，工作寿命约 2000h，不使用时尽可能将读数仪电源关闭。

(12) 计算机必须专用，避免上网和玩游戏，以免造成感染病毒或不可恢复性死机后重装软件和数据库带来的损失。

（袁丽红）

实验39 利用16S rRNA基因序列分析技术进行微生物分类鉴定

【目的要求】

1. 掌握微生物分子鉴定的原理和意义。
2. 学会利用 16S rRNA 基因进行微生物分子鉴定的操作方法。
3. 了解 DNA 测序方法。
4. 学会运用一种软件构建系统发育树并对微生物进行系统发育关系分析。

【概述】

传统的微生物分类鉴定方法主要是以微生物的形态结构特征和生理生化特性等表型特征为依据，繁琐且费时。随着分子生物学技术和方法发展，生物系统分类基础发生了重大变化，对微生物的分类鉴定已不再局限于表型特征，而是进入了表型特征和分子特征相结合的时代。从分子水平上研究生物大分子特征，为微生物分类鉴定提供了简便、准确的技术和方法，其中 16S rRNA 基因（真核微生物为 18S rRNA）序列分析技术已广泛用于微生物分类鉴定工作中。16S rRNA 参与蛋白质的合成过程，其功能是任何生物必不可少的，而且在生物进化的漫长过程中其功能保持不变。在 16S rRNA 分子中既含有高度保守的序列区域，又有中度保守和高度变化的序列区域，因此它适用于进化距离不同的各类生物亲缘关系的研究。此外，16S rRNA 大小适中，约 1.5kb 左右，既能体现不同菌种属之间的差异，又便于序列分析。因此，16S rRNA 是生物系统发育分类研究中最有用和最常用的分子钟，利用 16S rRNA 基因序列分析技术进行微生物分类鉴定被微生物学研究者普遍接受。16S rRNA 中可变区序列因细菌不同而异，恒定区序列基本保守，所以可利用恒定区序列设计引物，将 16S rRNA 片段扩增出来，利用可变区序列的差异来对不同属、种的微生物进行分类鉴定。一般认为，16S rRNA 基因序列同源性小于 97%，可以认为属于不同的种，同源性小于 93%～95%，可以认为属于不同的属。

16S rRNA 基因序列分析技术的基本原理是从待鉴定的微生物中扩增 16S rRNA 基因片段，通过克隆、测序获得 16S rRNA 基因序列信息，再与 GenBank 等数据库中的 16S rRNA 基因序列进行比对和同源性分析比较，构建系统发育树，了解该微生物与其他微生物之间在遗传进化过程中的亲缘关系（系统发育关系），从而达到对其分类鉴定的目的。

系统发育树（系统进化树）是研究生物进化和系统分类中常用的一种树状分枝的图形，用来概括各种（类）生物之间的亲缘关系。通过比较生物大分子序列差异的数值构建的系统树称为分子系统树。系统树分无根树和有根树两种形式。无根树只是简单表示生物类群之间的系统发育关系，并不反映进化途径。而有根树不仅表示生物类群之间的系统发育关系，而且反映出它们有共同的起源及进化方向。分子系统树是在进行序列测定获得原始序列资料后，运用适当的软件由计算机根据各微生物分子序列的相似性或进化距离来构建的。计算机分析系统发育相关性和构建系统树时，可以采用不同方法，如基于距离的方法［UPGMA、ME(Minimum Evolution，最小进化法)］、NJ(Neighbor-Joining，邻接法)、MP(Maximum Parsimony，最大简约法)、ML(Maximum Likelihood，最大似然法）以及贝叶斯（Bayesian）推断等方法。一般认为贝叶斯的方法最好，但计算速度很慢，其次是 ML，然后是 MP。如果序列的相似性较高，各种方法都会得到不错的结果，模型间的差别也不大。构建系统发育树需要做 Bootstrap 检验，一般 Bootstrap 值大于 70，认为构建的进化树较为可靠。当 Bootstrap 值过低时，所构建的进化树其拓扑结构可能存在问题，进化树不可靠。一般建议用两种不同方法构建进化树，如果所得到的进化树类似，则结果较为可靠。构建进化树的主要步骤是比对、选择建树软件和建树方法以及模型、构建进化树以及进化树评估。用于构建进化树的软件有 Clustal X、Mega、Phylip、T-REX、TREE-PUZZLE 等。关于利用 Mega 构建系统发育树的详细方法见本实验后的附录。

本实验以大肠埃希菌的鉴定为例介绍利用 16S rRNA 基因序列分析技术进行微生物鉴定的实验方法。

【实验材料】

(1) 菌种　大肠埃希菌。

(2) 培养基　营养琼脂培养基、营养肉汤培养基。

(3) 试剂　细菌基因组 DNA 提取试剂盒、PCR Buffer、DNA maker、Taq 酶、dNTP、Genefinder 染料、PCR 纯化试剂盒、琼脂糖等。

(4) PCR 引物　选用通用引物，fD_1：5′-AGAGTTTGATCCTGGCTCAG-3′；rP_2：5′-ACGGCTACCTTGTTACGACTT-3′。

(5) 仪器设备　PCR 仪、电泳仪、电泳槽、高速冷冻离心机、凝胶成像系统、超净工作台、恒温培养箱、摇床、电子天平、手提式紫外检测灯等。

(6) 其他　灭菌 Eppendorf 管、灭菌 ddH_2O、灭菌移液管、灭菌水、灭菌试管、灭菌离心管、托盘天平、接种环、酒精灯等。

【实验材料】

(一) 大肠埃希菌培养

(1) 活化　将大肠杆菌划线接种于营养琼脂平板培养基上，37℃培养 24h。

（2）摇管培养　挑取生长于营养琼脂平板上的单菌落接种到5mL装于小管中的营养肉汤培养基中，37℃、200r/min，培养15h。

（二）16S rRNA基因序列的扩增、检测

（1）离心收获菌体　将培养15h的大肠埃希菌于4℃、8000r/min下离心，并用灭菌水洗涤2次。

（2）基因组DNA提取和检测　具体提取方法参照试剂盒说明。用0.7%的琼脂糖凝胶电泳检测基因组DNA。

（3）PCR反应　PCR反应体系（50μL）：10×PCR Buffer 5μL，10mmol/μL dNTP 1μL，正向引物和反向引物各1μL，模板DNA 1μL，Taq酶（2U/μL）1μL，ddH_2O补足至50μL。PCR反应条件：94℃ 5min，94℃ 1min，58℃ 1min，72℃ 2min，35个循环，最后72℃延伸10min。

（4）PCR产物检测　用1%的琼脂糖凝胶电泳检测PCR产物。

（5）PCR产物纯化　具体操作方法参照试剂盒说明。

（三）16S rRNA基因的测序

纯化后的PCR产物的测序工作可以直接送交测序公司完成。

（四）序列分析与系统发育树的构建

（1）相似序列获取　可以先采用适当的软件如Bioedit参照正反向序列图谱对序列进行人工校对后，输入GenBank用Blast软件进行相似性比较，选择几个已知分类地位的相似序列。

（2）多重序列比对分析　用Clustal X软件进行多重序列比对分析。

（3）构建系统发育树　利用建树软件构建系统发育树。利用Mega2.1软件构建系统发育树的方法可参见本实验后的附录。

（4）系统发育关系分析。

【实验内容】

利用16S rRNA基因序列分析技术鉴定一株大肠杆菌。

【实验结果】

1. 将基因组DNA提取检测结果打印出来，并对结果加以分析和说明。
2. 将PCR扩增检测结果打印出来，并对结果加以分析和说明。
3. 将PCR产物的测序结果打印出来，并对序列特征加以分析。
4. 将基于16S rRNA基因构建的系统发育树打印出来，并对系统发育关系进行分析。注明建树方法。

【思考题】

1. 利用16S rRNA基因序列分析技术获得的鉴定结果与原来结果是否一致？若不一致加以分析，如何确定其准确的分类地位？
2. 利用16S rRNA基因序列分析技术进行鉴定时，一般都不直接测定16S rRNA序列，为什么？
3. 检测提取的基因组DNA和扩增的PCR产物时为什么要加DNA maker?
4. 检测提取的基因组DNA和扩增的PCR产物时有没有设对照？若设了对照，设了哪些对照？为什么？

【附录】

用Mega2.1构建系统发育树的具体步骤

（1）利用BLAST数据库搜索程序获得16S rDNA相似序列　先登录到提供BLAST服务的常用网站，如美国NCBI、欧洲EBI和日本DDBJ、国内CBI。把需要搜索的DNA序列以FASTA格式粘贴到Search文本框，选择BLASTN搜索DNA数据库。例如NCBI：登录NCBI主页—点击BLAST—点击Nucleotide-nucleotide BLAST(blastn)—在Search文本框中粘贴检测序列—点击Format 得到 result of BLAST。将选中的序列以 FASTA 格式保存或输出。

BLASTN 结果中参数意义：

>gi|28171832|gb|AY155203.1| Nocardia sp. ATCC 49872 16S ribosomal RNA gene, complete sequence

Score＝2020 bits(1019)，Expect＝0.0

Identities＝1382/1497(92％)，Gaps＝8/1497(0％)

Strand＝Plus/Plus

其中：Score 是指提交的序列和搜索出的序列之间的分值，越高说明越相似；Expect 是指比对的期望值，比对越好，expect 越小，一般在核酸层次的比对，expect 小于 1e-10，就比对很好了，多数情况下为 0；Identities 是指提交的序列和参比序列的相似性，如上所指为 1497 个核苷酸中二者有 1382 个相同；Gaps 指的是对不上的碱基数目；Strand 为链的方向，Plus/Minus 意味着提交的序列和参比序列是反向互补的，如果是 Plus/Plus 则二者皆为正向。

（2）利用 Clustal X 进行相似序列的多重序列比对　将检测序列和搜索到的同源序列以 FASTA 格式编辑成为一个文本文件，导入 Clustal X 程序进行多重比对后输出。

（3）点击 MEGA 图标打开程序，如下图。

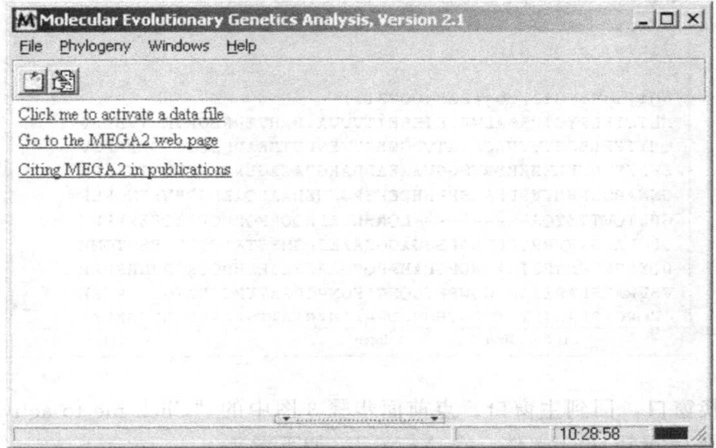

（4）MEGA2.1 只能打开 meg 格式的文件，但是它可以把其他格式的多序列比对文件转换过来，例如 Clustal 的输出文件为 .aln 格式时，转换为 meg 格式的文件点 File：Convert to MEGA Format... 打开转换文件对话框（如下图）。

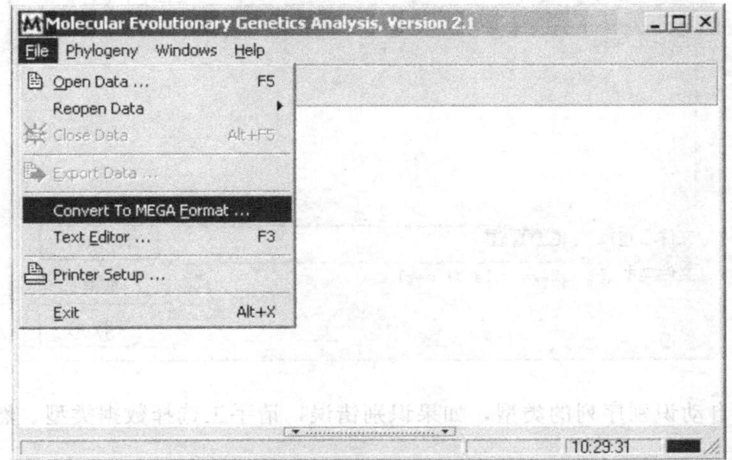

（5）选择文件和转换文件对话框，选择.aln文件，点OK(如下图)。

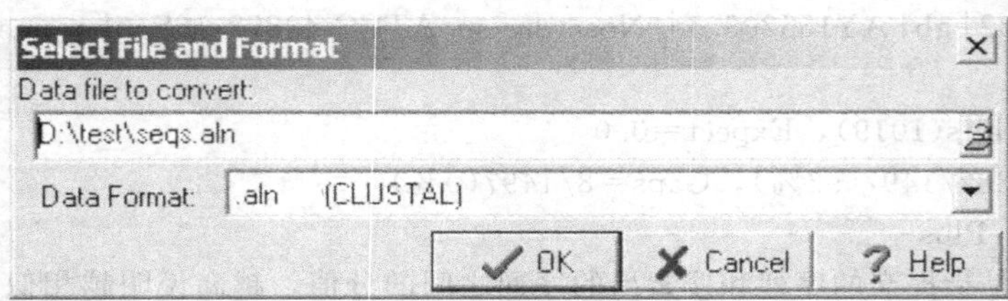

（6）转换好的meg文件，点存盘保存meg文件，meg文件会和aln文件保存在同一个目录(如下图)。

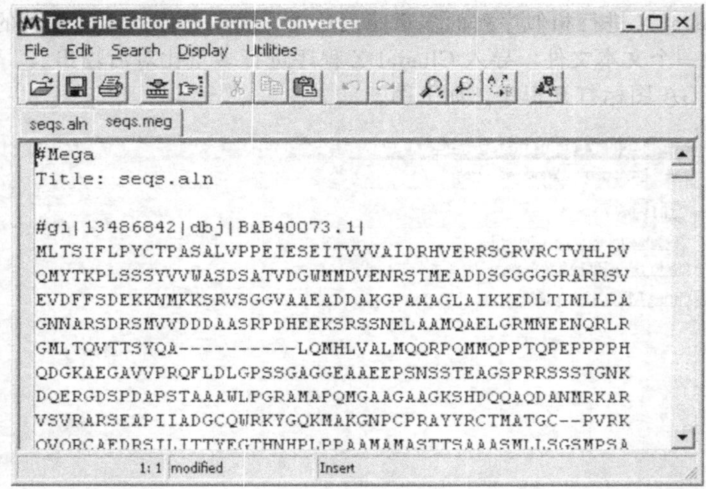

（7）关闭转换窗口，回到主窗口。点前面步骤3图中的“Click me to activate a data file”打开刚才的meg文件。选择meg文件，点“打开”(如下图)。

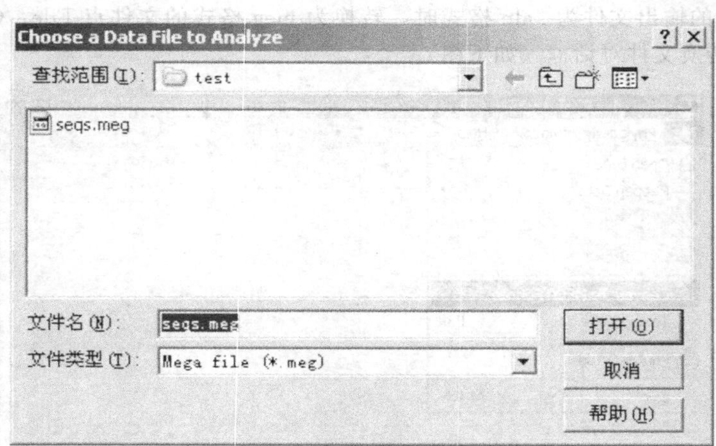

（8）程序会自动识别序列的类型，如果识别错误，请手工选择数据类型。然后点OK就行了(如下图)。

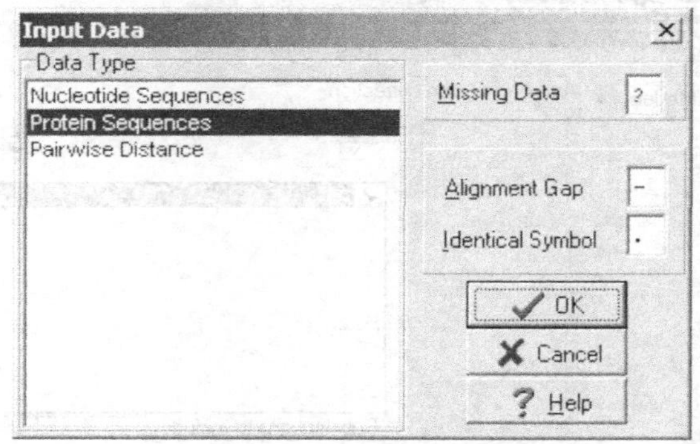

（9）数据输入之后窗口下面有序列文件名和类型（如下图）。

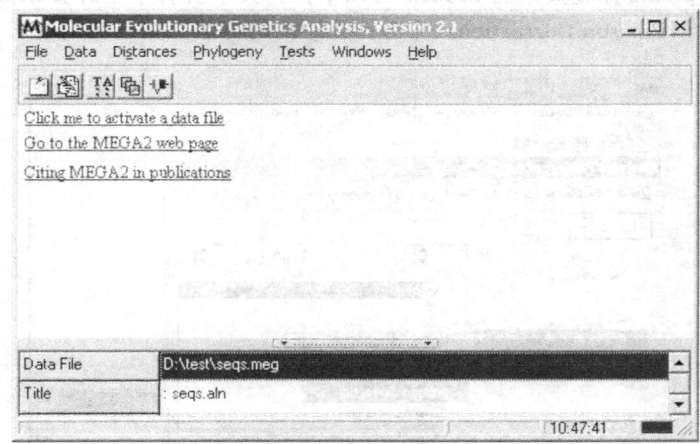

（10）做 Bootstrap 验证和进化树　MEGA 的主要功能就是做 Bootstrap 验证的进化树分析，Bootstrap 验证是对进化树进行统计验证的一种方法，可以作为进化树可靠性的一个度量。各种算法虽然不同，但是操作方法基本一致。下面以 UPGMA 方法为例。点下图所示的菜单项。

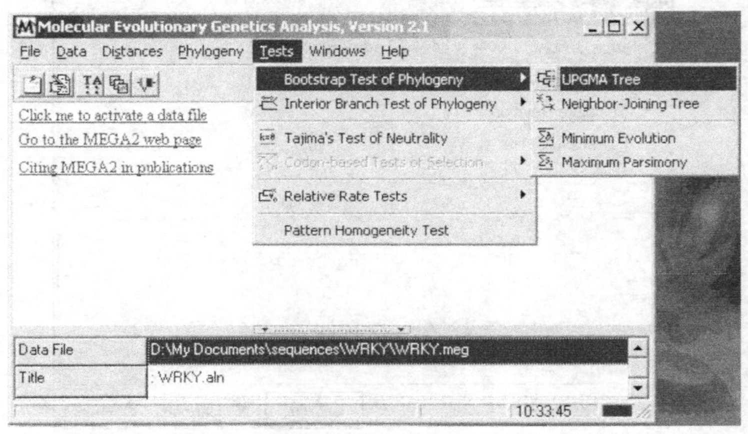

（11）弹出如下的对话框，在此你可以选择计算参数（如下图）。

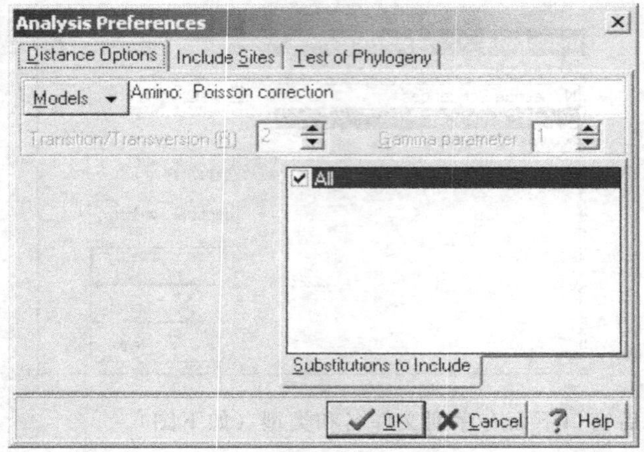

☞ Distance Options 标签页中的 Models 可以下拉，其中有若干个计算距离的方法可以选择，在此默认泊松校验（Poisson Correction）作为计算距离的方法（如下图）。

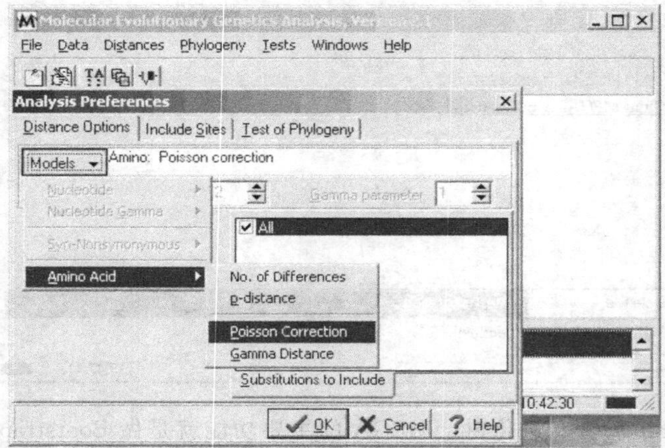

☞ Include sites 标签页中可以选择处理空缺或者缺失数据的方法，在此也用默认方法（如下图）。

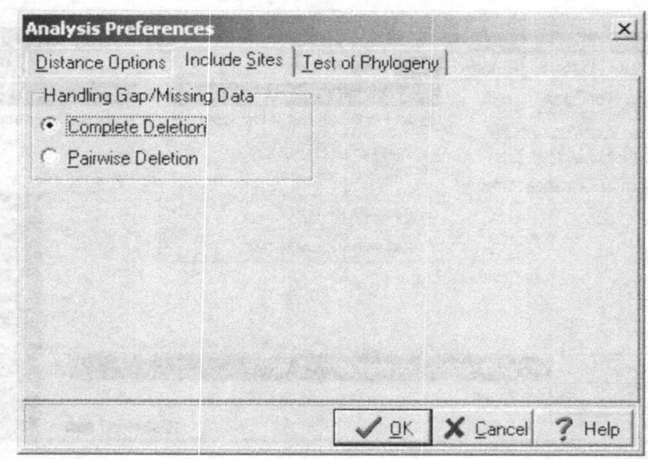

☞ 系统进化树的测试方法，可以选择用 Bootstrap，也可以选择不进行测试。重复次数

(Replications）通常设定至少要大于 100 比较好，随机数种子可以自己随意设定，不会影响计算结果。设定完成，点 OK，开始计算（如下图）。

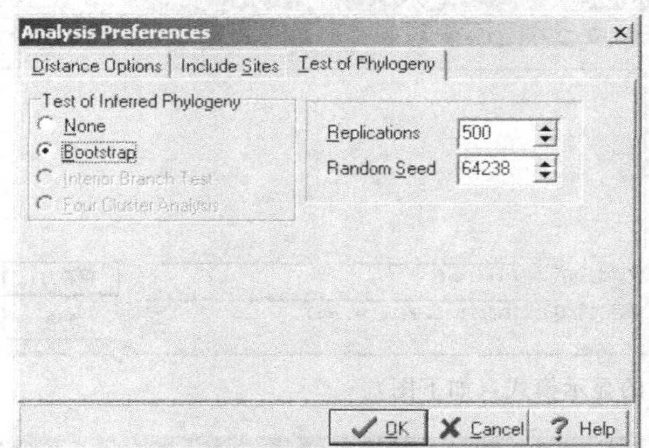

☞ 经过一番计算之后（这个过程所耗时间和序列的数量和长短成正比），程序就会给出一个树，该窗口中有两个属性页，一个是原始树（original tree），一个是 bootstrap 验证过的一致树。树枝上的数字表示 bootstrap 验证中该树枝可信度的百分比（如下图）。

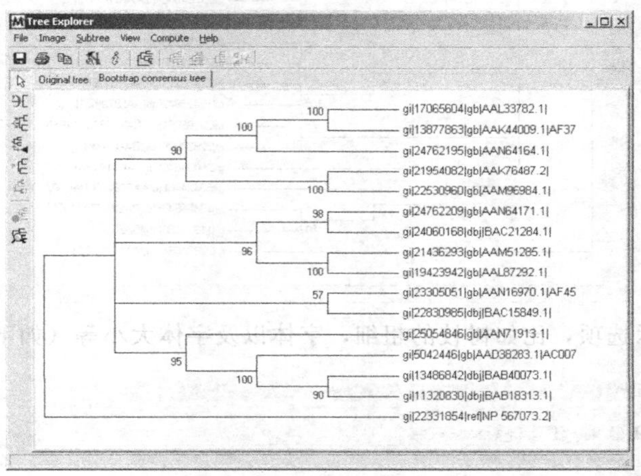

（12）可以在 Image 菜单中把图片保存为 emf 格式，或者直接拷贝到剪贴板（如下图）。

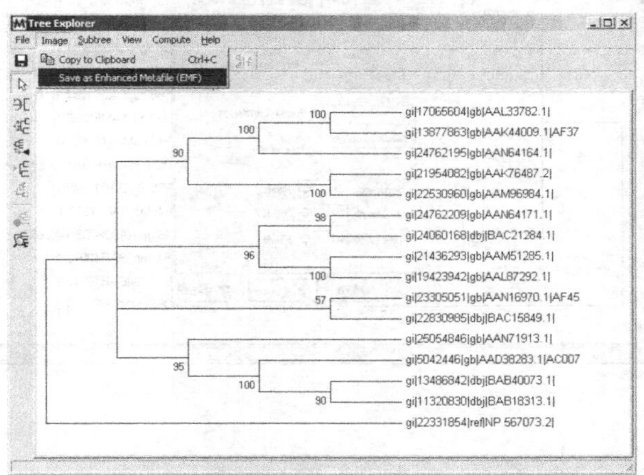

(13) 保存emf文件，这种格式的图像可以直接粘贴到Word文档（如下图）。

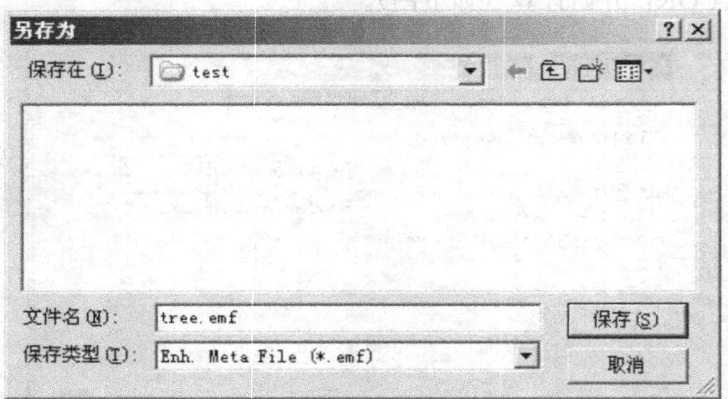

(14) 可以切换树的显示模式（如下图）。

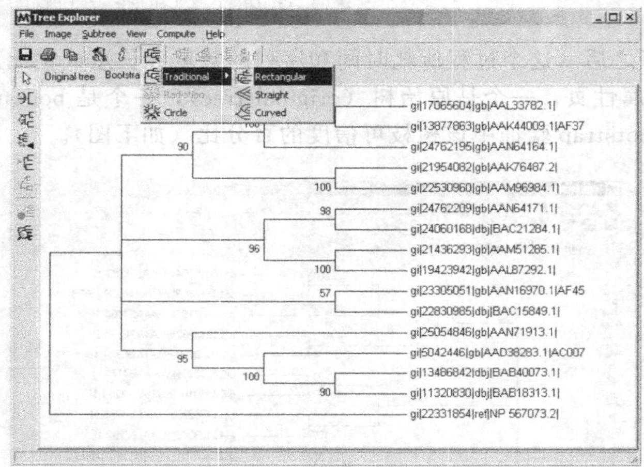

(15) 调整树显示选项，比如树枝的粗细，字体以及字体大小等（如下图）。

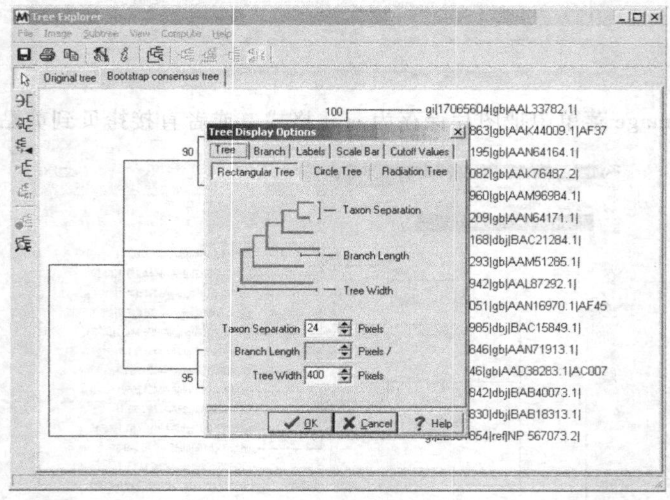

（袁丽红）

下篇 专业技能部分

第13章 工业微生物实验

实验40 营养物质对微生物生长的影响——碳源物质的影响

【目的】

1. 掌握微生物生长所需要的营养物质的类型及各类营养物质的功能。
2. 掌握微生物生长所需要的碳源物质的种类及不同碳源对微生物生长的影响。
3. 学会研究碳源物质对微生物生长影响的实验方法和分析方法。

【概述】

在微生物生命活动过程中，必须从环境中吸取一些物质，以提供能量、调节新陈代谢并合成细胞物质，这些物质统称营养物质。营养物质是微生物生命活动的物质基础。作为微生物的营养物质，从生理学的角度至少应满足如下两个条件：首先是能通过细胞膜进入细胞，其次是在细胞内的酶体系的作用下变成构成细胞原生质、细胞结构物质、代谢产物或者为细胞生命活动提供能量。微生物细胞的化学组成从一个侧面反映了微生物生长所需的营养物质。虽然微生物细胞的化学组成因微生物种类、生理特性和生理状态、环境条件而改变，但通过对各类微生物细胞化学组成的分析，可知微生物生长所需要的营养物质包括六大类：碳源物质、氮源物质、能源物质、无机盐、生长因子和水。

在微生物的各种营养需求中，对碳源物质的需求量最大。凡是可以作为微生物细胞结构或代谢产物中碳架来源的营养物质均可以作为微生物的碳源物质，包括碳水化合物及其衍生物（单糖、双糖、寡糖、多糖、醇及多元醇等）、有机酸（包括氨基酸）、烃类、复杂有机化合物（如脂肪、牛肉膏、蛋白胨、豆饼粉等）和无机碳化合物（如二氧化碳、碳酸盐）。微生物的碳源谱虽广，但微生物对不同碳源的利用是有差异的。例如在糖类物质中，微生物对单糖的利用优于双糖和多糖，已糖优于戊糖，葡萄糖和果糖优于半乳糖和甘露糖；在多糖中淀粉优于纤维素、几丁质，纯多糖优于杂多糖。除此之外，不同种类的微生物，其对碳源的利用能力差异极大。例如洋葱假单胞菌（*Pseudomonas cepacia*）能利用 90 种以上的碳源，而产甲烷菌仅能利用 CO_2 和少数 1C 或 2C 化合物。

在微生物细胞的干物质中氮的含量仅次于碳和氧，它是构成重要生命物质蛋白质和核酸的重要元素。因此，氮源也是微生物的主要营养物质。凡是构成细胞物质或代谢产物中氮素来源的营养物质均可以作为微生物的氮源物质，包括无机氮（铵盐、硝酸盐）、有机氮（尿素、胺、酰胺、氨基酸和复杂有机氮，例如牛肉膏、蛋白胨、酵母膏等）、分子态氮。不同类型的微生物，由于它们营养生理的差异，对氮源物质的需要有很大区别。无机氮源中只有氨离子能直接参与有机物如蛋白质的合成，而硝酸盐必须先还原成氨离子后才能用于生物合成。一般能利用无机氮化合物为唯一氮源的微生物都能利用铵盐，并且利用率较高，但它们并不都能利用硝酸盐，并且表现有适应现象。值得注意的是当以无机氮化合物为唯一氮源培养微生物时，培养基有可能表现为生理酸性或生理碱性，为此需在培养基中添加缓冲物质。凡能利用无机氮源的微生物，一般也能利用有机氮源，但有些微生物不能在只含无机氮源的培养基中生长，因为它们没有从无机氮化合物合成某种或某些有机氮化合物的能力。固氮微生物可以把分子态氮转变为氨态氮，从而合成自己的氨基酸和蛋白质，但是当培养基中含有有机氮源或无机氮源时，就不再表现为固氮能力。

能源是为微生物生命活动提供最初能量来源的营养物质或辐射能。各种异养微生物的能源物质就是其碳源。化能自养微生物的能源物质十分独特，为一些还原态的无机物，如NH_4^+、NO_2^-、S、H_2S、H_2、Fe^{2+}等。

无机盐也是微生物生长所必需的营养物质。无机盐为微生物提供除碳源、氮源以外的各种重要的矿质元素，例如P、S、K、Mg、Ca、Na、Fe、Cu、Zn、Mo、Mn等。P、S、K、Mg、Ca、Na等元素的盐参与细胞结构物质的组成，并且具有能量转移、调节细胞透性等功能，微生物对其需求量较大，为$10^{-4}\sim10^{-3}$mol/L，称为大量元素。Fe、Cu、Zn、Mo、Mn等元素的盐进入细胞一般作为酶的辅因子或酶的激活剂，微生物对它们的需要量很少，为$10^{-8}\sim10^{-6}$mol/L，称为微量元素。可见，以上这些矿质元素均参与微生物的基础代谢，因此各类群的微生物均需要它们，但不同微生物需要量不同。此外，在少数微生物代谢过程中无机盐还起着特殊的作用，如铁细菌和硫细菌要利用大量的铁和硫作为氢供体用于氧化产能。

许多微生物除了需要碳源、氮源、能源和无机盐等营养物质之外，还必须在培养基中添加微量的有机营养物质才能生长或生长良好，这类对微生物生长必不可少的物质就是生长因子。生长因子是一类调节微生物正常代谢活动所必需的，但不能从简单的碳源、氮源自行合成的有机物，包括维生素、氨基酸、碱基、卟啉及其衍生物、固醇、胺类、$C_2\sim C_4$直链或分支脂肪酸等。能提供生长因子的天然物质有酵母膏、蛋白胨、麦芽汁、玉米浆、动植物组织或细胞浸液以及微生物生长环境的提取液如土壤提取液等。生长因子的主要功能是提供微生物细胞重要化学物质（如蛋白质、核酸和脂质等）、辅因子的组分和参与代谢，因此，一般需要量很少。各种微生物所需要的生长因子不同，有的需要多种，有的仅需一种。微生物所需要的生长因子会随条件的变化而变化，这些条件包括培养基的化学组成、通气条件、培养基酸碱度、培养温度等。

水是微生物营养中必不可少的物质。除蓝细菌等少数微生物利用水中的氢还原CO_2合成糖类物质外，其他微生物并不把水作为营养物质使用。但是由于水在微生物代谢活动中不可缺少性，而将水作为营养物质考虑。水在微生物体内的作用包括：水是微生物细胞的主要化学组成成分，微生物细胞含水量很高，例如细菌、酵母菌、霉菌营养体分别含有80%、75%和85%左右的水；水是营养物质和代谢产物的良好溶剂；水是细胞中各种生化反应的介质，并参与许多反应；水具有高比热容、高汽化热，所以是良好的导体；水可以维持生物大分子结构的稳定性，例如DNA结构的稳定、蛋白质表面的极性基团与水发生水合作用形成的水膜，使得蛋白质颗粒不至于相互碰撞而聚集沉淀。

本实验分别以单糖、双糖、多糖为碳源介绍碳源物质对霉菌生长的影响。

【实验材料】

（1）菌种　产黄青霉菌、里氏木霉菌。均为用倾注接种法制备的平板培养物。

（2）碳源物质　葡萄糖、木糖、蔗糖、麦芽糖、淀粉、乙酸钠。

（3）基础培养基　察氏（Czepek）培养基。

（4）仪器设备　恒温培养箱、超净工作台、电子天平。

（5）其他　灭菌培养皿、三角瓶、瓶塞、接种钩、打孔器（孔径6mm）、直尺、酒精灯等。

【实验方法】

(1) 含不同碳源察氏琼脂培养基的配制　基础察氏培养基配方：$NaNO_3$ 2.0g、$FeSO_4$ 0.01g、K_2HPO_4 1.0g、KCl 0.5g、$MgSO_4 \cdot H_2O$ 0.5g、琼脂 15.0g、蒸馏水 1000mL，自然 pH。按照配方称取各成分、溶解、定容后，分成 6 等份，按 2% 的量分别在每份培养基中加入不同的待测碳源，配制成 6 种含有不同碳源的察氏培养基。灭菌备用。

(2) 倒平板　用上述配制好的培养基倒平板。

(3) 接种　打孔器火焰灭菌并冷却后，在产黄青霉平板上打孔，打成一个个菌块。接种钩火焰灭菌后将菌块分别接种于含有不同碳源的察氏培养基平板上，每皿接 3 个菌块，每种碳源培养基接 3 皿，做好标记。注意接种时菌块摆放的三点要均匀。用同样接种方法接种里氏木霉菌。

(4) 培养　接种好的平板于 25℃倒置培养。

(5) 观察与记录　培养第 2d 开始每天观察并测量菌落直径，共测量 7 次。

【实验内容】

1. 分别配制含有葡萄糖、木糖、蔗糖、麦芽糖、淀粉、乙酸钠六种不同碳源的察氏琼脂培养基。

2. 分别在上述培养基接种产黄青霉菌和里氏木霉菌，培养并定时测量菌体生长情况，考察不同碳源对其生长影响。

【实验结果】

1. 用一简明表格表述产黄青霉菌在不同碳源培养基上生长情况（菌落直径）。

2. 用一简明表格表述里氏木霉菌在不同碳源培养基上生长情况（菌落直径）。

3. 根据表中结果绘图，分析比较不同碳源对产黄青霉菌和里氏木霉菌生长的影响。

【思考题】

1. 如何分析比较不同碳源对微生物生长具有显著影响？

2. 修改实验方法，用液体培养基测定不同碳源对产黄青霉菌和里氏木霉菌生长的影响。

3. 修改实验方法，测定不同氮源对产黄青霉菌和里氏木霉菌生长的影响。

（袁丽红）

实验41　环境因素对微生物生长的影响——pH的影响

【目的】

1. 掌握影响微生物生长的环境因素及其对微生物生长的影响方式。

2. 学会研究环境因素对微生物生长影响的实验方法和分析方法。

【概述】

微生物的一切生命活动离不开其所处的环境，环境因素对微生物的影响大致可分为三类：一是适应环境，在这种环境里微生物能正常地进行生命活动；二是不适应环境，微生物正常的生命活动受到抑制；三是恶劣环境，微生物死亡或发生变异。因此，微生物的生长受到所处环境的极大影响。对微生物生长有影响的环境因素主要包括温度、pH 值、氧气等。

温度是影响微生物生长的重要环境因子之一。温度对微生物的影响是通过影响微生物膜的液晶结构、酶和蛋白质的合成和活性，以及 RNA 的结构和转录等来影响微生物的生命活动。温度太低时，膜处于凝固状态，不能正常进行营养物质运输或形成质子梯度，从而微生物不能进行正常生长。当温度升高，细胞内的化学和酶反应速率加快，微生物生长速率加快。如温度进一步升高，超过某一温度时，蛋白质、核酸和细胞其他成分发生不可逆的破坏，细胞生长停止甚至死亡。因此，对于任何一种微生物都有 3 种基本生长温度，即最低生长温度、最适生长温度和最高生长温度。不同种的微生物的最低、最适和最高生长温度不同，同种微生物的最低、最适和最高生长温度也会随其所处的环境条件的不同而有所改变。

培养基或环境中 pH 值与微生物的生命活动有密切关系。pH 值的影响表现为：一是影响细胞膜所带的电荷，从而引起细胞对营养物质吸收状况的改变；二是改变培养基中有机化合物的离子化作用程度，而对细胞施加间接的影响（多数非离子状态化合物比离子状态化合物更容易渗入细胞），改变某些化合物分子进入细胞的状态，从而抑制或促进微生物的生长。pH 值对微生物生长影响与温度的影响相似，对于任何一种微生物都有 3 种基本生长 pH 值，即最低生长 pH 值、最适生长 pH 值和最高生长 pH 值。微生物生长 pH 值范围一般为4.0～9.0，只有少数种类能在 pH 值小于 2 或大于 10 的条件下生长。一般来说适合细菌生长的最适 pH 值接近中性，pH 值低于 4 时，细菌一般不能生长；放线菌适合在微碱性条件下生长；霉菌和酵母菌生长的最适 pH 值为 4～6。环境 pH 值不但影响微生物的生长，也可引起微生物形态的改变，如青霉菌在连续培养过程中，当培养基 pH 值高于 6.0 时，菌丝变短，高于 6.7 时就不再形成分散的菌丝，而形成菌丝球。虽然微生物生长的 pH 值范围比较广，但细胞内部的 pH 值却接近中性，这是由于微生物具有控制氢离子进出细胞的能力，因而可以维持细胞内的中性环境。此外，微生物又会通过它们自身的代谢活动改变其所处环境的 pH 值，例如许多微生物降解糖生产酸，使培养基 pH 值下降，具有脲酶的微生物分解尿素产生氨，使培养基 pH 值上升，这样反过来又会影响微生物的生长与生存。因此，在培养微生物时要采取适当措施控制培养环境的 pH 值。

不同类群的微生物对氧的需求和耐受力差异很大，因此，它们生长或生存与氧的关系不同。好氧微生物要在有氧条件下才能生长。兼性好氧微生物在有氧存在下进行好氧代谢，氧缺乏时进行厌氧代谢，但在有氧条件下的生长比在无氧条件下的生长更为旺盛。厌氧微生物生长不需要氧，但分为两类：一类是耐氧型厌氧微生物，虽然生长不需要氧，但可耐受氧，在氧存在条件下仍能生长；另一类是严格厌氧微生物，这类微生物对氧及其敏感，有氧存在即被氧杀死。氧对它们的毒害作用是由于这类微生物缺乏过氧化氢酶、过氧化物酶、或超氧化物歧化酶等，因而不能解除氧代谢产物如过氧化氢、超氧阴离子、羟自由基等的毒害作用而死亡。

本实验介绍 pH 值对微生物生长的影响。

【实验材料】

（1）菌种　培养 10～16h 大肠埃希菌、枯草芽孢杆菌营养肉汤培养物。

（2）培养基　营养肉汤培养基（分装于 500mL 三角瓶中，每瓶 100mL）。

（3）仪器设备　恒温培养箱、超净工作台、天平、摇床、可见光分光光度计。

（4）pH 值调节液　1mol/L 盐酸溶液、1mol/L 氢氧化钠溶液。

（5）其他　灭菌移液管、酒精灯、比色皿等。

【实验方法】

（1）不同 pH 值营养肉汤培养基的配制　按照营养肉汤培养基配方称取各成分、溶解、定容后，分成 6 等份，分别用 pH 值调节液调 pH 值至 4.0、5.0、6.0、7.0、8.0、9.0，配成 6 种具不同 pH 值的培养基。灭菌备用。

（2）接种　以无菌操作技术分别接入菌液，接种量为 10%。每个 pH 值接 3 瓶，做 3 次平行实验。

（3）培养　将接种后三角瓶于 37℃振荡培养，转速 180r/min。

(4) 观察与记录　培养后每隔 30min 取样测 OD_{600}。注意接种起始时刻也测 OD_{600}。

【实验内容】

1. 分别配制 pH 4.0、5.0、6.0、7.0、8.0、9.0 的营养肉汤培养基。

2. 分别在上述培养基接种大肠埃希菌、枯草芽孢杆菌，培养并定时取样测定 OD_{600}，考察不同 pH 值对其生长影响。

【实验结果】

1. 用一简明表格表述大肠埃希菌在不同 pH 营养肉汤培养基中生长情况（OD_{600}）。

2. 用一简明表格表述枯草芽孢杆菌在不同 pH 营养肉汤培养基中生长情况（OD_{600}）。

3. 根据表中结果绘图，分析比较不同 pH 值对大肠埃希菌和枯草芽孢杆菌生长的影响。

【思考题】

1. 如何分析比较不同 pH 值对微生物生长具有显著影响？

2. 在培养微生物时如何控制培养环境的 pH 值？

（袁丽红）

实验42　碱性蛋白酶产生菌的分离筛选

【目的】

1. 掌握微生物资源开发的重要性。

2. 掌握菌种分离筛选的操作原理和步骤。

3. 掌握蛋白酶产生菌分离筛选的技术策略和学会分离筛选方法。

【概述】

自然界中蕴藏着种类繁多的微生物资源。土壤是最丰富的微生物资源库，动、植物体上的正常微生物区系也是重要菌种来源，而各种极端环境更是开发特种功能微生物的潜在“富矿”。在自然界中筛选具有特定功能的菌种是微生物工作者的一项重要任务，也是一件极其细致和艰辛的工作。获得具有优良性状及潜在产业化生产能力的功能微生物通常需要达到“亿万挑一”的地步。当前，借助于先进的科学理论和自动化的实验设备，菌种的筛选效率已经大为提高。菌种分离筛选一般步骤为“采集菌样—富集培养—纯种分离—性能测定—良种保藏与鉴定”。本实验选取具有典型意义的产碱性蛋白酶菌株为代表，进行功能微生物筛选技术的实训，探索功能微生物菌种筛选的技术策略。

碱性蛋白酶是一类适宜于在碱性条件（pH 9～10）左右水解蛋白质肽键的酶类，是一类非常重要的工业用酶，广泛存于动、植物及微生物体中。碱性蛋白酶在食品、洗涤及制革等行业中有着广泛的用途。由于微生物蛋白酶均为胞外酶，与动、植物源蛋白酶相比具有下游技术处理相对简单、低廉、来源广、菌体易于培养、产量高、高产菌株选育简单快速特点，并且具有动植物蛋白酶所具有的全部特性。目前，微生物来源的蛋白酶占据蛋白酶市场总量的 2/3 以上，因此，它是重要的微生物酶制剂。

【实验材料】

(1) 土样　可在食堂垃圾堆放处附近、鱼粉厂附近、肉联厂附近采集土样。

(2) 培养基　牛奶琼脂培养基、(平板初筛用)、LB 斜面培养基（菌种保藏、活化和形态观察用)、LB 液体培养基（分装于 250mL 三角瓶，装液量 50mL，用作种子培养基)、发酵培养基（分装于 250mL 三角瓶，装液量 50mL)。

(3) 仪器设备　电子天平、灭菌锅、恒温培养箱、控温摇床、分光光度计、超净工作台、离心机、水浴锅、显微镜。

(4) 试剂和溶液　Folin 酚试剂、0.55mol/L 碳酸钠溶液、0.5mol/L 氢氧化钠溶液、甘氨酸一氢氧化钠缓冲液（pH 9.0）、10%三氯乙酸溶液、结晶紫染色液、路哥碘液、番红染色液。

（5）其他 灭菌水、灭菌移液管、灭菌试管、灭菌牙签、涂布棒、接种环、玻璃珠、酒精灯、载玻片、香柏油、擦镜纸、二甲苯等。

【实验方法】

（一）产碱性蛋白酶菌株的初筛

（1）称取 1g 土样加入 100mL 灭菌水及少量玻璃珠，室温下于 150r/min 振荡 30min，静置 10min，待土壤悬液固液分离。

（2）取上层液相 1mL，进行 10 倍系列梯度稀释，稀释至 10^5～10^7 倍。

（3）取 0.2mL 稀释度为 10^5～10^7 的稀释液，涂布于牛奶琼脂培养基平板上，于 30℃培养 24～48h。

（4）培养 24～48h 后，观察菌落周围是否出现透明圈以及透明圈的大小（测量透明圈直径和菌落直径）。

（5）以无菌牙签挑取透明圈相对较大的菌落，在牛奶琼脂平板上进一步划线纯化。

（6）将纯化后的菌株接种于采用 LB 斜面培养基上保藏并编号，作为摇瓶复筛用。

（7）将纯化后的菌株划线接种于 LB 平板培养基上，培养 24h 后观察菌落特征、菌体特征和革兰染色反应。

（二）产碱性蛋白酶菌株的摇瓶复筛

（1）将初筛获得的菌株于 LB 斜面培养基活化。

（2）将经活化后的菌分别接种于种子培养基中，30℃、200r/min 培养 12～16h。

（3）将培养 12～16h 种子液以 5%(体积分数) 接种量接入发酵培养基，每菌株接 3 瓶，设置 3 个平行实验，于 30℃、200r/min 培养 36～48h。

（4）取样，于 4℃、5000r/min 下离心 20min，留上清（即粗酶液）测酶活。

（三）蛋白酶活力测定方法——Folin 酚法

1. 酪氨酸标准曲线的制作

（1）取 7 支试管编号，按表 13-1 制作不同浓度的酪氨酸溶液

表 13-1 酪氨酸标准曲线制作加样表

管号	100μg/mL 酪氨酸溶液/mL	蒸馏水/mL	酪氨酸含量/μg
0	0	10	0
1	1	9	10
2	2	8	20
3	3	7	30
4	4	6	40
5	5	5	50
6	6	4	60

（2）另取 7 支试管，依次编号：0，1，2，…，6。各取上述不同浓度酪氨酸溶液 1mL 加入对应编号试管中，再分别加入 0.55mol/L 碳酸钠溶液 5mL 和 Folin 酚试剂 1mL，充分混匀后把各管放入 40℃水浴中保温 15min，取出后置盛有冷水的烧杯中冷却至室温。用“0”号管作为空白对照，测 OD_{650}。

（3）以酪氨酸含量（μg/mL）为横坐标，OD_{650} 为纵坐标，绘制酪氨酸的标准曲线。

2. 蛋白酶活力测定

（1）底物酪蛋白溶液的配制 称取 0.2g 酪蛋白，加入 1mL 0.5mol/L 氢氧化钠溶液，

搅拌，溶解后加入甘氨酸－氢氧化钠缓冲液100mL。注意不使用时放冰箱保存，防止变质。

（2）取适当稀释发酵液上清（粗酶液）1mL，加入2mL底物酪蛋白溶液，于40℃下反应15min后取出，加入3mL 10%三氯乙酸溶液终止反应，室温下静置15min，10000r/min离心3min，得上清。取上清1mL，加入0.55%碳酸钠溶液5mL和Folin酚试剂1mL，充分混匀后，放于40℃水浴中保温15min，取出后置盛有冷水的烧杯中冷却至室温，测OD_{650}。同时取适当稀释的发酵液上清1mL，加入3mL 10%三氯乙酸溶液终止反应，然后加入2mL底物酪蛋白溶液，于40℃下反应15min后取出，作为空白对照。

3. 实验结果处理

（1）透明圈比值＝透明圈直径（mm）/菌落直径(mm)

（2）由样品测定的OD_{650}值，在标准曲线上查出对应的酪氨酸量（μg）。

（3）碱性蛋白酶活力计算。

$$蛋白酶活力(\mu g\ 酪氨酸/min\cdot mL)=\frac{样品酪氨酸含量(\mu g)\times 稀释倍数}{15min\times 1mL\ 发酵液}$$

【实验内容】

1. 采集含碱性蛋白酶产生菌的土样。

2. 对采集的土样进行碱性蛋白酶产生菌的筛选，获得1～2株具有较高酶活的菌株。

【实验结果】

1. 拍摄1张数码照片以显示酪蛋白平板的透明圈现象。

2. 用简明的表格表述产碱性蛋白酶菌株的初筛结果（初筛获得菌株编号？菌落形态观察？菌落直径与透明圈直径的大小及比值？菌株的革兰染色及形态观察结果）。

3. 用简明的表格表述产蛋白酶菌株的复筛结果（复筛菌株编号，分别培养36h和48h的发酵液上清中蛋白酶活力）。

【思考题】

1. 针对你的实验结果进行分析和讨论。

2. 你得到的实验结论是什么？

（李霜）

实验43　大肠埃希菌β-半乳糖苷酶合成诱导与调控

【目的】

1. 熟悉酶合成诱导及其调控机制。

2. 学会酶合成诱导及其调控的实验方法。

【概述】

酶是基因表达的产物。酶合成的调节就是酶基因表达的调节，即酶基因在转录水平和翻译水平上的调节。微生物产生的诱导酶是在环境中有诱导物（通常是酶作用的底物）存在时，由诱导物诱导而合成的酶。目前已知酶的可诱导性在微生物中（尤其在细菌中）是普遍存在的现象。例如大肠埃希菌分解乳糖的β-半乳糖苷酶、催化淀粉分解为糊精、麦芽糖的α-淀粉酶等均属于诱导酶。其中研究最为深入和透彻的是大肠埃希菌β-半乳糖苷酶的诱导。当大肠埃希菌生长在没有乳糖的培养基上时，每个细胞内只有不到5个分子的β-半乳糖苷酶，当加入底物乳糖或其他带有取代基的半乳糖苷（如异丙基-β-D-硫代半乳糖苷，IPTG）后，在2～3min内开始出现β-半乳糖苷酶，并且很快可以达到每个细胞5000个酶分子。如果除去底物，则β-半乳糖苷酶的合成迅速停止。大肠埃希菌β-半乳糖苷酶依赖底物诱导合成与调节机制可以用 F. Jacob 和 J. L. Monod（1961）提出的乳糖操纵子理论来解释(图 13-1)。

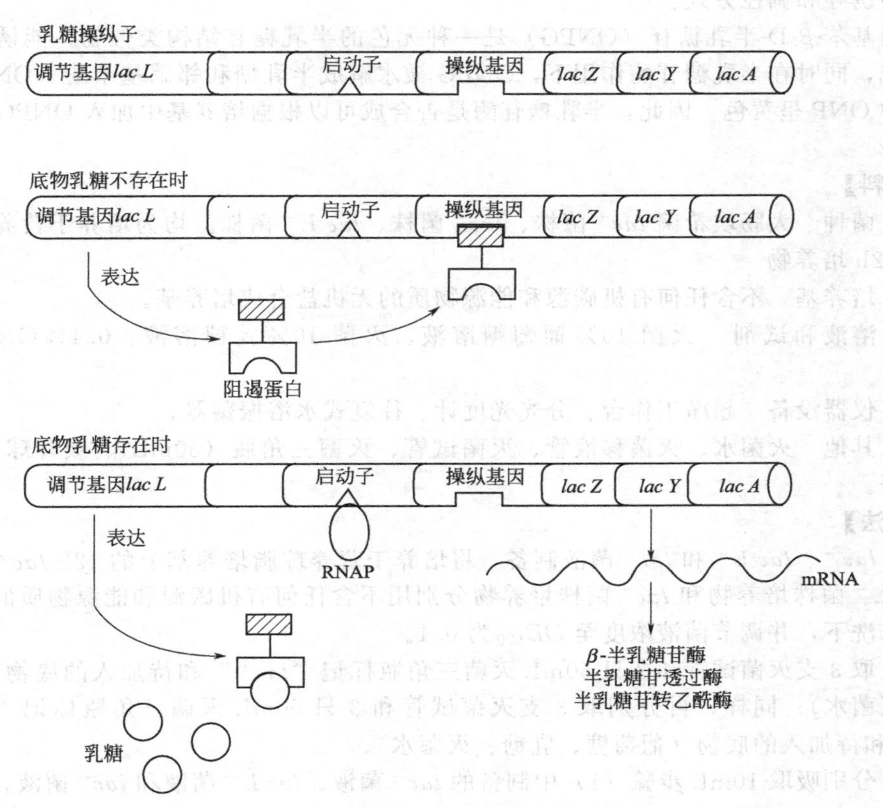

图 13-1 乳糖操纵子调控机制

在乳糖操纵子中有三个结构基因，分别为 *lac Z*、*lac Y*、*lac A*，一个启动子（*P*），一个操纵基因（*O*）。在操纵子前面有一调节基因（*lac L*），编码调节蛋白。当乳糖不存在时，调节蛋白与操纵基因结合，阻止 RNA 聚合酶（RNAP）与启动子结合或通过操纵基因，因而操纵子被阻遏，结构基因无法转录（此种情况下的调节蛋白称为阻遏蛋白）；当加入底物乳糖或其他诱导物时，诱导物与阻遏蛋白结合，从而使其钝化而不能与操纵基因结合，结构基因转录并翻译合成β-半乳糖苷酶、半乳糖苷透过酶和半乳糖苷转乙酰酶。可见，诱导酶的合成可以通过转录水平基因（包括调节基因、操纵基因以及启动基因）活性的调节来实现。

若调节基因发生突变，不能合成正常阻遏蛋白，则其就不能与操纵基因结合。因此，无论诱导物存在与否，结构基因都能进行转录和翻译合成β-半乳糖苷酶、半乳糖苷透过酶和半乳糖苷转乙酰酶，这种类型突变株为组成型突变株。若操纵基因发生突变，使阻遏蛋白不能与其结合，结构基因不断进行转录和翻译，也为组成型突变。启动子是 RNAP 的结合区域，如果该区域发生变异，则降低 RNAP 与其亲和力，从而降低了结构基因转录频率。

诱导酶合成的调控同样发生在翻译水平上的。例如，氯霉素影响蛋白质的翻译，如果在酶合成过程中加入氯霉素，可以在翻译水平上研究β-半乳糖苷酶合成的调控。

本实验利用大肠埃希菌三个菌株，即野生型菌株 lac^+（$L^+P^+O^+Z^+Y^+A^+$）、调节基因突变株 $lac\,L^-$（$L^-P^+O^+Z^+Y^+A^+$）和乳糖缺陷型菌株 lac^-（$L^-P^+O^+Z^-Y^+A^+$，β-半乳糖苷酶基因和调节基因发生变异）从底物诱导和转录水平基因活性方面介绍β-半乳糖苷酶合成的诱导和调控方式。

邻硝基苯-β-D-半乳糖苷（ONPG）是一种无色的半乳糖苷结构类似物，能诱导半乳糖苷酶合成，同时在半乳糖苷酶作用下，ONPG 被水解成半乳糖和邻硝基苯酚（ONP）。在碱性溶液中 ONP 呈黄色。因此，半乳糖苷酶是否合成可以根据培养基中加入 ONPG 后颜色变化来判断。

【实验材料】

（1）菌种　大肠埃希菌 lac^+ 菌株、lac^- 菌株、$lac\,L^-$ 菌株。均为培养于营养琼脂培养基上的 12h 培养物。

（2）培养基　不含任何有机碳源和能源物质的无机盐合成培养基。

（3）溶液和试剂　灭菌 10%葡萄糖溶液、灭菌 10%乳糖溶液、0.4%ONPG 溶液、甲苯。

（4）仪器设备　超净工作台、分光光度计、往复式水浴振荡器。

（5）其他　灭菌水、灭菌移液管、灭菌试管、灭菌三角瓶（50mL）、吸耳球、记号笔、酒精灯等。

【实验方法】

（1）lac^+、$lac\,L^-$ 和 lac^- 菌液制备　将培养于营养琼脂培养基上的 12h lac^+ 菌株培养物、$lac\,L^-$ 菌株培养物和 lac^- 菌株培养物分别用不含任何有机碳源和能源物质的无机盐合成培养基洗下，并调节菌液浓度至 OD_{600} 为 0.1。

（2）取 3 支灭菌试管和 3 只 50mL 灭菌三角瓶标记“lac^+”和待加入的底物（葡萄糖、乳糖、灭菌水）；同样，再分别取 3 支灭菌试管和 3 只 50mL 灭菌三角瓶标记“$lac\,L^-$”、“lac^-”和待加入的底物（葡萄糖、乳糖、灭菌水）。

（3）分别吸取 10mL 步骤（1）中制备的 lac^+ 菌液、$lac\,L^-$ 菌液和 lac^- 菌液，加入到相应试管中。

（4）分别吸取 1mL 葡萄糖、乳糖、灭菌水加入到相应试管中，混合均匀。

（5）从上述所有试管中分别吸取 3mL 混合均匀菌液，于分光光度计测 OD_{600}。

（6）将上述试管中余下菌液分别加入到相应标记的三角瓶中，于 37℃往复式水浴振荡器上培养 2h，速度 100 次/min。

（7）培养后，以无菌操作技术从上述所有三角瓶中分别吸取 3mL 菌液，于分光光度计测 OD_{600}。

（8）在每瓶余下的菌液中分别加入 5 滴甲苯，振荡，然后再加入 5 滴 0.4%ONPG 溶液。

（9）再于 37℃培养 40min。

（10）培养后观察记录颜色变化（是否变为黄色）。

【实验内容】

1. 配制实验用 lac^+、$lac\,L^-$ 和 lac^- 菌液。
2. 按实验方法用 lac^+ 菌观察β-半乳糖苷酶的合成与底物之间的关系。
3. 按实验方法用 $lac\,L^-$、lac^- 菌观察转录水平上基因活性对β-半乳糖苷酶的合成的调控。

【实验结果】

1. 将培养起始时刻菌液浓度（OD_{600}）填入下表中。

培养物		OD_{600}		生长情况（+/-）	加入 ONPG 后颜色反应	β-半乳糖苷酶（+/-）
		培养起始时刻	培养 2h			
lac⁺菌	葡萄糖					
	乳糖					
	水					
lac L⁻菌	葡萄糖					
	乳糖					
	水					
lac⁻菌	葡萄糖					
	乳糖					
	水					

2. 培养 2h 后测定各培养物 OD_{600}，同时根据你的结果判断各培养物是否生长，并将测定结果填入上表中。

3. 将加入 ONPG 溶液后颜色反应结果填入上表中，并判断是否合成 β-半乳糖苷酶。

【思考题】

1. 在你的实验中某些培养物未生长，请分析其原因？

2. 你的实验结论是什么？

3. 在加入 ONPG 溶液之前先加入几滴甲苯的作用是什么？

4. 采用何种突变株研究操纵基因和启动基因活性对诱导酶合成的调控？请设计实验方案。若具有调控作用，预期结果如何？

（袁丽红）

实验44　紫外线诱变技术

【目的】

1. 了解紫外线对微生物的影响和掌握紫外线诱变的原理。

2. 掌握紫外线诱变的方法。

【概述】

紫外线是一种使用方便且诱变效果较好的物理诱变剂，它具有诱变频率高且不易发生回复突变的特点。其诱变主要机制是紫外线直接作用于细胞内双链 DNA 分子，使相邻嘧啶碱基之间形成嘧啶二聚体，尤其是使同一条 DNA 链上相邻胸腺嘧啶间形成胸腺嘧啶二聚体，从而阻碍 DNA 复制过程中碱基间正常配对，进而抑制或阻断基因组的复制与拷贝，最终使基因发生突变甚至造成生物体细胞死亡。

紫外线的光谱范围在 40～390nm，而 DNA 可以吸收的紫外线光谱为 260nm。因此，能诱发微生物突变的紫外线的最有效波长为 253.7nm。一般用于紫外线诱变的为低功率（15W）紫外灯，其发射的紫外线波长大多集中于 253.7nm。用于微生物诱变的紫外线剂量的表示方法分为绝对剂量和相对剂量。但在实际工作中常用相对剂量表示紫外线的剂量，相对剂量单位以照射时间或杀菌率表示。一般认为杀菌率为 90%～99.9%时诱变效果较好，但也有报道认为较低的杀菌率有利于正突变菌株的产生，其中以 70%～80%或更低诱变效果更好。紫外线照射时间与杀菌率在一定范围内成正比，照射时间越长，杀菌率越高，在残存的细胞中变异幅度也广。因此，在照射过程中可加大剂量，但又要采取减少死亡率和提高诱变效果的措施。例如把照射剂量提高到超致死量的程度，再与可见光交替进行照射，利用光修复作用修复受损伤的细胞，减少死亡率，增加变异幅度。

本实验以黄色短杆菌为实验材料利用紫外灯箱［（彩）图 13-2］进行紫外诱变，介绍紫外诱变操作方法和注意事项。

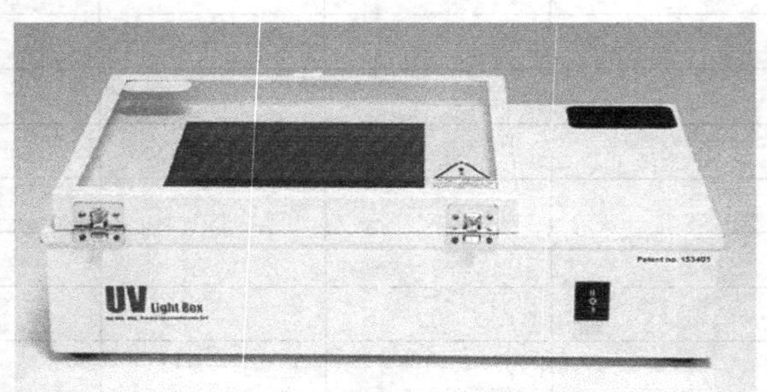

图 13-2　紫外灯箱

【实验材料】

（1）菌种　培养 24h 黄色短杆菌斜面培养物。

（2）培养基　营养琼脂培养基。

（3）仪器设备　紫外灯箱、超净工作台、恒温培养箱。

（4）其他　灭菌生理盐水、5mL 灭菌生理盐水（分装于 50mL 三角瓶中，含玻璃珠）、灭菌试管、灭菌培养皿、灭菌吸管、灭菌移液管、涂布棒、接种环、吸耳球、酒精灯、记号笔等。

【实验方法】

1. 倒平板

将 15～20mL 融化并冷却至 45℃左右的营养琼脂培养基倒入灭菌培养皿中，平放，凝固，制成平板。

2. 制备菌悬液

在培养 24h 黄色短杆菌斜面培养物中加入约 2mL 灭菌生理盐水，用灭菌接种环轻轻将菌苔刮下。注意不要把培养基刮下。再用灭菌吸管转移至 5mL 含玻璃珠的灭菌生理盐水中。充分振荡使菌体细胞均匀分散，再调整菌悬液浓度为 10^8 个/mL。

3. 涂布接种

（1）对菌悬液（10^8 个/mL）进行系列梯度稀释，至适当稀释度。

（2）在制备好的营养琼脂平板上分别标明稀释度。

（3）分别吸取 0.1mL 经适当稀释的菌液加入到相应稀释度的营养琼脂平板上，用灭菌涂布棒涂布均匀。最好做 2～3 个稀释度。

4. 紫外线诱变

（1）预先打开紫外灯箱预热 20～30min，使光波稳定。

（2）先关闭紫外灯箱开关，掀开紫外灯箱盖子。

（3）迅速打开涂布接种后的平板皿盖，将平板倒置于紫外灯箱上。

（4）盖上紫外灯箱盖子。

（5）再打开紫外灯箱开关，用紫外线照射涂于营养琼脂平板上的菌体至所需时间，关闭紫外灯箱开关，取下照射过的平板并盖上皿盖（照射时最好将皿盖也放在紫外灯箱中一并照射），标明照射时间。紫外线照射的时间可选择：10s、20s、30s、1min、2min、5min。

（6）将紫外线照射后的所有平板置于 37℃培养 24～48h。同时将每一稀释度未经紫外线照射的平板也置于37℃培养24～48h。

(7) 培养后，统计各皿菌落数和菌落形态突变菌落数。

(8) 计算不同剂量紫外线照射处理的菌体致死率和菌落形态突变率。

$$致死率=\frac{对照的活菌数/mL-照射后的活菌数/mL}{对照的活菌数/mL}\times 100\%$$

$$菌落形态突变率=\frac{变异菌落数}{总菌落数}\times 100\%$$

【紫外线诱变注意事项】

1. 紫外线对人体有害，尤以人的眼睛和皮肤最易受到紫外线损伤。所以操作时需戴防护眼镜和穿好工作服。

2. 紫外线照射后造成的DNA损伤，在可见光照射下由于菌体内光激活酶的作用，可使其恢复正常，即具有光复活作用。因此，为了避免光复活，紫外线诱变处理时以及处理后的操作都应在红光灯或黄光灯下进行，并且要将微生物放在黑暗条件下培养。

【实验内容】

1. 制备浓度为10^8个/mL黄色短杆菌菌悬液。

2. 适当稀释菌液并涂布接种于营养琼脂平板上。

3. 将涂布接种于营养琼脂平板上的黄色短杆菌进行紫外线照射。

4. 将紫外线照射后的黄色短杆菌进行培养并统计各皿菌落数和菌落形态突变菌落数。

【实验结果】

1. 将不同剂量紫外线对黄色短杆菌的诱变效应（菌落数）填入下表。

稀释度	10s	20s	30s	1min	2min	5min	Control

2. 将不同剂量紫外线对黄色短杆菌的诱变效应（菌落形态突变）填入下表（填入方式：变异菌落数/总菌落数）。

稀释度	10s	20s	30s	1min	2min	5min	Control

3. 计算不同剂量紫外线照射处理的菌体致死率和菌落形态突变率，并绘制诱变效应曲线。

【思考题】

1. 根据你的实验结果，菌落形态突变率较高的剂量是多少？

2. 在制备菌液时，应注意哪些方面？为什么？

3. 紫外线照射菌体时，为什么要打开涂布接种后的平板皿盖？如何用实验验证你的解释？

4. 进行紫外线诱变操作时需戴防护眼镜，如何确保你戴的眼镜具有防护作用，用实验方法验证。

（袁丽红）

实验45　抗反馈调节突变株的选育

【目的】

1. 掌握代谢调控育种的原理和意义。
2. 掌握代谢调控育种的主要策略。
3. 学会抗反馈调节突变株的选育方法。

【概述】

工业微生物育种的目的就是要人为地把生物代谢途径朝人们所希望的方向加以引导，使某些代谢产物过量积累，或者促使细胞内发生基因重组以优化遗传性状，获得所需要的高产、优质和低耗的菌种。近年来，由于应用生物化学和遗传学原理深入研究了生物合成代谢途径以及代谢调控的理论，人们不仅通过改变培养条件实现代谢控制发酵，而且还可以通过选育某种特定类型的突变株，以达到大量积累有益代谢产物的目的，即代谢调控育种。

代谢调控育种是通过选育特定突变型，达到改变代谢通路、降低支路代谢终产物的产生或切断支路代谢途径及提高细胞膜的透性，使代谢流向目的产物积累方向进行。因此，代谢调控育种是控制代谢更为有效的途径，可以大大减少传统诱变育种的盲目性，提高育种效率。微生物代谢调控育种采取的主要措施有选育组成型突变株、抗分解调节突变株、抗反馈调节突变株、营养缺陷型突变株、渗漏型突变株等。

抗反馈调节突变株是一种解除合成代谢反馈调节机制，不再受反馈调节作用影响的突变型菌株。这类突变株对反馈抑制不敏感，或对反馈阻遏有抗性，因而能大量合成终产物。因此，它所具有的优点是由于代谢调节被遗传性地解除，不再受培养基成分的影响，生产较为稳定。抗反馈突变株已成为目前代谢控制发酵育种的主流，特别在氨基酸、核苷酸发酵生产上已被广泛采用。

本实验以黄色短杆菌 L-赖氨酸生物合成途径及其反馈调节方式为例，介绍选育抗反馈调节突变株以增强赖氨酸代谢流来达到大量积累 L-赖氨酸目的。图 13-3 为黄色短杆菌 L-Lys 生物合成途径及其反馈调节方式。L-Lys 是天冬氨酸族分支代谢途径的末端产物之一，该途径中共同合成途径的第一个酶是天冬氨酸激酶（AK），为变构酶，受到 L-Lys 和 L-Thr 协同反馈抑制。在 L-Lys 合成分支上第一个酶是二氢吡啶二羧酸合成酶（DDP 合成酶），它不受末端产物 L-Lys 的反馈调节。因此，AK 是黄色短杆菌的 L-Lys 合成途径中唯一的关键酶，只要解除对 AK 反馈抑制，就可以增强 L-Lys 支路的代谢流。

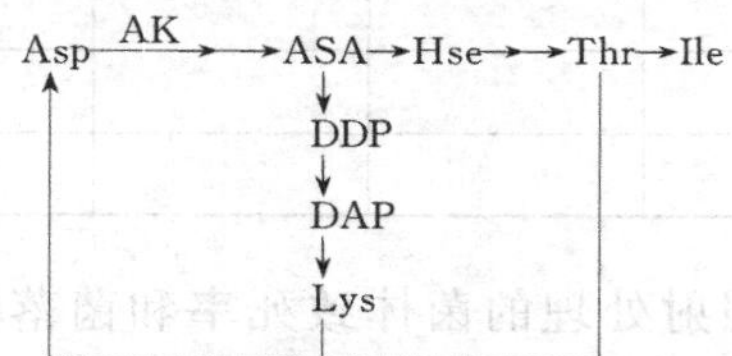

Asp：天冬氨酸；ASA：天冬氨酸半醛；Hse：高丝氨酸；Thr：苏氨酸；Ile：异亮氨酸；
DDP：二氨基庚二酸；DAP：二氢吡啶二羧酸；Lys：赖氨酸；AK：天冬氨酸激酶

图 13-3　黄色短杆菌中 L-赖氨酸生物合成途径及其反馈调节

ε-氨基乙基-L-半胱氨酸（AEC）是 L-Lys 结构类似物（图 13-4），能像 L-Lys 一样协同 L-Thr 一起结合在变构酶 AK 上，而抑制 AK 的活性，即起到假反馈抑制剂的作用。正是由于这一特性，使得代谢终产物的结构类似物具有抑菌作用。但是，如果变构酶结构基因发生突变而使变构酶不能再和结构类似物相结合，那么类似物对这些突变型就不再有抑菌作用。根据这一原理，只要获得抗 AEC 菌株便可解除 AEC 和 L-Thr 对 AK 的协同反馈抑制。由于结构上相似，这些突变型的变构酶也不能再和正常的代谢产物 L-Lys 相结合。因此，即使在含有过量的 L-Lys 培养液中，AK 并不受到抑制而能继续合成 L-Lys。

L-Lys：$CH_2(NH_2)$-CH_2-CH_2-CH_2-$CH(NH_2)COOH$

AEC：$CH_2(NH_2)$-CH_2-S-CH_2-$CH(NH_2)COOH$

图 13-4　L-Lys 与 AEC 的分子结构比较

抗代谢类似物突变株的筛选方法一般采用梯度平板法，即将结构类似物加入到培养基中，制成药物梯度平板，然后将诱变后的菌体涂布在梯度平板上，培养后从结构类似物浓度高的平板区域挑取菌落进行性能测定。

【实验材料】

（1）菌种　培养 24h 黄色短杆菌斜面培养物。

（2）药物　ε-氨基乙基-L-半胱氨酸（AEC）。

（3）培养基　营养琼脂培养基（分装于试管中，每管 10mL 和 15mL）、含 5mg/mL AEC 的营养琼脂培养基（分装于试管中，每管 10mL）。

（4）仪器设备　紫外诱变箱、恒温培养箱、超净工作台、摇床。

（5）其他　灭菌生理盐水、5mL 灭菌生理盐水（分装于 50mL 三角瓶中，含玻璃珠）、灭菌试管、灭菌培养皿、涂布棒、接种环、灭菌吸管、灭菌移液管、吸耳球、酒精灯、记号笔等。

【实验方法】

1. 梯度平板制作

（1）在灭菌培养皿中加入 10mL 营养琼脂培养基，立即斜放，凝固。

（2）将培养皿平放，再加入 10mL 含 5mg/mL AEC 的营养琼脂培养基，凝固后备用。

2. 菌悬液制备

（1）在培养 24h 黄色短杆菌斜面培养物中加入约 2mL 灭菌生理盐水，用灭菌接种环轻轻将菌苔刮下。注意不要把培养基刮下。

（2）用灭菌吸管将菌液转移至 5mL 含玻璃珠的灭菌生理盐水中。充分振荡使菌体细胞均匀分散，调整菌悬液浓度为 10^8 个/mL。

3. 涂布接种

（1）对菌悬液（10^8 个/mL）进行系列梯度稀释，至稀释度分别为 10^{-1}、10^{-2}。

（2）在含 AEC 梯度平板上分别标明 10^0、10^{-1}、10^{-2}。

（3）分别吸取 0.1mL 10^0、10^{-1}、10^{-2} 菌液加入到相应的含 AEC 梯度平板上，用灭菌涂布棒涂布均匀。每一稀释度至少涂 3 皿。

4. 诱变

将上述涂布接种后的梯度平板暴露于紫外线下照射，紫外线剂量为 70%～80% 杀菌率。具体操作参见实验 44。

5. 抗性突变株的分离筛选

（1）将紫外线照射后的平板置于 37℃ 培养 24～48h，将出现于高药物浓度区的单菌落分别接种于营养琼脂斜面培养基上，于 37℃ 培养 24h。

（2）AEC 抗性菌落复证

① 含 AEC 平板制备　吸取 AEC 溶液（100mg/mL）0.15、0.30、0.45、0.60mL 分别加到灭菌培养皿中，再加入 15mL 营养琼脂培养基，立即混匀，平放，凝固后即成为含有 1、2、3、4mg/mL 不同 AEC 浓度的平板。

② 取灭菌培养皿，加入 15mL 营养琼脂培养基，平放凝固，作为对照用（不含 AEC）。

③ 在上述每个平板底部用记号笔划成 8 等分，并标明 1～8 编号，然后将步骤 5（1）中

获得的菌株分别划线接种于含有4种不同AEC浓度的平板和不含AEC的平板上，同时在每一平板中间接种出发菌株。

④ 将上述所有平板于37℃倒置培养24h，观察各菌株生长情况，记录结果。

⑤ 确定AEC抗药菌落并进行赖氨酸发酵实验。

【实验内容】

1. 制作含0～5mg/mL AEC的梯度平板。
2. 制备浓度为10^8个/mL黄色短杆菌菌悬液。
3. 适当稀释菌液并涂布接种于AEC梯度平板上。
4. 将涂布接种于AEC梯度平板上的黄色短杆菌进行紫外线照射。
5. AEC抗性菌落的分离筛选和赖氨酸发酵性能测定。

【实验结果】

1. 将AEC的梯度平板上高药物浓度区出现的抗性菌落数记录于下表中。

重复	10^0	10^{-1}	10^{-2}
1			
2			
3			
平均菌落数			

2. 将各菌株抗性测定结果（复证实验）填于下表中（以“+”表示生长，“—”表示不生长）。

抗AEC菌株	含AEC平板/(mg/mL)				对照平板 (不含AEC)
	1	2	3	4	
出发菌株					

3. 根据2的结果，共得到几株AEC抗性菌株？最高抗药性达多少？

4. 查阅文献资料，请设计赖氨酸发酵及其产量分析实验方案，并用简明的表格形式表述实验结果（包括赖氨酸产量、提高幅度等）。

【思考题】

1. 针对你的实验结果进行分析和讨论。
2. 你得到的实验结论是什么？
3. 根据你的知识，还可以通过哪些途径筛选抗反馈调节突变株？

（袁丽红）

实验46　氨基酸营养缺陷型突变株的筛选

【目的】

1. 掌握营养缺陷型突变株筛选的原理和步骤。
2. 学会营养缺陷型突变株的筛选方法。
3. 了解营养缺陷型突变株的应用。

【概述】

营养缺陷型突变株是由于原菌株发生基因突变，使合成途径中某步骤发生缺陷，从而丧失了合成某种或某些代谢产物能力的一类突变株。因此，培养这类菌株时必须在培养基中外源添加不能合成的物质。营养缺陷型突变株在生物学基础理论和应用研究以及在生产实践中都有着极其重要的意义。例如，在微生物代谢控制育种中，利用营养缺陷型协助解除代谢反馈调控机制，已经在氨基酸、核苷酸等初级代谢产物和抗生素次级代谢发酵中得到有价值的应用。

营养缺陷型突变株的筛选一般包括诱发突变、淘汰野生型菌株、检出缺陷型菌株和鉴定缺陷型等四个步骤。在诱变后存活的菌体中，营养缺陷型突变株的数量很少，一般仅占存活菌体的百分之几到千分之几，而野生型菌株和非缺陷型突变株细胞数量较大，因此要采取一些措施，尽量淘汰野生型菌株，以达到富集缺陷型菌株的目的。常用的淘汰野生型菌株的方法有抗生素法和菌丝过滤法。抗生素法常用于细菌和酵母菌营养缺陷型的富集，其中细菌用青霉素法，酵母菌用制霉菌素法。菌丝过滤法用于霉菌和放线菌等丝状菌的营养缺陷型的富集。诱变后的微生物群体虽然淘汰了大量野生型，缺陷型细胞所占比例明显提高，但仍是混合群体，需要将缺陷型从混合群体中分离出来。分离的原理是利用两种类型菌株对营养要求的差异，采用完全培养基和基本培养基分离筛选营养缺陷型突变株，即检出缺陷型突变株。常用的检出方法有夹层培养法、限量补充培养法、逐个检出法和影印平板接种培养法等。营养缺陷型检出后即可进行缺陷型菌株的鉴定，测定其所需的生长因子的种类。

本实验介绍用化学诱变剂亚硝基胍（NTG）诱发大肠埃希菌突变，从突变群体中筛选氨基酸营养缺陷型突变株。NTG是一种烷化剂，能使细胞发生一次或多次突变，具有杀菌率低、诱变效应高和诱变效果好的特点，因此有超级诱变剂之称，尤其适合于诱发营养缺陷型突变株，处理细菌、放线菌等微生物时，不经淘汰，就可直接得到10%以上的营养缺陷型突变株。NTG的诱变作用机制主要是引起DNA链中GC碱基对转换成AT碱基对。NTG是致癌剂，性质不稳定，易光解，诱变效应也会随之降低。因此，使用时注意操作安全，并注意现用现配。配制NTG溶液时要选用适宜的缓冲溶液，常用的有磷酸缓冲液和Tris缓冲液。制备菌悬液时要用与配制NTG相同的缓冲液。

【实验材料】

（1）菌种　培养至对数期的大肠埃希菌。

（2）培养基　完全培养基（固体和液体）、基本培养基（固体和液体）、无氮基本培养基（液体，在基本培养基中不加硫酸铵）、2倍氮源基本培养基（液体，在基本培养基中加入2倍硫酸铵）、高渗基本培养液。

（3）溶液和试剂　灭菌0.2mol/L磷酸缓冲液（pH 6.0）、丙酮、灭菌生理盐水、亚硝基胍、青霉素溶液（10000U/mL，过滤除菌）、20种氨基酸混合物（丙氨酸、谷氨酸、谷氨酰胺、亮氨酸、丝氨酸、精氨酸、赖氨酸、苏氨酸、天冬氨酸、天冬酰胺、甘氨酸、甲硫氨酸、色氨酸、组氨酸、苯丙氨酸、酪氨酸、半胱氨酸、异亮氨酸、脯氨酸、缬氨酸）、9组不同氨基酸混合物（表13-2）。20种氨基酸混合物和9组不同氨基酸混合物制备方法是按照混合物中氨基酸组分，分别称取等量的各种L型氨基酸于干净的研钵中（若为DL型氨基酸，称量加倍），在60～70℃烘箱中烘数小时，趁干燥立即磨细，然后装入小瓶中，避光、干燥保存。

表13-2　9组氨基酸组合表

组　别	第1组	第2组	第3组	第4组	第5组
第6组	丙氨酸	精氨酸	天冬酰胺	天冬氨酸	半胱氨酸
第7组	谷氨酸	谷氨酰胺	甘氨酸	组氨酸	异亮氨酸
第8组	亮氨酸	赖氨酸	甲硫氨酸	苯丙氨酸	脯氨酸
第9组	丝氨酸	苏氨酸	色氨酸	酪氨酸	缬氨酸

(4) 仪器设备　电子天平、通风橱、台式离心机、漩涡混合器、摇床、恒温培养箱、超净工作台等。

(5) 其他　10mL 灭菌离心管、灭菌培养皿、灭菌移液管、灭菌试管、灭菌三角瓶(250mL)、灭菌玻璃珠、灭菌量筒、涂布棒、灭菌牙签、接种环、酒精灯、记号笔等。

【实验方法】

1. 菌悬液制备

(1) 取 10mL 培养至对数期的大肠埃希菌培养液于灭菌离心管中，3500r/min 离心 10min，倾弃上清，留菌泥。

(2) 加入 5mL 0.2mol/L 磷酸缓冲液（pH6.0），搅匀管底菌泥，混匀后倒入装有 45mL 磷酸缓冲液的 250mL 三角瓶中（含玻璃珠），振荡 10min，调整细胞浓度约为 10^8 个/mL。

2. 1mg/mL NTG 溶液配制

(1) 称取约 5mg NTG 于 1mL 无菌离心管，加入 0.5mL 丙酮溶解。

(2) 按 9∶1 比例（缓冲液 9mL∶NTG 丙酮溶液 1mL）加入 0.2mol/L 磷酸缓冲液，摇匀。

3. 诱变处理

(1) 取 1.8mL 菌悬液于灭菌离心管中，加入 0.2mL NTG 溶液，充分混匀（NTG 最终处理浓度为 100μg/mL）。

(2) 立即置于 30℃水浴摇床振荡处理 20～60min。

(3) NTG 处理后于 3500r/min 离心 10min，收集菌体。注意离心后的上清液倒入 2mol/L NaOH 溶液中，不要直接倒入废液缸或下水道中。

(4) 用灭菌水洗涤菌体 3 次，终止 NTG 的诱变作用。

(5) 向离心管中加 5mL 灭菌生理盐水，使菌体细胞充分悬浮。

4. 中间培养

取 1mL 菌液加入 20mL 完全培养基中（分装于 100mL 三角瓶中），30℃振荡培养过夜。注意培养时间不宜过长，否则同一种突变株增殖过多。

5. 淘汰野生型（青霉素法）

(1) 饥饿培养　取 10mL 经中间培养的菌液，3500r/min 离心 10min，弃上清液，用无菌生理盐水洗涤菌体 3 次后，加入到无氮基本培养基中，30℃振荡培养 4～6h。

(2) 加青霉素

① 将经过饥饿培养的菌液于 3500r/min 离心 10min，加到 2 倍氮源 20mL 基本培养基中，30℃振荡培养 3～4h，待野生型细胞刚进入对数生长期。

② 取上述培养菌液 5mL 加到含有 5mL 高渗培养液的三角瓶中。加入青霉素，使青霉素的终浓度为 500U/mL。

③ 置于 30℃振荡培养 5～6h。

6. 营养缺陷型检出

(1) 制备菌悬液并稀释　将上述培养菌液于 3500r/min 离心 10min，弃上清液，菌体用生理盐水洗涤一次，再加 10mL 生理盐水制备菌悬液（10^0），并稀释至 10^{-1}、10^{-2}。

(2) 涂平板　各取 0.1mL 10^0、10^{-1}、10^{-2} 菌悬液，分别涂布于完全培养基平板上，各涂布 10 个平皿，于 30℃培养约 24～48h 至长出菌落。

(3) 制备完全培养基平板和基本培养基平板，并在平板底面可沾上一张划有 36 个方格的滤纸片（图 13-5）。

(4) 接种　用灭菌牙签或灭菌大头针从长有菌落的完全培养基平板上逐个挑取菌落，对应点接于基本培养基平板和完全培养基平板上。注意应先点接基本培养基平板，后点接完全培养基平板，接种量应少些。做好标记。

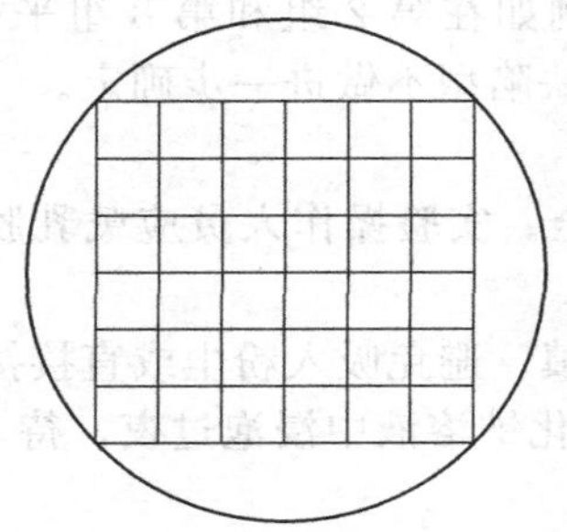

图 13-5　36 个方格的滤纸片示意图

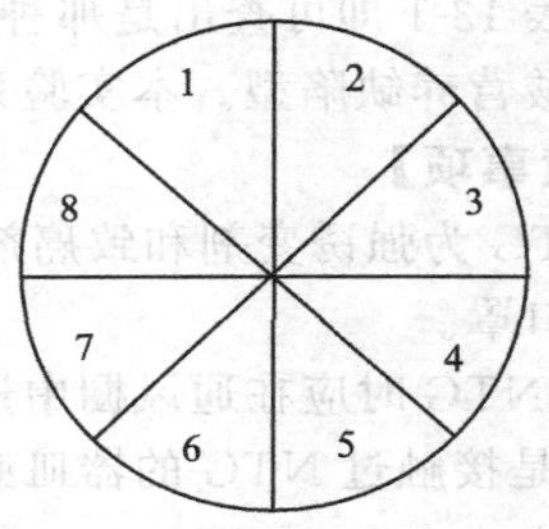

图 13-6　平板分区示意图

(5) 接种后将所用平板于 30℃培养 48h。

结果：在完全培养基平板上生长，而在基本培养基平板的对应位置不长的菌落，可能是营养缺陷型菌株。

(6) 将可能为缺陷型的菌株接种于完全培养基斜面，30℃培养 24h，作为营养缺陷型鉴定用菌株。

7. 氨基酸营养缺陷型突变株鉴定

(1) 氨基酸营养缺陷型突变株的初测

① 在 2 个基本培养基平板底部用记号笔分成若干等分，并编号（图 13-6）。

② 在其中 1 个平板中央加入少量混合氨基酸。另一平板不加，作对照用。

③ 用灭菌接种环沾取少许待测营养缺陷型突变株在两个平板相同编号位置上划一直线接种。接种后将所用平板置于 30℃培养 24h，观察。

结果：在加氨基酸的基本培养基平板上生长，而在未加氨基酸基本培养基平板的对应位置不长的菌落，鉴定为氨基酸营养缺陷型菌株。

(2) 氨基酸营养缺陷型生长谱测定

① 含菌平板制备　从缺陷型菌株斜面培养物挑取 2～3 环菌于装有 5mL 灭菌生理盐水的离心管中，用生理盐水洗涤 2～3 次后，将菌体重新悬浮于 5mL 灭菌生理盐水中。吸取该菌液 1mL 加入灭菌培养皿中，倒入融化并冷却至 45℃左右的基本培养基 15～20mL，混匀，放平，待凝固。每个菌株制备 2 个含菌平板。

② 在 2 个含菌平板底部用记号笔分成 4～5 个区。其中一皿标明 1～5，另一皿标明 6～9（图 13-7）。

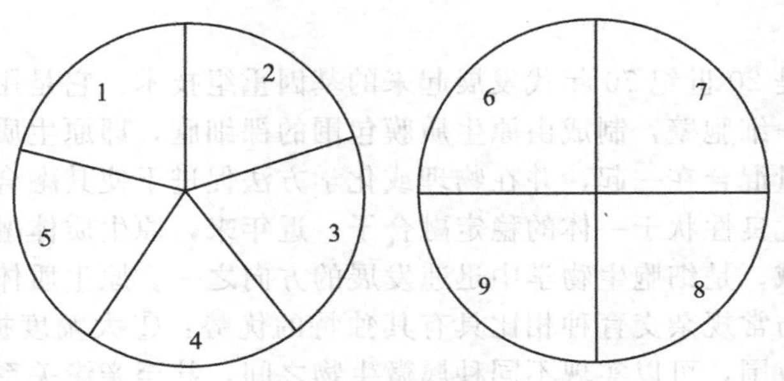

图 13-7　含菌平板分区示意图

③ 用接种环分别挑取少量各组氨基酸混合物（表 13-1）置于含菌平板相同编号的区域中央。

④ 将所有平板置于 37℃培养 24～48h，观察。

结果：若在某纵（6～9 组中任何 1 组）横（1～5 组中任何 1 组）两组的平板上有菌生长，根据表 13-1 即可查出是那种氨基酸营养缺陷型。例如在第 2 组和第 8 组平板上长菌，即为赖氨酸营养缺陷型。本实验只鉴定单缺陷型，双重缺陷型不做进一步确定。

【特别注意事项】

1. NTG 为强诱变剂和致癌剂，使用时务必注意安全。实验操作人员应戴乳胶手套、防护眼镜和口罩。

2. 取 NTG 时应在通风橱中进行。打开瓶盖时应谨慎，避免吸入粉尘或直接接触皮肤。

3. 凡是接触过 NTG 的器皿必须在 1～2mol/L 氢氧化钠溶液中浸泡过夜，待 NTG 破坏后方可清洗。

【实验内容】

以大肠埃希菌为材料，采用 NTG 诱变剂处理菌体细胞筛选氨基酸营养缺陷型突变株。

【实验结果】

将筛选得到的氨基酸营养缺陷型结果填入下表中。

缺陷型菌株编号	生长区域	缺陷标记	备注

【思考题】

1. 基于你的实验结果评价 NTG 的诱变效果（尤其对于诱发营养缺陷型突变株）如何？

2. 筛选营养缺陷型步骤中为什么进行中间培养、饥饿培养？饥饿培养的菌于 2 倍氮源基本培养基中培养的目的是什么？加入青霉素处理菌体时为什么要加高渗培养液？

3. 如何修改实验方法以定向筛选某种特定的营养缺陷型？

（袁丽红）

实验47 酵母菌原生质体融合育种

【目的】

1. 掌握原生质体融合育种的原理、基本过程和意义。

2. 学会酵母菌原生质体制备、融合和再生的操作方法。

3. 学会融合子选择方法。

【概述】

原生质体融合是 20 世纪 70 年代发展起来的基因重组技术。它是用水解酶除去遗传物质转移的最大障碍——细胞壁，制成由原生质膜包围的裸细胞，即原生质体，然后将两个不同来源的原生质体等量混合在一起，并在物理或化学方法促进下使其融合，进而发生遗传物质重组并获得集双亲优良性状于一体的稳定融合子。近年来，原生质体融合技术已成为生物界备受瞩目的研究领域，是细胞生物学中迅速发展的方向之一。原生质体融合技术亦广泛用于微生物菌种改良，与常规杂交育种相比具有其独特的优势：①大幅度提高亲本间重组频率；②扩大重组的亲本范围，可以实现不同种属微生物之间，甚至亲缘关系更远的微生物之间的杂交，所以应用范围更广；③两亲株遗传物质的交换更为完整，既有细胞核内也有细胞质中的 DNA 重组交换；④可以有两种以上的亲株参与融合形成融合子；⑤可与诱变方法结合起来，使生产菌株提高产量的潜力更大。

原生质体融合育种的原理和主要步骤为：具遗传标记融合亲株的选择、原生质体的制备、原生质体的融合、原生质体的再生和融合子的选择与优良菌株的筛选（图 13-8）。

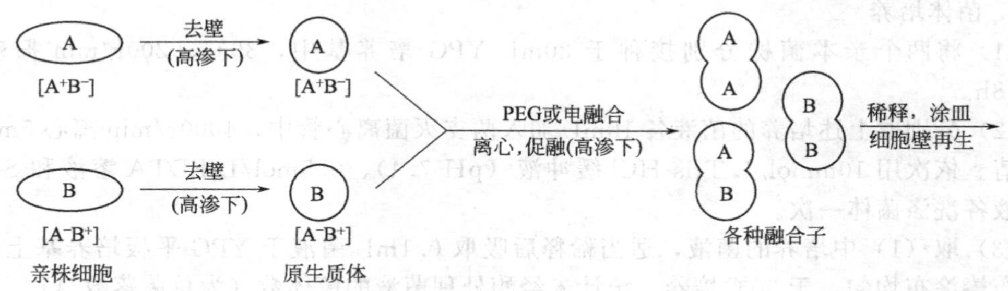

图 13-8　原生质体融合育种的原理和主要步骤示意图

原生质体融合已成为酵母菌菌种改良的重要手段，特别是在酿酒工业中，成为提高产品质量、改善发酵性能的主要途径。酵母菌细胞壁比原核细胞厚，它们至少由两层物质构成，外层的主要成分是甘露聚糖和含有脂类的蛋白质，内层主要为葡聚糖等多糖类物质。此外某些种类的酵母菌还含有几丁质。酵母菌原生质体制备一般采用酵母裂解酶（zymolyase）、蜗牛酶及纤维素酶等水解酶类。使用酵母裂解酶效果最佳，而采用蜗牛酶或蜗牛酶加纤维素酶较为经济。在制备酵母菌原生质体时酶浓度和操作条件至关重要，不同菌株对酶的敏感性不同。因此，制备原生质体时要进行预试验确定酶的使用浓度和作用时间等。菌龄对原生质体制备影响较大，处于对数生长期的菌体细胞生长旺盛，分裂强，作用于细胞壁的内源水解酶高，可加强外源水解酶对细胞壁的降解作用，易于原生质体化。酵母菌原生质体制备液中高渗透压稳定剂有蔗糖、葡萄糖、甘露醇、山梨醇、氯化钾和氯化钠等，一般认为糖类对酵母菌原生质体制备更为理想。酵母菌原生质体融合时常采用低含量 PEG，一般使用含量范围在 20%～40%，融合时间也较长。同时融合剂中二价阳离子如 Ca^{2+} 是融合所必需的，浓度一般在 5～50mmol/L。配制融合剂时最好使用 Tris 缓冲液。为了提高酵母菌原生质体再生率，通常在再生培养基中加入一些营养物质，如小牛血清、牛血清白蛋白，或者用明胶代替琼脂作为再生培养基的固化剂。

【实验材料】

（1）菌株　酿酒酵母 SA 菌株（$ade^- his^+$，单倍体）、酿酒酵母 PH 菌株（$ade^+ his^-$，单倍体）。

（2）培养基　YPG 培养基（分装于 250mL 三角瓶中，20mL/瓶，用于酵母菌培养）、RYPG 培养基（用于原生质体再生培养）、MM 培养基、RMM 培养基（固体培养基分装于试管中，10mL/支；半固体培养基分装于试管中，5mL/支；用于融合子的筛选与鉴定分析）。

（3）溶液和试剂　ST 高渗缓冲液、30% PEG 6000 溶液、0.5mol/L EDTA 溶液、10mg/mL 蜗牛酶溶液（用含 10mmol/L β-巯基乙醇的灭菌 ST 高渗缓冲液配制，现用现配）、灭菌的 10mmol/L Tris-HCl 缓冲液（pH7.4）、灭菌生理盐水。

（4）仪器设备　显微镜、超净工作台、水浴锅、摇床、台式离心机、分光光度计、细菌过滤器、恒温培养箱。

（5）玻璃器皿　灭菌三角瓶（250mL）、灭菌培养皿、灭菌试管、灭菌移液管等。

（6）其他　灭菌水、涂布棒、灭菌牙签、灭菌大口吸管、吸头、吸耳球、酒精灯等。

【实验方法】

1. 菌体培养

(1) 将两个亲本菌株分别接种于 20mL YPG 培养基中，30℃、200r/min 振荡培养 16～18h。

(2) 分别取上述培养的菌液各 10mL 加入两支灭菌离心管中，4000r/min 离心 5min，弃去上清。依次用 10mmol/L Tris-HCl 缓冲液（pH 7.4）、0.5mol/L EDTA 溶液和 ST 高渗缓冲液各洗涤菌体一次。

(3) 取（1）中培养的菌液，适当稀释后吸取 0.1mL 菌液于 YPG 平板培养基上，用灭菌涂布棒涂布均匀，于 30℃培养。统计未经酶处理菌液的菌体数（为总菌落数 A）。

2. 原生质体制备

(1) 将上述 1（2）中洗涤后的菌用 10mg/mL 蜗牛酶溶液悬浮，并调整细胞浓度在 10^7 个/mL 左右。

(2) 30℃、100r/min 振荡培养 60min，镜检脱壁效果。脱壁率（原生质体形成率）达 70%即可停止酶反应。

(3) 将脱壁后的菌液移入灭菌离心管中，100r/min 离心 3min，留上清。

(4) 将上清转移至另一灭菌离心管中，2000r/min 离心 10min，弃去上清，留沉淀物（为原生质体）。

(5) 用 ST 高渗缓冲液洗涤沉淀物 2 次，2000r/min 离心 10min，最后用 1mL ST 高渗缓冲液悬浮原生质体。

(6) 用血球计数板进行原生质体计数。

3. 原生质体再生率计算

(1) 根据原生质体计数结果，取 0.1mL 原生质体悬液，用 ST 高渗缓冲液进行适当稀释。分别吸取 0.1mL 稀释后得原生质体液于 PYG 和 RPYG 平板培养基上，用灭菌涂布棒涂布均匀后，30℃培养 3～5d，统计菌落数（C）。

(2) 同样根据原生质体计数结果，取 0.1mL 原生质体悬液，用灭菌水进行适当稀释。分别吸取 0.1mL 稀释后的原生质体液于 PYG 平板培养基上，用灭菌涂布棒涂布均匀后，置于 30℃培养，统计未原生质体化（未脱壁）酵母细胞的菌落数（B）。

(3) 计算原生质体再生率。

$$再生率(\%)=\frac{再生培养基上总菌落数-酶处理后未原生质体化菌落数}{原生质体数}\times 100\%$$

$$=\frac{C-B}{A-B}\times 100\%$$

式中 A——总菌落数。未经酶处理的菌悬液涂布于平板生长的菌落数；

B——未原生质体化细胞数。酶解混合液加蒸馏水破坏原生质体，涂布平板后生长的菌落数

C——再生菌落数。酶解混合液加高渗溶液，涂布于再生培养基上生长的菌落数。

4. 原生质体融合

(1) 根据原生质体计数结果，用 ST 高渗缓冲液调整两亲本菌株原生质体浓度，使其数目大致相等。

(2) 各取上述两亲株原生质体 1mL 于灭菌离心管中，轻轻混合，2000r/min 离心 10min，弃去上清，留沉淀。

(3) 在沉淀物中加 0.2mL ST 高渗缓冲液，轻轻混匀，使其充分悬浮。

(4) 加入 PEG 3.8mL，用灭菌吸管轻轻吹吸，使其充分混匀。

(5) 30℃放置30min，然后于1500r/min离心10min，吸去上清，留沉淀物。

(6) 用ST高渗缓冲液悬浮沉淀物，为融合菌液。

(7) 检查原生质体融合情况并计算融合率。

5. 融合细胞的再生

(1) 在灭菌培养皿中倒入融化的RMM固体培养基，每皿10mL。水平放置，待凝固做平板底层。

(2) 用ST高渗缓冲液适当稀释融合菌液。

(3) 分别吸取0.1、0.2、0.3、0.4mL稀释后的融合菌液于5mL融化的RMM半固体培养基中（预保温42℃），快速混匀后倒入已凝固的底层培养基平板内，铺平，凝固后注明标记。

(4) 分别以两亲株原生质体为对照，按照5（3）操作铺平板。

(5) 将上述所有平板置于30℃培养3～5d，观察记录RMM再生培养基上的菌落数目。

6. 融合子鉴定

(1) 制备MM和YPG平板。

(2) 用灭菌牙签挑取100个RMM再生培养基上的单菌落，同时点种在MM和YPG平板上，30℃培养2～4d，观察记录生长情况。

结果判断：在MM和YPG平板上均生长的菌落为融合子；在MM平板上不生长，而在YPG平板生长的菌落可能为非融合子或不稳定融合子或异核体分化的菌株，需进一步鉴定。

【实验内容】

以酿酒酵母SA菌株和PH菌株为亲株利用原生质体融合技术筛选具ade^+ his^+性状的融合子。

【实验结果】

1. 用简明的图表描述原生质体制备试验中酶作用时间与原生质体化（脱壁率或原生质体形成率）的关系。

2. 用一简明表格描述你制备的两亲株原生质体的再生情况（包括未经酶液处理的菌落数、未原生质体化细胞数、再生菌落数以及再生率），并对你的结果进行分析讨论。

3. 用一简明表格描述原生质体融合测定结果，并计算原生质体融合率。

4. 制作一简明表格描述融合子再生实验结果。

5. 用一简明表格表述融合子鉴定结果。

【思考题】

1. 在制备原生质体时有哪些方法用于检查原生质体化程度？你采用的是什么方法？如何计算脱壁率或原生质体形成率？

2. 测定原生质体再生率可以作为原生质体活力的指标，你能否采用较简单的方法测定原生质体活力？写出你的方法。

3. 在原生质体融合实验中，你采用什么方法检查原生质体融合情况？如何计算原生质体融合率？

4. 哪些因素影响原生质体和融合细胞的再生？如何提高再生率？

5. 根据你的实验，影响酵母菌原生质体融合育种的关键步骤或环节有哪些？

（袁丽红）

实验48　固定化大肠埃希菌生产L-天冬氨酸

【目的】

1. 掌握微生物细胞固定化技术的原理和意义。

2. 掌握微生物细胞固定化的方法。

3. 熟悉利用固定化微生物细胞催化生产生物基产品的工艺过程。

4. 熟悉重要设备如高速冷冻离心机的使用方法和注意事项。

【概述】

固定化细胞技术是20世纪70年代在固定化酶的基础上发展起来的一门技术，是将具有一定生理功能的生物细胞，如微生物细胞、植物细胞或动物细胞用一定的方法将其固定，作为固体生物催化剂而加以利用的一门技术。与固定化酶相比，固定化细胞保持了胞内酶系的原始状态与天然环境，有效地利用游离细胞完整的酶系统和细胞膜的选择通透性，既具有固定化酶的优点，又具有其自身的优越性：①无需进行酶的分离和纯化，减少酶活力损失，大大降低了固定化成本；②可进行多酶反应，且不需添加辅助因子；③保持了酶的原始状态，酶的稳定性更高，对污染的抵抗力更强；④细胞生长停滞时间短，细胞多，反应快等。近年来，固定化细胞技术已发展到固定化活细胞，即细胞经固定化后仍保存活性，能进行正常的生长、繁殖和新陈代谢，因此称为固定化活细胞或固定化增殖细胞。正是由于固定化细胞的这些无可比拟的优势，使其应用范围比固定化酶更为广泛，已用于工业、医学、制药、环境保护、能源开发以及化学分析等多个领域。

将固定化微生物细胞首次应用于工业生产是日本千畑一郎等。1973年他们成功地利用具天冬氨酸酶活性的固定化大肠杆菌由反丁烯二酸连续生产L-天冬氨酸。随之以后，微生物细胞固定化技术在工业方面应用迅速发展，几乎可以利用固定化微生物细胞生产发酵法生产的所有产品。微生物细胞固定化方法主要有包埋法、交联法和载体结合法等，其中包埋法是将细胞包埋在高聚物的细微凝胶网格中或高分子半透膜内的固定化方法。前者称为凝胶包埋法，细胞被包埋成网格型。凝胶包埋法常用的载体有海藻酸钠凝胶、明胶、琼脂凝胶、卡拉胶等天然凝胶以及聚丙烯酰胺、聚乙烯醇和光交联树脂等合成凝胶或树脂。

本实验以卡拉胶为包埋载体制备固定化大肠埃希菌，并利用固定化大肠埃希菌催化转化富马酸生产L-Asp。

卡拉胶是由角叉菜提取的一种多糖，它含有许多硫酸根多糖，在K^+等离子存在下，它能立即发生凝胶作用，由此形成的固定化颗粒能在磷酸缓冲液和其他电解质溶液中使用，其稳定性不受影响。卡拉胶包埋法既温和又简单，可供多种酶和细胞固定化使用。

【实验材料】

(1) 菌种　具天冬氨酸酶活的大肠埃希菌。

(2) 培养基　营养琼脂斜面培养基、营养肉汤培养基（分装于100mL三角瓶中，20mL/瓶，种子培养基）、发酵培养基（分装于500mL三角瓶中，100mL/瓶）。

(3) 溶液和试剂　1mol/L富马酸铵底物（内含1mmol/L $MgCl_2$，pH8.5）、0.3mol/L氯化钾溶液、60%硫酸溶液。

(4) 仪器设备　电子天平、托盘天平、紫外-可见分光光度计、超净工作台、高速冷冻离心机、电炉、恒温水浴锅、干燥箱。

(5) 玻璃器皿　试管、离心管、移液管、量筒、烧杯、三角瓶。

(6) 其他　卡拉胶、小刀、活性炭、布氏漏斗、滤纸、活性炭、酒精灯等。

【实验方法】

(1) 菌种活化　将产天冬氨酸酶的大肠埃希菌划线接种于营养琼脂斜面培养基上，37℃培养24h。

(2) 种子制备　用灭菌接种环挑2环活化后的菌接入20mL肉汤培养基中，37℃振荡培养24h，转速180r/min。

(3) 摇瓶发酵培养　用灭菌移液管将种子液接种于100mL发酵培养基中，接种量

10%。接种后于37℃振荡培养约22～24h，转速180r/min。在发酵培养过程中可定时取样测OD_{660}、pH值以及酶活，以掌握培养过程中重要参数变化情况。

(4) 发酵培养结束后，将菌液于高速冷冻离心机中离心15min，收集菌体，转速8000r/min。高速冷冻离心机使用方法和注意事项见本实验后附录。

(5) 固定化大肠埃希菌制备

① 配制4%～6%卡拉胶水溶液（A），冷却至55～60℃后于水浴锅内保温。

② 按湿细胞重∶蒸馏水＝1∶1(g/mL) 配制菌悬液（B），于水浴锅内预热至55～60℃。留出0.5g湿细胞用于测定游离细胞酶活。

③ 按A∶B＝4∶1(mL/mL) 将A和B混匀，冷却，凝固并放置于4～10℃使凝胶强化。再把凝胶浸泡在0.3mol/L氯化钾溶液中。

④ 取出凝胶切成5×5mm大小的小块，即制备成固定化大肠埃希菌细胞。

(6) 游离细胞和固定化细胞酶活测定　测定方法见见本实验后附录。

(7) 固定化大肠埃希菌催化生产L-Asp　称取50g固定化细胞颗粒于500mL三角瓶中，加入1mol/L富马酸铵底物100mL，于37℃振荡培养，每间隔1h测OD_{240}，计算富马酸转化率。当转化率达到最大时，结束转化反应。

(8) L-Asp的分离

① 过滤转化液，除去其中颗粒状杂质，加入活性炭脱色，然后过滤，收集溶液、测定其体积（V）。

② 在电炉上加热滤液至90℃，用60%硫酸溶液调pH至2.8。

③ 15℃下放置在2h，有L-Asp结晶析出。

④ 过滤收集L-Asp晶体，用蒸馏水淋洗，过滤得L-Asp纯晶体。

⑤ 于60℃烘干至恒重，称重（W）。

⑥ 计算L-Asp实际收率。

【实验内容】

1. 发酵培养产天冬氨酸酶的大肠埃希菌。
2. 利用卡拉胶为包埋载体制备固定化大肠埃希菌。
3. 测定游离细胞和固定化细胞天冬氨酸酶活性，比较固定化对酶活影响。
4. 利用固定化大肠埃希菌催化生产L-Asp。
5. L-Asp的分离。

【实验结果】

1. 绘图描述产天冬氨酸酶大肠埃希菌在发酵培养过程中生物量、酶活和pH值变化情况，并对结果加以分析。
2. 用简明表格描述游离细胞和固定化细胞酶活测定结果，并对其加以分析。
3. 绘图描述固定化大肠埃希菌催化富马酸生产L-Asp的转化进程，并对结果加以分析。
4. 计算L-Asp理论得率和实际收率，并对结果进行讨论。

【思考题】

1. 分析发酵培养基中富马酸铵和富马酸钠的作用。
2. 根据你的发酵实验结果，菌体生长和天冬氨酸酶合成二者间有何关系？
3. 影响卡拉胶固定化细胞颗粒机械强度的因素有哪些？根据你的知识谈谈用卡拉胶作为包埋剂的优缺点。
4. 分析讨论影响固定化细胞酶活力的因素有哪些？
5. 本实验中L-Asp分离的原理是什么？

（袁丽红）

【附录】

（一）高速冷冻离心机的操作方法

离心机是利用离心力对混合溶液进行分离和沉淀的一种专用仪器，高速冰冻离心机在实验室分离和制备工作中是必不可少的工具，多用于收集微生物菌种细胞碎片，大的细胞器以及一些沉淀物等，其最高速度可以达到25000r/min，最大离心力可达89000g。这类离心机通常带有冷却离心腔的制冷设备，温度控制是由装在离心腔内的热电偶检测离心腔的温度。高速冰冻离心机有多个内部可变换的角式或甩平式转头。具体操作方法如下。

(1) 使用前先检查调速旋钮、定时旋钮等是否在“0”处，离心管是否泄漏。

(2) 选择合适的转头安装到离心腔内承载转头的轴上。

(3) 接通电源，打开电源开关。

(4) 将待离心的液体装入合适的离心管中，盛量不宜过多（占管的2/3体积），以免溢出，盖上离心管盖，精密平衡离心管，并对称放入转头中。

(5) 调节速度旋钮和定时旋钮至所需的速度和时间。

(6) 打开启动开关，并观察离心机上的各指示仪表是否正常工作。

(7) 离心结束后自动关机、关闭冷冻开关、电源开关、切断电源。

(8) 将转头取出，将离心机的盖子敞开放置。

(9) 收集离心物，洗净离心管。

（二）注意事项

(1) 高速离心机的转头是镶置在一个较细的轴上，因此，精密地平衡离心管及内含物十分重要。

(2) 当转头只是部分装载时，离心管必须相互对称地放在转头上，以便使负载均匀地分布在转头的周围。

(3) 装载溶液时，要根据离心管的具体操作说明进行，要根据离心液体的性质、体积选择合适的离心管，液体不得装的过多，以防离心时甩出，造成转头生锈或者腐蚀。

(4) 每次使用时，要仔细检查转头，及时清洗、擦干，转头是离心机中需重点保护的部件，搬动时不能碰撞，避免造成伤痕。转头长时间不用时，要涂一层光蜡保护。

(5) 转头在使用前应放置在冰箱或置于离心机的转头室内预冷。

(6) 离心过程中不得随意离开，应随时观察离心机上仪表是否正常工作，并注意声音有无异常，以便及时排除故障。

(7) 离心力通常用重力常数g的倍数（数字×g）或用r/min表示。各种离心机的转头大小不同，在使用离心机时，可根据所选用的转头半径来相互换算。每个转头各有其最高允许速度，使用时注意不能过速使用。

（三）天冬氨酸酶活性测定方法

天冬氨酸酶是催化富马酸和氨转化形成L-Asp的酶。在反应体系中富马酸分子中具有不饱和双键，在240nm处有最大吸收，因此，可以通过测定反应底物富马酸减少量来表示天冬氨酸酶催化活性。

(1) 富马酸标准曲线制作（测定范围5～25μg/mL）　精确称取0.5g富马酸，配制成0.5mg/mL母液，分别吸取母液0.1、0.2、0.3、0.4和0.5mL，用蒸馏水定容至10mL，即成5、10、15、20、25μg/mL富马酸标准溶液，测定各标准液OD_{240}。以富马酸浓度为横坐标，OD_{240}为纵坐标绘制富马酸标准曲线。

(2) 游离细胞酶活力测定　称1g湿细胞，加入30mL 1mol/L富马酸铵底物（内含1mmol/L $MgCl_2$，pH 8.5），于37℃振荡反应1h。取出沸水灭活，终止反应。离心，取上清液，适当稀释后测OD_{240}。

(3) 固定化细胞酶活力测定　称相当于1g湿细胞的固定化细胞颗粒，加入30mL底物，于37℃振荡反应1h。取样离心，适当稀释后测OD_{240}。

(4) 酶活定义　在上述反应条件下，每小时消耗1μg分子底物的酶量定义为一个酶活单位。

（袁丽红）

第14章　制药微生物实验

实验49　环境中微生物监测

【目的要求】

1. 了解监测环境中微生物的目的。
2. 掌握环境微生物监测的方法。

【概述】

由于微生物具有个体微小、代谢营养类型多样、适应能力强等特点，微生物无处不在，它们分布在几乎所有环境中，例如空气、水、土壤、食物、生物体体表以及建筑包括地板、墙壁、天花板、门窗、排水和仪器设备等物体的表面。在制药和食品行业中，药品和食品的微生物学质量受其生产与储藏环境和所用原材料的影响。除非产品在最终包装容器中经过无菌处理，否则生产药品和食品的原材料、所使用的设备、空气系统、操作人员或包装容器都可以造成药品和食品终产品的污染，从而导致产品变质，甚至有些污染物是致病性的，给人体带来很大的危害。因此，食品必须在符合食品卫生规定的干净整洁的环境中生产，而药品特别是无菌药品必须在洁净室（区）中生产，使来自于环境中的微生物污染最小化。为确保生产区的微生物污染维持在最低水平，要按照适当的环境检测方案对生产环境进行监测。

空气微生物监测方法有沉降菌测试法和空气浮游菌测试法两种。沉降菌测试法（沉降碟法）是将含有培养基的平板（平皿直径一般为90mm）置于待监测环境中，打开平板，让空气中的微生物沉降于平板上，然后培养，观察并计数沉降碟内菌落数。一般用于沉降菌测试的培养基为通用培养基，如营养琼脂培养基（NA）或大豆胰蛋白胨琼脂培养基（TSA）。沉降碟法的优点是价廉、轻便、对空气环境破坏较小，被广泛用于洁净室（区）环境中微生物监测。缺点是它只能作为定性测试，并且所得数据的准确性较差。空气浮游菌测试法是利用空气取样器采集空气，达到测定空气中浮游菌的目的。空气取样器有专门的设备，（彩）图14-1为一种离心式空气取样器和包装于塑料袋内的条状培养基。这种取样器配有螺旋桨或涡轮，在前面圆柱形的部位内部为无菌结构，条状培养基沿切线方向装在里面。空气定量吸入后，撞击到培养基上，然后取出条状培养基放回原来的无菌塑料包装内，培养长出菌落，计数并可将结果折算成单位体积空气样本中微生物含量。

在制药工业中，为减少关键性生产操作的干扰，表面微生物监测通常是在生产结束时进行。表面微生物监测方法有两种：一种是接触碟法，接触碟［（彩）图 14-2］内培养基为固化后呈凸面状的营养琼脂培养基，适用于对平整规则表面进行取样监测。取样时，打开碟盖，使无菌培养基表面与取样面直接接触，均匀按压接触碟底部，确保整个培养基表面与取样面均匀接触 10s 左右，盖上碟盖，做好标记后置于 30～35℃培养 4d，计数。注意取样后，用蘸有 70％酒精的纱布擦拭被取样的表面，以除去残留琼脂培养基。接触碟直径为 60mm，

其面积约为 $25cm^2$，所以，接触碟法属于定量检测法。另一种是表面擦拭法，通常用于对不规则表面，尤其是设备表面进行取样。取样用工具为拭子，取样前用 5mL 无菌生理盐水或 0.1%蛋白胨溶液浸湿拭子头。取样时握住拭子柄，以 30°角与取样表面接触，缓慢并充分擦拭［（彩）图 14-3］，取样面积一般为 $25cm^2$。然后将取样头折断放入上述溶液中，充分振荡，再用平板涂布法或倾注法接种，培养计数。表面擦拭法也属于定量检测法。制药工业中，表面微生物测试用的培养基通常选用 NA 或 TSA，但是对专用于酵母和霉菌生长的特定培养基如玫瑰红钠琼脂培养基、沙氏（Sabourauds）培养基，也应另行选择。如果被监测环境中使用过消毒剂或有抗生素，则需向培养基中加一些添加剂，如 Tween80、卵磷脂、偶氮凝集素或 β-内酰胺酶等，以中和或尽量减少消毒剂或抗生素的抗菌作用。

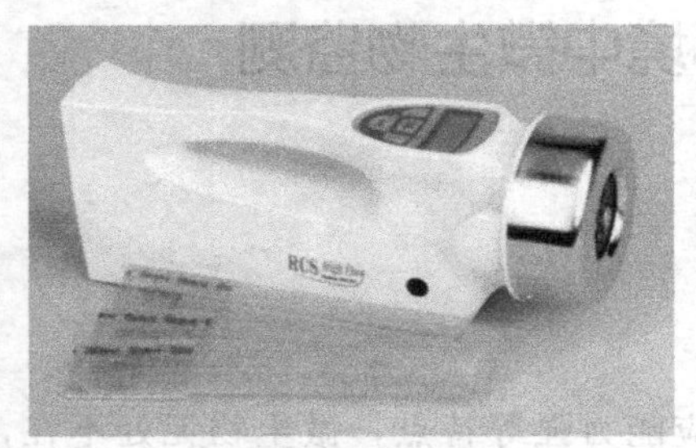
图 14-1　离心式空气取样器和条状培养基

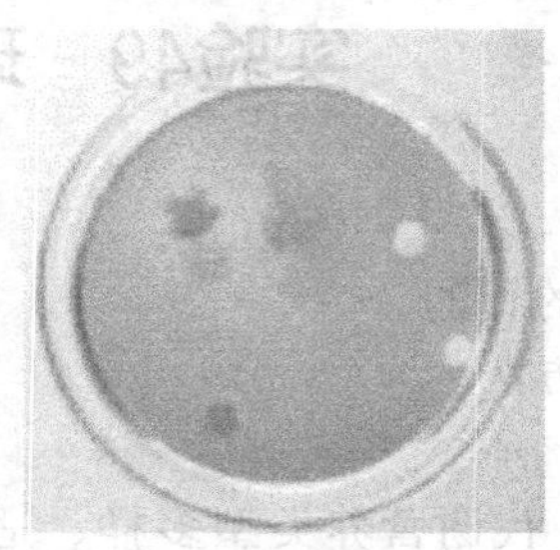
图 14-2　长有菌落的接触碟

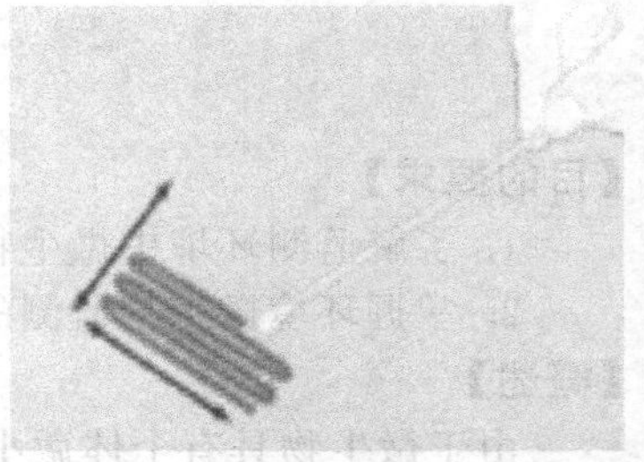
图 14-3　拭子擦拭法示意图

在洁净室（区）工作环境中，操作人员是药品生产中的最主要的微生物污染源，因此必须对操作人员进行严格的监控，以保证环境质量，满足药品的无菌保证要求。操作人员的微生物监测方法有接触碟法和手指/掌接触法。接触碟法常用于检测洁净室工作服表面微生物，手指/掌接触法用于检测手套表面微生物，将手掌和手指尖接触培养基表面，然后培养并计数。操作人员微生物监测用的培养基中需添加 Tween80 等，以中和消毒剂的抗菌作用。

【实验材料】

（1）培养基　TSA 平板培养基、TSA 接触碟（55mm）、包装于塑料袋内的条状培养基。

（2）仪器设备　空气取样器、恒温培养箱。

（3）其他　拭子、分装于试管中灭菌生理盐水（5mL）、酒精灯、灭菌移液管、涂布棒等。

【实验方法】

（一）空气微生物监测

1. 沉降菌测试法——沉降碟法

（1）用无菌容器将 TSA 平板带到待检测区。建议平板使用前最好在 30～35℃下预培养 48～72h，仔细检查并剔除有污染的平板。

（2）取样　打开平板皿盖，使平板培养基暴露于被测环境，暴露时间至少 0.5h 以上。取样结束后，盖上皿盖。注意取样时记下平皿打开时间和取样结束时间，同时避免在取样点周围走动或活动，干扰空气流动。

（3）标记　在皿底注明监测地点、时间、操作者姓名等。

（4）培养　再用无菌容器将取样后的平皿带至恒温培养箱中，于 30～35℃下培养。同时放一未暴露的 TSA 平板培养（阴性对照）。培养 24h 后进行第一次观察记录，再培养24～48h 进行第二次观察记录。

2. 空气浮游菌测试法——离心式空气取样器取样

(1) 以无菌操作技术将琼脂条培养基从包装袋内取出并沿切线方向装入空气取样器前面圆柱形的结构内。

(2) 取样　设定空气取样量 1000L($1m^3$)。在待测取样点打开开关，吸入空气取样。

(3) 取样结束后，取出琼脂条培养基并将其放回原来包装袋内，封口。

(4) 在包装袋上注取样地点、时间、操作者姓名等，放入恒温培养箱中，于 30～35℃下培养 2d 后观察记录结果。同时将另一琼脂条培养基放入恒温培养箱中培养（阴性对照）。

（二）表面微生物监测

1. 接触碟法

(1) 取样　打开碟盖，将培养基表面于选定的监测表面接触 10s 左右，盖上碟盖。注意接触时均匀按压碟底使培养基表面与取样面接触均匀。

(2) 取样后，用 70%酒精或其他消毒剂擦拭干净被取样的表面，除去残留琼脂培养基。

(3) 培养　将取样后的接触碟做好标记后于 30～35℃培养 4d，观察记录结果。

2. 表面擦拭法

(1) 利用无菌操作技术从包装袋中取出拭子，并用灭菌生理盐水浸湿拭子头部，然后紧贴试管内壁转动，挤压出多余的水分。

(2) 取样　手持拭子柄与待测物表面成 30°角接触，缓慢并全面擦拭待测物表面 3 次，每擦拭一次均要转动拭子头的方向。取样面积为 $25cm^2$。

(3) 培养　擦拭后折断拭子头并放入（1）步生理盐水中，充分振荡试管 10s，用灭菌移液管吸取 0.1～0.2mL 混悬液于 TSA 平板上，涂布均匀并做好标记后于 30～35℃下培养 2d 后观察记录结果。再取一 TSA 平板，用灭菌移液管吸取 0.1～0.2mL 灭菌生理盐水，涂布均匀，为阴性对照，于 30～35℃下培养。同时将另一未接种的 TSA 平板（作为另一阴性对照）放入恒温培养箱中培养。

（三）操作人员微生物监测——手指/掌接触法

(1) 取一块 TSA 平板，标记姓名、日期、左手或右手。

(2) 用另一只手打开皿盖后，用待监测手的手掌和指尖在培养基表面轻轻地压一下，立即盖上皿盖。

(3) 将手接触过的平板于 30～35℃培养 2d 后观察记录结果。同时将另一 TSA 平板放入恒温培养箱中培养（阴性对照）。

【实验内容】

1. 分别用沉降菌测试法和空气浮游菌测试法监测空气中微生物。
2. 分别用接触碟法和表面擦拭法监测超净工作台等物体表面微生物。
3. 用接触碟法监测工作服等表面上的微生物。
4. 用手指/掌接触法监测手上微生物。

【实验结果】

1. 将用沉降菌法测得的空气中微生物结果填于下表中。

	取样地点	暴露时间	CFU/plate	
			24h	48h
样本 1				
样本 2				
-ve control				

2. 将用空气浮游菌测试法测得的空气中微生物结果填于下表中。

	取样地点	取样体积	CFU/strip	CFU/m³
样本 1				
样本 2				
-ve control				

3. 将用接触碟法测得的物体表面微生物结果填于下表中。

	取样地点	CFU/plate	CFU/100cm²
样本 1			
样本 2			
-ve control			

4. 将用表面擦拭法测得的物体表面微生物结果填于下表中。

	取样地点	CFU/25cm²	CFU/100cm²
样本 1			
样本 2			
-ve control			
-ve control			

5. 将用接触碟法测得的工作服等表面微生物结果填于下表中。

	取样点	CFU/plate	CFU/100cm²
样本 1			
样本 2			
-ve control			

6. 将用接触碟法和手指/掌接触法测得的手上微生物结果填于下表中。

	左手/右手	CFU/hand
样本 1		
样本 2		
-ve control		

【思考题】

1. 在你监测的空气和表面环境中有哪些类群/种类的微生物？不同监测环境中微生物类群/种群是否一致？
2. 根据你的实验结果，按照相应环境中微生物限度规定，采取何种措施控制环境中微生物？
3. 实验中设阴性对照的目的是什么？为什么在表面擦拭法检测中设两个阴性对照？
4. 用接触碟法监测物体表面微生物时取样前和取样后应注意些什么？
5. 以你自己的看法解释高微生物学质量实验室的含义是什么？

（袁丽红）

实验50 水质微生物学分析——利用多管发酵法检测水中大肠菌群数量

【目的要求】

1. 掌握监测水的微生物学质量的重要性和方法。
2. 掌握监测水中大肠菌群的意义。
3. 了解多管发酵法在水质检测中的应用范围。
4. 学会利用多管发酵法监测水中大肠菌群的数量。

【概述】

水是制药和食品行业使用最为广泛的原料，也是我们日常生活离不开的、赖以生存的基础。水与药品、食品中的其他原料一样，必须符合既定的质量标准。但是在生产中，水与其他原料不同，它是边生产边使用，同时，水还被用作清洁剂，如果水被污染则会影响多批次产品。另外，对微生物实验室来讲，水是各种培养基、缓冲液和检测试剂的主要组成部分。因此，必须严格控制水的微生物学质量，以保证医药食品产品、培养基、试剂等的质量的可靠性以及人类用水的安全。

制药用水微生物监测是为了监控控制性微生物从而将水中微生物含量维持在一定的水平。没有必要将制药用水中存在的所有微生物都监测出来，只是针对那些对产品或人类具有潜在危害的致病性微生物进行监控。流行病学研究确认，水携带的病原菌的存在与肠道来源的细菌相关。肠道病原微生物进入水体，随水流传播，可引起肠道病爆发流行。为确保饮水和用水安全，必须对其进行严格的常规监测。但要从水体中直接检出病原微生物比较困难，因为它们在水中的数量很少，而且培养条件苛刻，分离和鉴别比较困难，样品监测结果即使为阴性，也不能保证没有病原微生物存在。因此，常选用指示微生物作为水体中病原微生物的监测指标。大肠菌群细菌在人肠道和粪便中数量很多，因此在受粪便污染的水中容易被检出，并且检测方法比较简易。此外，大肠菌群细菌在水中存活时间、对消毒剂和水体中不良因素的抵抗力与病原菌相似。所以，常以大肠菌群为指示微生物评价水的卫生质量。大肠菌群是一群需氧或兼性厌氧的、在37℃培养24～48h能发酵乳糖产酸产气的革兰阴性无芽孢杆菌，包括埃希菌属（*Escherichia*）、柠檬酸杆菌属（*Citrobacter*）、肠杆菌属（*Enterobacter*）、克雷伯菌属（*Klebsiella*）。大肠菌群数是指每升水中含有的大肠菌群的近似值，根据水中大肠菌群的数目即可判断水源是否被粪便污染，并推断水源受肠道病原菌污染的可能性。

大肠菌群的检测方法有两种：多管发酵法（也叫最大可能数法，<u>M</u>ost <u>P</u>robable <u>N</u>umber，MPN）和膜滤法（<u>M</u>embrane <u>F</u>ilter，MF）。多管发酵法是水的标准分析方法，适用于各种水样，包括初发酵试验、平板分离和复发酵试验三部分。初发酵试验是用无菌操作技术向一系列装有乳糖蛋白胨培养液的发酵管中接种一定量水样，培养。能产酸产气者说明水样中含有大肠菌群细菌。再根据产酸产气（阳性）管数求出100mL待测水样中含有的大肠菌群的最大可能数。可见，初发酵试验不仅可以检测水样中是否存在大肠菌群细菌，而且可以检测出待测水样中大肠菌群的最大可能数。平板分离试验是对于发酵乳糖产酸产气的阳性管用接种环以无菌操作技术取一环其中的培养物，在伊红美蓝平板作划线接种，培养。若菌落呈深紫红色，为典型的大肠菌群菌落；菌落为粉红色、黏液状、不透明，为非典型的大肠菌群菌落；否则其他特征菌落均为非大肠菌群菌落。因此，通过平板分离试验可进一步确认水样中大肠菌群细菌的存在。复发酵试验是取典型或非典型的菌落，进行革兰染色并镜检，若为革兰阴性无芽孢杆菌，则再将其接种于乳糖蛋白胨培养基中，培养。如果产酸产气则证实存在大肠菌群细菌。此步也可以通过IMViC实验证实大肠菌群存在。

【实验材料】

（1）水样　自行取样。

（2）培养基　乳糖蛋白胨培养基（分装于试管中，内含倒置杜氏小管）、3倍浓度乳糖蛋白胨培养基（分装于试管中，内含倒置杜氏小管）、伊红－美蓝（EMB）培养基。

（3）灭菌水　作阴性对照用。

（4）接种大肠埃希菌的水样　作阳性对照用。

（5）试剂和染色剂　草酸铵结晶紫染液、路哥碘液、番红染色液。

（6）仪器设备　超净工作台、恒温培养箱、显微镜等。

（7）其他　灭菌移液管、载玻片、接种环、酒精灯、香柏油、二甲苯、无菌水、擦镜纸等。

【实验方法】

（一）初发酵试验

（1）取5支装有3倍浓度乳糖蛋白胨培养基试管，标记水样名称和加水量10mL；取5支装有乳糖蛋白胨培养基试管，标记水样名称和加水量1mL；取5支装有乳糖蛋白胨培养基试管，标记水样名称和加水量0.1mL。

（2）用灭菌移液管分别吸取10mL水样加入到标记好的3倍浓度乳糖蛋白胨培养基试管中；分别吸取1mL水样加入到相应标记的乳糖蛋白胨培养基试管中；分别吸取0.1mL水样加入到相应标记的乳糖蛋白胨培养基试管中。注意接种前将水样充分摇匀。

（3）取1支装有3倍浓度乳糖蛋白胨培养基试管，标记阳性对照和加样量10mL；取2支装有乳糖蛋白胨培养基试管，分别标记阳性对照和加样量1mL、阳性对照和加样量0.1mL。标记好后，按照标记的加样量分别向以上各支试管中加入接种*E.coli*的水样10mL、1mL、0.1mL。

（4）取1支装有3倍浓度乳糖蛋白胨培养基试管，标记阴性对照和加样量10mL；取2支装有乳糖蛋白胨培养基试管，分别标记阴性对照和加样量1mL、阴性对照和加样量0.1mL。标记好后，按照标记的加样量分别向以上各支试管中加入灭菌水10mL、1mL、0.1mL。

（5）将以上接种后的所有试管于37℃培养48h。

（6）培养48h后观察记录各加水量产酸产酸的管数，即阳性管数。注意如果只见产酸未见产气，轻轻拍打试管壁，产生的气体可能在杜氏管内。例如，有3支装有3倍浓度乳糖蛋白胨培养基试管产酸产气，有1支加水量为1mL的乳糖蛋白胨培养基试管产酸产气，有0支加水量为0.1mL的乳糖蛋白胨培养基试管产酸产气，则阳性管的组合为3-1-0。然后根据大肠菌群存在的管数查大肠菌群检数表（见本实验后附录）得出每100mL水样中大肠菌群MPN，报告每升水样中大肠菌群数。例如阳性管的组合为3-1-0时，100mL水样中MPN为11。

对于表中未列入的组合，或者试管数和稀释情况不同时，可利用Thomas公式计算最大可能数。

$$\text{MPN/100mL}=\frac{\text{阳性管数}\times 100}{\sqrt{\text{阴性管中的水样体积(mL)}\times\text{全部试管中的水样体积(mL)}}}$$

（二）平板分离

（1）将（一）试验中产酸产气试管中培养物以无菌操作技术分别在EMB平板上进行划线接种（要求长出单菌落），于37℃培养24h。

（2）培养24h后观察菌落特征。菌落特征类型为：

① 菌落深紫色，有金属光泽——典型大肠菌群菌落；

② 菌落深紫色，无金属光泽——典型大肠菌群菌落；

③ 菌落粉红色、黏液状、不透明——非典型大肠菌群菌落；

④ 其他特征。

（3）挑取呈①、②、③菌落特征的菌进行革兰染色、镜检，观察革兰染色反应结果和观察芽孢有无。

（三）复发酵试验

（1）用接种环分别挑取经（二）试验确认为革兰阴性、无芽孢杆菌的菌落上的菌接种于乳糖蛋白胨培养基中，于37℃培养24h。

（2）培养24h后，观察产酸产气情况。凡是产酸产气者，即可最终确认为大肠菌群细菌。

（3）根据复发酵实验结果，再计算100mL水样中大肠菌群MPN。

【实验内容】

1. 采集水样并做初发酵试验检测水样中大肠菌群及大肠菌群最大可能数。同时用阴性对照水样和阳性对照水样做初发酵试验。

2. 在初发酵试验基础上进行平板分离试验进一步确定水样中是否含有大肠菌群细菌。

3. 在平板分离试验基础上做复发酵试验以最终确定水样中是否含有大肠菌群细菌及大肠菌群最大可能数。

【实验结果】

1. 用简明规范表格表述水样分析的初发酵结果。

2. 用简明规范表格表述平板分离确定性试验结果。

3. 用简明规范表格表述复发酵验结果。

【思考题】

1. 根据你的实验结果，得到的结论是什么？

2. 何谓指示微生物？为什么以大肠菌群细菌为水质监测的指示微生物？

3. 根据你的实验观察，简要描述大肠埃希菌特征。

4. 平板分离确认试验中选用 EMB 培养基，为什么？是否可选用其他培养基，举例说明。

【附录】

大肠菌群检数表

（一）接种水样量 10mL、1.0mL、0.1mL 各 5 管

阳性管组合	每 100mL 水样中细菌 MPN	阳性管组合	每 100mL 水样中细菌 MPN	阳性管组合	每 100mL 水样中细菌 MPN
0-0-0	<2	3-2-0	14	5-2-0	49
0-0-1	2	3-2-1	17	5-2-1	70
0-1-0	2	3-3-0	17	5-2-2	94
0-2-0	4	4-0-0	13	5-3-0	79
1-0-0	2	4-0-1	17	5-3-1	110
1-0-1	4	4-1-0	17	5-3-2	140
1-1-0	4	4-1-1	21	5-3-3	180
1-1-1	6	4-1-2	26	5-4-0	130
1-2-0	6	4-2-0	22	5-4-1	170
2-0-0	5	4-2-1	26	5-4-2	220
2-0-1	7	4-3-0	27	5-4-3	280
2-1-0	7	4-3-1	33	5-4-4	350
2-1-1	9	4-4-0	34	5-5-0	240
2-2-0	9	5-0-0	23	5-5-1	350
2-3-0	12	5-0-1	31	5-5-2	540
3-0-0	8	5-0-2	43	5-5-3	920
3-0-1	11	5-1-0	33	5-5-4	1600
3-1-0	11	5-1-1	46	5-5-5	≥2400
3-1-1	14	5-1-2	63		

（二）接种水样总量 300mL（100mL 2 份，10mL 10 份）

100mL 水量的阳性管数	100mL 水量的阳性瓶数		
	0	1	2
	1L 水样中大肠菌群数	1L 水样中大肠菌群数	1L 水样中大肠菌群数
0	<3	4	11
1	3	8	18
2	7	13	27
3	11	18	38
4	14	24	52
5	18	30	70
6	22	36	92
7	27	43	120
8	31	51	161
9	36	60	230
10	40	69	>230

（袁丽红）

实验51 水质微生物学分析——利用膜滤技术检测水中粪便肠球菌数量

【目的要求】

1. 了解膜滤技术的原理。
2. 了解监测水中粪便肠球菌的意义。
3. 了解膜滤技术在水质检测中的应用范围。
4. 学会利用膜滤技术检测水中粪便肠球菌数量的方法。

【概述】

肠球菌（*Enterococci*）原属于链球菌属（*Streptococci*）的一个群，二者均为革兰阳性、圆形或椭圆形球菌，大多数成双或呈短链状排列。近年来，DNA-DNA 杂交结果显示肠球菌与链球菌同源程度低，故将其另列为肠球菌属。肠球菌例如粪便肠球菌（*E. faecalis*）、牛肠球菌（*E. bovis*）存在于人和动物胃肠道中，在粪便中数量也很多，如果在水中检测到粪便肠球菌等，说明水质受到粪便污染。因此，粪便肠球菌也可以作为指示菌用以判断水质是否被粪便污染。此外，粪便肠球菌为条件致病菌，它可引起尿路感染和心内膜炎。

膜滤（membrane filter，MF）技术是水的微生物学质量分析中常用的方法。待测水样通过滤膜，水样中的微生物被截留在滤膜上，将滤膜转移到合适的鉴别培养基平板上培养，便可利用生长于鉴别培养基上的特征性的菌落特征快速地检测水样中是否存在总大肠菌群细菌、粪大肠菌群细菌和粪便肠球菌。因此，膜滤技术特别适用于微生物数量不高的水样的微生物学质量监测。所以，在制药工业中，它是制药用水和药品微生物学质量分析的合适方法。利用膜滤技术检测水的微生物学质量的优点是重现性好、只需一步完成、滤膜能在不同培养基之间转移、能够处理大量的水样从而增加了分析的灵敏度、省时、能够在现场完成过滤、与 MPN 方法相比成本较低。但膜滤技术也有其局限性，缺点是高混浊度的水限制了检测水样的体积、大量背景细菌过度生长使得待检测菌难以识别和计数、待测水样中含有的金属和酚能吸附到滤膜上从而抑制待测菌的生长。

【实验材料】

（1）水样　自行取样。

（2）培养基　麦芽糖叠氮盐四唑琼脂培养基或膜过滤肠球菌选择培养基（Membrane Enterococcus Agar，MEA）。

（3）灭菌水　100mL，作阴性对照用。

（4）接种粪便肠球菌水样　100mL，作阳性对照用。

（5）仪器设备　无菌滤膜（0.45μm）和无菌膜过滤装置、真空泵、恒温培养箱。

（6）其他　灭菌镊子、灭菌移液管、酒精灯等。

【实验方法】

（1）取一只麦芽糖叠氮盐四唑平板培养基或 MEA 平板培养基，在其上标记水样名称。

（2）将 100mL 待测水样加入到膜过滤器中，抽滤，使水样通过滤膜。

（3）用灭菌镊子将滤膜转移到已标记好的麦芽糖叠氮盐四唑平板培养基或 MEA 平板培养基上。注意有菌一面朝上（即具方格面朝上）。

（4）另取 2 块麦芽糖叠氮盐四唑平板培养基或 MEA 平板培养基，在其上分别标记阳性对照和阴性对照。

（5）分别将 100mL 阳性对照水样（灭菌水中接种 *E. faecalis*）和 100mL 阴性对照水样（灭菌水）过滤后，用灭菌镊子将滤膜转移到已标记阳性对照和阴性对照的麦芽糖叠氮盐四唑平板培养基或 MEA 平板培养基上。

(6) 将麦芽糖叠氮盐四唑平板于 35℃培养 48h；将 MEA 平板于 37℃培养 4h 后再置于 44～45℃培养 44h。

(7) 结果观察记录

麦芽糖叠氮盐四唑平板培养基：如果菌落呈深红色或有红色或粉色中心，为肠球菌，统计总菌落数和肠球菌菌落数。

MEA 培养基：如果菌落呈红色或栗色，为假定阳性菌——粪便肠球菌。记录总菌落数、红色或栗色菌落数。

(8) 计算总 CFU 和每 100mL 水样中粪便肠球菌的数量。

【实验内容】

采集水样并利用膜滤技术检测水样中粪便肠球菌的数量。

【实验结果】

将利用膜滤技术检测水样中粪便肠球菌的实验结果填入下表中。

样　本	总 CFU	粪便肠球菌 CFU	每 100mL 水中粪便肠球菌数量
－ve control			
＋ve control			
水样(　　)			

【思考题】

1. 为什么选用麦芽糖叠氮盐四唑琼脂培养基或 MEA 培养基培养粪便肠球菌？还可以选用何种培养基？

2. 进行水质微生物学分析时对同一待测水样为什么需同时做多管发酵试验和膜滤试验？只做其中一项试验是否可以？

3. 根据你的试验结果，你所检测的水是否可以饮用？为什么？

(袁丽红)

实验52　微生物对数递减时间（*D*值）测定

【目的要求】

1. 掌握微生物热力学灭菌的原理。
2. 掌握评价微生物耐热性的方法。
3. 学会测定微生物 *D* 值方法和实践意义。

【概述】

在制药和食品工业中，灭菌是产品生产过程中的一个必要步骤。此外，为了将污染物品对人体健康的危害降到最低，也必须对微生物材料、医疗废弃物和其他污染物品进行灭菌。产品或污染物品的灭菌工艺可采用生物灭菌剂或物理除菌工艺杀死或去除所有的微生物，包括高温灭菌（热力学灭菌）、气体灭菌、辐射灭菌和过滤除菌等。高温灭菌是使用最普遍并且也是研究最为彻底的灭菌方式。当温度超过细胞的生理活动所需的温度范围时，细胞代谢减缓，并最终导致细胞生长繁殖停止。对微生物细胞而言，一旦温度超过其上限，蛋白质、酶及核酸便会永久性破坏，细胞膜被融解，从而导致细胞发生不可逆性的死亡。

不同微生物对高温耐受性不同。一般来说，微生物的耐热性依次为（耐热性从高到低）：细菌芽孢＞酵母菌和霉菌＞革兰阳性菌＞革兰阴性菌＞病毒。不同温度类型的微生物对高温的耐受性不同，高温型微生物（嗜热菌）较中温型和低温型微生物更耐热。在热力学灭菌方式下，微生物的死亡呈几何级数变化，即存活微生物的数量以指数级形式减少，而与最初微生物的数量无关。微生物存活状况可用存活曲线表示，即以暴露于高温灭菌过程的时间为横坐标，以微生物存活数的对数为纵坐标绘图而得到的曲线。

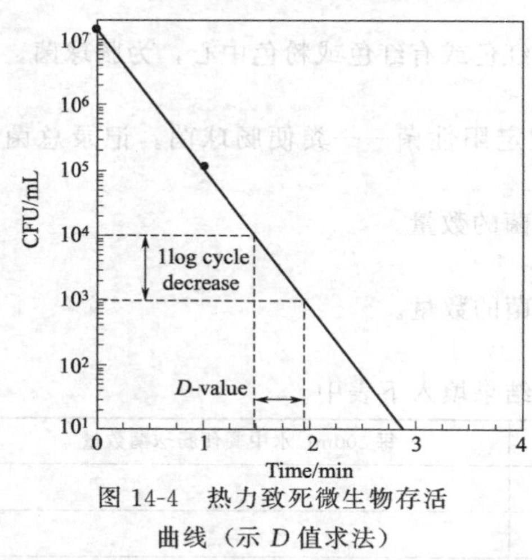

图 14-4 热力致死微生物存活曲线（示 D 值求法）

生物体（包括微生物）对杀菌剂的耐受性大小可以用对数递减时间（decimal reduction time，D 值）来表示。对于热力灭菌来说，D 值被定义为在一定温度下，使微生物数量下降一个对数单位或减少 90%所需的时间。在一定灭菌条件下，不同微生物具有不同的 D 值，同一微生物在不同灭菌条件下其 D 值亦不同。因此，D 值随微生物种类、环境和灭菌温度的变化而变化。D 值大小可以反映微生物的耐热性，在同一温度下比较不同微生物的 D 值示，D 值愈大表示该温度下杀死 90%微生物所需的时间愈长，即该微生物的耐热性愈大。因此，D 值是分析灭菌工艺效果的重要生物学参数，其数值可以通过存活曲线（或称致死速率曲线）法求得，例如图 14-4 中 D 值约为 30s。由于存活曲线是在一定温度下得出，为了区分不同温度下微生物的 D 值，一般将处理的温度以下标的形式标注在 D 值的右下角。

【实验材料】

（1）菌种　嗜热脂肪芽孢杆菌、大肠埃希菌、铜绿假单胞菌。均为营养肉汤培养物。

（2）培养基　营养琼脂培养基。

（3）仪器　水浴锅、超净工作台、恒温培养箱。

（4）其他　灭菌生理盐水、灭菌移液管、灭菌试管、灭菌培养皿、涂布棒、酒精灯、记号笔等。

【实验方法】

（1）分别测定嗜热脂肪芽孢杆菌、大肠埃希菌、铜绿假单胞菌初始菌液活菌数　将上述各菌进行 10 倍系列梯度稀释（10^{-1}、10^{-2}、10^{-3}、10^{-4}、10^{-5}），再涂布接种于营养琼脂平板培养基上，注意 10^0 菌液也进行涂布接种。在各平板上标记 T_0 和相应稀释度。

（2）分别将嗜热脂肪芽孢杆菌、大肠埃希菌、铜绿假单胞菌原始菌液置于 60℃水浴中。60℃处理 5min 后，取 1mL 菌液进行 10 系列梯度稀释（10^{-1}、10^{-2}、10^{-3}），再涂布接种于营养琼脂平板培养基上，10^0 菌液也进行涂布接种。在各平板上标记 T_5 和相应稀释度。

（3）按照 2 方法继续以 60℃处理 10、15、20min 后，得 T_{10}，T_{15}，T_{20}。

（4）以灭菌生理盐水做阴性对照。

（5）将以上所有平板置于适宜温度下培养 2d，统计菌落数，并计算出每毫升菌液 CFU。铜绿假单胞菌培养温度为 20～25℃、大肠埃希菌和阴性对照培养温度为 37℃、嗜热脂肪芽孢杆菌培养温度为 55℃。

【实验内容】

1. 测定嗜热脂肪芽孢杆菌 D_{60}。
2. 测定大肠杆菌 D_{60}。
3. 测定铜绿假单胞菌 D_{60}。

【实验结果】

1. 将嗜热脂肪芽孢杆菌在 60℃不同暴热时间下残存菌数（CFU）填入下表中。

暴热时间 /min	每一稀释度下 CFU						CFU/mL
	10^0	10^{-1}	10^{-2}	10^{-3}	10^{-4}	10^{-5}	
0							
5							
10							
15							
20							
—ve control							

2. 将大肠埃希菌在60℃不同暴热时间下残存菌数（CFU）填入下表中。

处理时间 /min	每一稀释度下 CFU						CFU/mL
	10^0	10^{-1}	10^{-2}	10^{-3}	10^{-4}	10^{-5}	
0							
5							
10							
15							
20							
—ve control							

3. 将铜绿假单胞菌在60℃不同暴热时间下残存菌数（CFU）填入下表中。

处理时间 /min	每一稀释度下 CFU						CFU/mL
	10^0	10^{-1}	10^{-2}	10^{-3}	10^{-4}	10^{-5}	
0							
5							
10							
15							
20							
—ve control							

4. 以在60℃下处理的时间为横坐标，以残存菌数（CFU/mL）为纵坐标在半对数坐标纸上绘出嗜热脂肪芽孢杆菌、大肠埃希菌和铜绿假单胞菌存活曲线，并根据曲线求出上述各菌的 D_{60}，填入下表中。

微 生 物	D_{60}	微 生 物	D_{60}
Bacillus stearothermophilus		*Pseudomonas aeruginosa*	
Escherichia coli			

【思考题】

1. 根据你的试验结果，比较分析嗜热脂肪芽孢杆菌、大肠埃希菌和铜绿假单胞菌 D_{60} 值。

2. 你的实验结果与预期结果是否一致？若不一致，分析原因。

3. 文献报道的嗜热脂肪芽孢杆菌、大肠埃希菌和铜绿假单胞菌 D_{60} 值各是多少？将你的结果与文献报道的值相比较，结果如何？

4. 如何修正上述实验方法来计算微生物的 Z 值？

实验53 药品微生物限度检查——细菌、霉菌与酵母菌计数

【目的要求】

1. 了解药品微生物限度检查的重要性。
2. 掌握药品微生物限度检查的基本原理。
3. 掌握微生物限度检查的项目和要求。
4. 学会药品微生物限度检查的方法。

【概述】

一种药品可能会通过生产过程中多种渠道或环节而被微生物污染，所以所有的原料、中间产物和终产物都有特定的微生物的限度。微生物限度检查法系指对非规定灭菌制剂及其原、辅料受到微生物污染程度的一种检查方法，包括染菌量（细菌总数、霉菌总数、酵母菌总数）及控制菌（包括大肠埃希菌、铜绿假单胞菌、沙门菌、金黄葡萄球菌、破伤风梭菌）的检查。供试品抽样一般采用随机抽样方法，抽样量应为检验用量（2个以上最小包装单位）的3倍量（以备复试）。抽样时，凡发现有异常或可疑的样品，应选取有疑问的样品，但机械损伤、明显破裂的包装不得作为样品。检查的全过程，均应严格遵守无菌操作，严防再污染。除另有规定外，一般细菌培养温度为30～35℃，霉菌、酵母菌培养温度为25～28℃，控制菌培养温度为36℃±1℃。检验结果的报告以1g、1mL或$10cm^2$为单位。

药品中所污染的微生物，从营养型角度看，大多数为异养型，且以兼性寄生性化能异养型为主，容易人工培养繁殖，这是药品无菌及限度检查的最基本原理。细菌、酵母菌、霉菌计数是检测企业规定单位内的非灭菌制剂污染的活菌数量，是判定药品受到微生物污染程度的重要指标，也是对生产企业的药品、原料、辅料、设备器具、工艺流程、生产环境和操作者的卫生状况进行卫生学评价的综合依据之一。细菌、霉菌、酵母菌计数均采用平板菌落计数法，是活菌计数方法之一，也是目前国际上许多国家常用的一种方法。该方法以在琼脂平板上每个细菌（营养琼脂）、霉菌（玫瑰红钠琼脂）、酵母菌（玫瑰红钠琼脂或酵母浸出粉胨葡萄糖琼脂）形成一个独立可见的菌落为计数依据。测定结果只反映在规定条件下所生长的细菌（一群在营养琼脂上发育的嗜中温、需氧和兼性厌氧菌）、霉菌和酵母菌的菌落数，不包括对营养、氧气、温度、pH和其他因素有特殊要求的细菌、霉菌和酵母菌。一个细菌、霉菌和酵母菌菌落均可由一个或多个菌体细胞形成，因此，供试品中所测的菌落数实际为菌落形成单位数（Colony Forming Unit，CFU），而不应理解为细菌、霉菌、酵母菌的个数。

【实验材料】

（1）供试药品　阿司匹林片剂等。

（2）培养基　营养琼脂培养基、玫瑰红钠琼脂培养基、酵母浸出粉胨葡萄糖琼脂培养基（YPD），以上培养基灭菌条件均为121℃、20min。

（3）稀释液　0.9%无菌氯化钠溶液（100mL，分装于三角瓶中；9mL，分装于试管中）。

（4）仪器设备　电子天平、恒温培养箱、超净工作台。

（5）其他　灭菌移液管、灭菌小袋子（用于称量供试药品用）、灭菌培养皿、聚山梨酯80、放大镜、酒精灯、记号笔。

【实验方法】

(1) 供试液的制备　称取供试品10g，置于100mL 0.9%无菌氯化钠溶液中，用匀浆仪或漩涡混匀器混匀使其充分溶解，作为供试液（稀释度为10^{-1}）。在制备过程中，必要时可加适量聚山梨酯80，并适当加温，但不应超过45℃。注意检测不同剂型或性状的供试药品要按照供试品的理化特性与生物学特性，采取适宜的方法制成供试液（具体方法见《中华人民共和国药典》2005版第二部）。

(2) 稀释　吸取1mL供试液加入到9mL 0.9%无菌氯化钠溶液中，混匀，该液稀释度为10^{-2}。再进一步稀释成10^{-3}稀释液。

(3) 分别吸取10^{-1}、10^{-2}、10^{-3}三个稀释度的稀释液各1mL，置于已作好标记的灭菌培养皿中，再加入融化并冷却至45℃左右的营养琼脂培养基约15mL（用于细菌计数），混匀，待凝固。每稀释度应做2～3个平皿。

(4) 按照步骤（3）加入玫瑰红钠琼脂培养基用于霉菌计数，加入酵母浸出粉胨葡萄糖琼脂培养基用于酵母菌计数。

(5) 阴性对照试验　取供试品用的稀释剂（0.9%无菌氯化钠溶液）各1mL，置无菌平皿中，分别加入细菌、霉菌、酵母菌计数用的培养基制备平板，并作好阴性对照标记。

(6) 将以上所有平板置于适宜温度下倒置培养，观察计数。细菌培养温度为30～35℃，培养时间为48h，分别在24h及48h统计菌落数，一般以48h菌落数为准；霉菌、酵母培养温度为25～28℃，培养时间为72h，分别在48h及72h统计菌落数，一般以72h菌落数为准。

(7) 菌落计数并计算平均菌落数　一般将平板置菌落计数器上或从平板的背面直接以肉眼点计，以透射光衬以暗色背景，仔细观察。勿漏计细小的琼脂层内和平皿边缘生长的菌落。注意细菌菌落与霉菌菌落和酵母菌菌落以及它们与供试品颗粒、培养基沉淀物、气泡等的鉴别。必要时用放大镜或用低倍显微镜直接观察或挑取可疑物涂片镜检。若平板上有2个或2个以上菌落重叠，肉眼可辨别时仍以2个或2个以上菌落计数；若平板生长有链状菌落，菌落间无明显界限，一条链作为一个菌落计，但若链上出现性状与链状菌落不同的可辨菌落时，应分别计数；若菌落蔓延生长成片，不宜计数。

菌落计数后，计算各稀释度平均菌落数，按菌数报告规则报告菌数。菌数报告规则如下。

① 细菌选取平均菌落数在30～300之间的稀释度、霉菌选取平均菌落数在30～100之间的稀释度作为报告菌数计算的依据。

② 如有1个稀释度平均菌落数在30～300(30～100）之间时，将该稀释度的菌落数乘以稀释倍数报告。

③ 如同时有2个相邻稀释度平均菌落数在30～300(30～100）之间，则按比值计算。当比值≤2时，以两稀释度的平均菌落数均值报告；当比值>2时，以低稀释度的平均菌落数乘以稀释倍数报告。

④ 如同时有3个稀释度的平均菌落数均在30～300(30～100）之间，以后2个稀释度计算之间比值报告。

⑤ 如各稀释度的平均菌落数均不在30～300之间，以最接近30或300的稀释度平均菌落数乘以稀释倍数报告。

⑥ 如各稀释度平均菌落数均在300(100）以上，按最高稀释度平均菌落数乘以稀释倍数报告。

⑦ 如各稀释度平均菌落数均小于30时，一般按最低稀释度平均菌落数乘以稀释倍数报告。

⑧ 如各稀释级的平均菌落数均无菌落生长或最低稀释级平均菌落数小于 1 时，应报告菌落数为<10 个/g 或 mL。如供试品原液平板均未生长霉菌及酵母菌，报告未检出霉菌及酵母菌/mL。

⑨ 当 1∶10（或 1∶100）稀释度平均菌落数等于或大于原液（或 1∶10）稀释度时，应以培养基稀释法测定，按测定结果报告菌数。方法为：取供试液（原液或 1∶10、1∶100 供试液）3 份，每份各 1mL，分别加入 5 个平皿内（每皿各 0.2mL），每皿再加入营养琼脂培养基约 15mL，混匀，凝固后倒置培养，计数。每 1mL 注入的 5 个平板的菌落数之和，即为每毫升的菌落数，共得 3 组数据。以 3 份供试液菌落数的平均值乘以稀释倍数报告。如各稀释级平板均无菌落生长，或仅最低稀释度平均菌落数小于 1 时，则报告菌数为小于 10 个。

【实验内容】

对供试的药品（如阿司匹林）分别进行细菌、霉菌与酵母菌计数。

【实验结果】

1. 将供试药品中细菌计数结果填入下表中。

稀释度	CFU/plate			Average
10^{-1}				
10^{-2}				
10^{-3}				
—ve control				

2. 将供试药品中霉菌计数结果填入下表中。

稀释度	CFU/plate			Average
10^{-1}				
10^{-2}				
10^{-3}				
—ve control				

3. 将供试药品中酵母菌计数结果填入下表中。

稀释度	CFU/plate			Average
10^{-1}				
10^{-2}				
10^{-3}				
—ve control				

4. 计算每克或每片供试药品中细菌、霉菌和酵母菌数量，并说明计算依据。

【思考题】

1. 将你的检测结果与同学结果相比较（必须同批次同种药品），结果一致吗？若不一致，为什么？再将你的结果与药品说明中的结果相比较，如何评价你的结果？

2. 检测含菌成分的药品时，制备供试液时应考虑哪些问题？如何制备供试液？

3. 你认为在制备供试液和进行系列浓度稀释时使用的稀释液的最重要要求是什么？

4. 根据你的知识，如何修改上述实验方法以检测药品中的控制菌如大肠杆菌？

5. 你认为口服药品中不应该含有哪种或哪些微生物？为什么？

（袁丽红）

实验54　微生物限度检查方法的验证——菌落计数方法的验证

【目的要求】

1. 了解药品微生物学检验方法的验证的目的和原理。

2. 了解药品用于微生物学检验方法的验证试验中的挑战微生物。

3. 掌握药品微生物学检验方法的验证方法。

4. 掌握药品微生物学检验方法的验证试验结果的评价。

【概述】

当建立药品的微生物限度检查方法时，应进行检查方法的验证，以确认所采用的方法是否适合于该药品的微生物限度检查。若药品的组分或原检验条件发生改变可能影响检验结果时，微生物限度检查方法也应重新验证。验证试验的原理是基于微生物恢复生长的比较，是将试验用挑战菌株等量接种于3组不同的供试品（试验组、菌液组、稀释剂对照组）中，经检验后，通过比较3组供试品中挑战菌株的恢复生长结果来评价整个检验方法的准确性、有效性。用于验证试验的挑战微生物要具有广泛的代表性，至少包括G^+菌、G^-菌、酵母菌和霉菌，因为它们基本上涵盖了样品中可能存在的各类微生物，也基本包含了在防腐剂抑菌效果检查实验中所使用的试验菌株。《中华人民共和国药典》2005年版第二部规定进行细菌、霉菌及酵母菌计数方法的验证的挑战菌株为大肠埃希菌（*Escherichia coli*）[CMCC(B)44 102]、金黄色葡萄球菌（*Staphylococcus aureus*）[CMCC(B)26 003]、枯草芽孢杆菌（*Bacillus subtilis*）[CMCC(B)63 501]、白色念珠菌（*Candida albicans*）[CMCC(F)98 001]、黑曲霉（*Aspergillus niger*）[CMCC(F)98 003]。验证实验所用的菌株传代次数不得超过5代（从菌种保藏中心获得的冷冻干燥菌种为第0代），并采用适宜的菌种保藏技术，以保证实验菌株的生物学特性。验证时按供试液的制备和细菌、霉菌及酵母菌计数所规定的方法及要求进行，对各试验菌（挑战微生物）的回收率应逐一进行验证。为了考察检验方法的稳定性和重现性，验证试验至少应进行3次独立的平行试验，并分别计算各试验菌每次试验的回收率。试验组菌回收率和稀释剂对照组菌回收率的计算公式如下：

$$\text{试验组菌回收率}(\%)=\frac{(\text{试验组平均菌落数}-\text{供试品对照组平均菌落数})\times 100}{\text{菌液组平均菌落数}}$$

$$\text{稀释剂对照组菌回收率}(\%)=\frac{\text{稀释剂对照组平均菌落数}\times 100}{\text{菌液组平均菌落数}}$$

验证结果的判断方法是在3次独立的平行试验中，如果每次验证试验结果都表明试验组菌的回收率高于70%，则认为试验组和菌液组两组试验的微生物生长数量相同，原检验方法通过验证。若任一次试验中试验组的菌回收率低于70%，说明供试品具有抑菌活性，原检验方法不能通过验证，应采用培养基稀释法、离心沉淀集菌法、薄膜过滤法、中和法等方法消除供试品的抑菌活性，并重新进行方法验证。同样，如果稀释剂对照组的菌回收率不低于70%，则认为稀释剂对照组和菌液组的微生物生长量相似，表明样品预处理中所使用的稀释剂不会影响微生物的生长。

【实验材料】

（1）试验药品　阿司匹林片剂等。注明品名、规格、批号、生产厂家。

（2）培养基　营养琼脂培养基、玫瑰红钠琼脂培养基、营养肉汤培养基、改良马丁琼脂培养基、改良马丁液体培养基。注明来源、批号。上述培养基均为符合药典规定的干燥培养基。

(3) 菌种　大肠埃希菌、金黄色葡萄球菌、枯草芽孢杆菌、白色念珠菌、黑曲霉。注明名称、编号、第几代。

(4) 稀释液　0.9%无菌氯化钠溶液（100mL，分装于三角瓶中；9mL，分装于试管中）、0.1%无菌氯化钠蛋白胨稀释液。

(5) 仪器设备　电子天平、超净工作台、恒温培养箱等。注明厂家、型号、批号。

(6) 其他　灭菌移液管、灭菌试管、灭菌培养皿、灭菌小袋子（用于称量供试药品用）、乳钵、灭菌培养皿、聚山梨酯80、酒精灯、记号笔。

【实验方法】

（一）菌液的制备

(1) 接种大肠埃希菌、金黄色葡萄球菌、枯草芽孢杆菌的新鲜培养物至营养肉汤培养基中，30～35℃培养18～24h。分别取上述培养物1mL加入到9mL 0.9%的无菌氯化钠溶液中，然后再进行10倍系列梯度稀释至10^{-5}～10^{-7}，制成每毫升含菌数为50～100 CFU的菌悬液。

(2) 接种白色念珠菌的新鲜培养物至改良马丁液体培养基中，23～28℃培养24～48h，取1mL培养物加入到9mL 0.9%的无菌氯化钠溶液中，然后再进行10倍系列梯度稀释至10^{-5}，制成每毫升含菌数为50～100CFU的菌悬液。

(3) 接种黑曲霉的新鲜培养物至改良马丁琼脂斜面培养基中，23～28℃培养5～7d形成大量孢子。用3～5mL 0.9%的无菌氯化钠溶液将孢子洗脱并过滤孢子悬液至无菌试管内，与标准比浊管比浊后，取1mL加入到9mL 0.9%的无菌氯化钠溶液并稀释至10^{-4}，制成每毫升含孢子数为50～100CFU的孢子悬液。

（二）供试液的制备

取供试药品10g，用乳钵研细，加入到100mL 0.1%无菌氯化钠蛋白胨稀释液中，混均，作为1∶10供试液。

（三）验证方法

(1) 试验组　取1∶10供试液1mL，分别加入10个无菌培养皿中，再加入大肠埃希菌、金黄色葡萄球菌、枯草芽孢杆菌、白色念珠菌、黑曲霉菌液1mL（含50～100CFU），每株菌平行制备2个平皿，立刻倾注营养琼脂培养基或玫瑰红钠琼脂培养基，凝固后分别置于30～35℃培养48h和23～28℃培养72h。

(2) 菌液组（阳性对照组）　分别取上述稀释的菌液1mL加入无菌培养皿中，每个菌平行制备2个平皿，立刻倾注营养琼脂培养基或玫瑰红钠琼脂培养基，测定每一菌株的试验菌数。

(3) 供试品对照组　取1∶10供试液1mL分别加入4个无菌培养皿中，立刻注入营养琼脂和玫瑰红钠琼脂培养基，每种培养基制备2个平皿，分别置于30～35℃培养48h和23～28℃培养72h，测定供试品的本底菌数。

(4) 稀释剂对照组　以0.1%无菌氯化钠蛋白胨稀释液为供试液，其余操作同试验组。

(5) 按上述方法至少进行3次独立的平行试验。

(6) 观察和计数　对每个平皿逐日检查计数，结果以培养结束时的计数为准，并将每组试验中的计数结果进行平均，取平均值。注意观察时要观察微生物菌落形态并做革兰染色，以确认生长菌与接入的微生物是否相同。

(7) 计算试验组菌回收率和稀释剂对照组菌回收率。

【实验内容】

对阿司匹林片剂的微生物限度检查方法——菌落计数方法进行验证，确认该方法是否适合该药品的微生物学限度检查。

【实验结果】

1. 将菌液组各试验菌的计数结果填入下表中（注明稀释倍数）。

实验次数	菌落数/(CFU/mL)				
	E. coli	*S. aureus*	*B. subtilis*	*C. albicus*	*A. niger*
1					
2					
3					

2. 将供试品对照组菌落计数结果填入下表中。

实验次数	菌落数/(CFU/mL)			
	营养琼脂培养基	营养琼脂培养基	玫瑰红钠琼脂培养基	玫瑰红钠琼脂培养基
1				
2				
3				

3. 将试验组菌落计数结果填入下表中。

实验次数	菌落数/(CFU/mL)				
	E. coli	*S. aureus*	*B. subtilis*	*C. albicus*	*A. niger*
1					
2					
3					

4. 将稀释剂各挑战菌的计数结果填入下表中。

实验次数	菌落数/(CFU/mL)				
	E. coli	*S. aureus*	*B. subtilis*	*C. albicus*	*A. niger*
1					
2					
3					

5. 计算试验组菌回收率（%）并对结果进行分析和评价。
6. 计算稀释剂对照组菌回收率（%）并对结果进行分析和评价。

【思考题】

1. 为什么平皿菌落计数法的验证设试验组、菌液组、稀释剂对照组和供试品对照组？在什么情况下可不设稀释剂对照组？
2. 验证时如果供试药品对挑战菌具有抑菌作用，如何消除抑菌作用？
3. 如果试验组和稀释剂对照组微生物生长数量相似，这一结果说明什么？

（袁丽红）

实验55　药品的无菌检查——全密封无菌检验系统的使用

【目的要求】

1. 了解药品无菌检查的概念及意义。
2. 掌握药品无菌检查的原理和方法。
3. 熟悉全密封无菌检验系统的使用方法和检验结果的判断方法。

【概述】

无菌检查法是指用于检查药典要求无菌的药品、医疗器具、原料、辅料及其他品种是否无菌的一种方法。凡是直接进入人体血液循环系统、肌肉、皮下组织或接触创伤、溃疡等部位而发生作用的制品或要求无菌的材料以及灭菌器具等都要进行无菌检查。需要进行无菌检查的药品有用于肌肉、皮下和静脉的各种注射剂（包括注射用无菌水、溶媒和溶剂、输液、注射剂原料等）、眼用及外伤用制剂、植入剂、可吸收的止血剂等。按无菌检查法规定，上述各类药品均不得检出需氧菌、厌氧菌及真菌等任何类型的活菌。从微生物的角度看，不得检出细菌、放线菌、酵母菌和霉菌等活菌。因此，药品的无菌检查对于保证无菌药品的质量有重要作用，各国药典对无菌检查等都有明文规定。药品无菌检查的结果为无菌时，在一定意义上讲，由于受到抽样数量的限制和灭菌工艺的限制，若供试品符合无菌检查的规定，仅表明供试品在该检验条件下未发现微生物污染，而并非绝对无菌，因此，这个检验结果是相对意义的结果。

无菌检查法包括直接接种法和薄膜过滤法。薄膜过滤法应优先采用封闭式薄膜过滤器，也可使用一般薄膜过滤器。无菌检查用的滤膜孔径应不大于 0.45μm，并且膜的选择应保证膜在使用前后的完整性。直接接种法适用于非抗菌作用的供试品，薄膜过滤法适用于抗菌作用的或大容量的供试品，但只要供试品性状允许，应采用薄膜过滤法。无菌检查检验数量、检验量除另有规定外，按我国药典（2005 版）规定。一般情况下，采用直接接种法应增加供试品 1 支（或瓶）作阳性对照用。如果每支（瓶）供试品的装量按规定足够接种两份培养基，则应分别接种硫代乙醇酸盐流体培养基和改良马丁培养基；采用薄膜过滤法应增加 1/2 的最小检验数量做阳性对照用，检验量应不少于直接接种法的供试品总接种量。对于供试品阳性对照菌应根据供试品的特性选择。无抑菌作用及抗革兰阳性菌为主的供试品以金黄色葡萄球菌为对照菌，抗革兰阴性菌为主的供试品以大肠埃希菌为对照菌，抗厌氧菌的供试品以生孢梭菌为对照菌，抗真菌的供试品以白色念珠菌为对照菌。阳性对照试验加菌量小于 100CFU，并且阳性对照管培养 48～72h 应生长良好。另外，供试品无菌检查时，应取相应溶剂和稀释液作为阴性对照，并且阴性对照不得有菌生长。无菌检查结果判断方法为：若供试品管均澄清或虽显混浊但经确证无菌生长，则供试品符合规定；若供试品管中任何一管显混浊并确认有菌生长，则判断该品不符合规定，除非能充分证明试验结果无效，即生长的微生物非供试品所含。若试验经确认无效应重试。重试时重新取同量供试品依法重试，若无菌生长，判断供试品符合规定，若有菌生长，判供试品不符合规定。

图 14-5　全密封无菌检验系统

无菌检查应在环境洁净度 10000 级下的局部洁净度 100 级的单项流空气区域内或隔离系统中进行，其全过程必须严格遵守无菌操作，防治微生物的污染。

全密封无菌检验系统是一种具有现代高技术水平的全封闭过滤系统，整套系统包括蠕动泵、过滤器和连接管道［(彩) 图 14-5］。由于整个过程都在密闭的环境下进行，无论是样品还是滤膜都不会暴露在外，因此可完全避免假阳性的机会。

【实验材料】

(1) 供试品　无菌液体药品，如“Opex”洗眼水等。

(2) 培养基　改良马丁液体培养基、硫代乙醇酸盐流体培养基，瓶口用胶塞封口。培养基应符合培养基的无菌检查及灵敏度检查的要求。

(3) 阳性对照用菌液　分别含有金黄色葡萄球菌、大肠埃希菌、生孢梭菌、白色念珠菌的灭菌水各100mL（含菌量为10～100CFU），瓶口用胶塞封口。

(4) Steritest™全密封无菌检验系统　蠕动泵、一次性过滤器、连接管、夹子、塞子等。

(5) 其他　灭菌水（阴性对照用，瓶口用胶塞封口）、废液瓶、酒精灯、消毒的一次性乳胶手套、消毒液、剪刀等。

【实验方法】

(1) 将无菌检验系统装置放置在操作台上，用消毒液擦拭表面消毒。注意不要使用喷雾消毒法。

(2) 将过滤器的底座放在排液槽上。注意排液槽要预先消毒，如可取下灭菌，最好灭菌。

(3) 将一次性过滤器的导管插入蠕动泵的管槽内。

(4) 用适宜的消毒液对供试品容器表面消毒，瓶塞火焰灭菌后迅速将进液管针头插入塞上，并把供试品瓶倒置在支架上。

(5) 启动蠕动泵使供试品药液全部流入过滤器中。

(6) 打开无菌检验系统装置上的过滤器开关，使过滤器药液通过滤膜过滤，滤液从滤器下孔流出并流入到废液瓶中。注意预先将废液导管插入废液瓶中。

(7) 取一瓶硫代乙醇酸盐流体培养基，瓶塞火焰灭菌后迅速将过滤器进液管针头插入塞上，并把装培养基的瓶子倒置在支架上。

(8) 取下过滤器顶端的塞子，同时将过滤器从排液槽上取下并用另一塞子将滤器下孔堵上。

(9) 启动蠕动泵使培养基流入过滤器中，每个过滤器约流入100mL培养基。

(10) 用夹子夹紧过滤器的导管，并剪断导管。

(11) 从排液槽上取下过滤器，并在上面做好标记。

(12) 重复(2)～(11)步骤，过滤供试品后加入改良马丁液体培养基，并在上面做好标记。

(13) 重复(2)～(11)步骤，分别过滤含金黄色葡萄球菌、大肠埃希菌、生孢梭菌、白色念珠菌的灭菌水后，加入适宜的培养基，作为阳性对照。

(14) 重复(2)～(11)步骤，过滤灭菌水，分别加入改良马丁液体培养基和硫代乙醇酸盐流体培养基作为阴性对照。

(15) 将上述过滤器置于适宜条件下培养。细菌于30～35℃、真菌于20～25℃培养7d，逐日观察记录结果。

(16) 结果判断　如需氧菌和厌氧菌、霉菌培养基管中任何一管显混浊并明确有菌生长，应取样并分别依法复试。除阳性对照管外，其他各管菌不得有菌生长，否则，应判为供试品不合格。

【实验内容】

利用全密封无菌检验系统对无菌液体药品进行无菌检查。

【实验结果】

1. 制作一简明表格，将无菌检查结果填入表格中。

2. 根据你的检验结果评判供试药品的微生物学质量。你的检验结果与药品标明的结果是否一致？若不一致，分析原因。

【思考题】

1. 如何修改实验步骤进行固体药品的无菌检查？

2. 如果无菌检查试验中任何一个供试品管出现混浊并确认有菌生长，你如何分析或证明试验结果无效？

3. 根据你对无菌检查原理和方法的认识，分析药品无菌检查有哪些局限性？

4. 膜过滤法用于药品的无菌检测有哪些优缺点？

（袁丽红）

实验56 药品中细菌内毒素检查——鲎试剂（LAL）法

【目的要求】

1. 熟悉内毒素概念并了解进行药品内毒素检查的重要性。
2. 了解利用鲎试剂检查细菌内毒素的原理。
3. 掌握利用鲎试剂检查细菌内毒素的方法。

【概述】

细菌毒素分为两类，一类为外毒素（exotoxin），是一种毒性蛋白质，是细菌在生长过程中分泌到菌体外的毒性物质。产生外毒素的细菌主要是革兰阳性菌。如白喉杆菌、破伤风杆菌、肉毒杆菌、金黄色葡萄球菌以及少数革兰阴性菌；另一类为内毒素（endotoxin），是革兰阴性菌细胞壁成分——脂多糖中的类脂A。细菌在生活状态时不释放出来，当细菌死亡或自溶后或黏附在其他细胞时便会释放出内毒素，表现其毒性。细菌内毒素具有多种生物活性，包括导致发热、激活补体和血液的级联反应、活化B淋巴细胞以及刺激肿瘤坏死因子的产生等。其中内毒素的致热性是由于其激活中性粒细胞等，使之释放出一种内源性热原质，作用于体温调节中枢引起发热，所以称它为外源性致热原。

细菌内毒素广泛存在于自然界中，如自来水中含内毒素的量为1～100EU/mL。当内毒素通过消化道进入人体时并不产生危害，但内毒素通过注射等方式进入血液时则会引起不同的疾病。因此，生物制品类、注射用药剂、化学药品类、放射性药物、抗生素类、疫苗类、透析液等制剂以及医疗器材类（如一次性注射器，植入性生物材料）必须经过细菌内毒素检测试验合格后才能使用。用于细菌内毒素检查的方法有多种，例如家兔发热性试验和鲎试剂法等。家兔发热性试验检查法是将一定剂量的供试品静脉注射入家兔体内，在规定时间内观察家兔体温升高的情况，以判断供试品中所含热原的限度是否符合规定。鲎试剂（鲎细胞溶解物，Limulus Amebocyte Lysate，LAL）法是利用鲎试剂来检测或量化细菌内毒素，以判断供试品中细菌内毒素的限量是否符合规定的一种方法。鲎试剂法检查包括两种方法，即凝胶法和光度测定法。前者利用鲎试剂与细菌内毒素产生凝集反应的原理来定性检测或半定量测定内毒素；后者包括浊度法和显色基质（比色）法，系分别利用鲎试剂与内毒素反应过程中的浊度变化及产生的凝固酶使特定底物释放出呈色团的多少来定量测定内毒素。比色法又可分为终点显（比）色法和动态比色法。供试品检测时可使用其中任何一种方法进行试验，当测定结果有争议时，除另有规定外，以凝胶法结果为准。鲎试剂法具有简单、快速、灵敏、准确等优点，目前已广泛用于临床、制药工业药品检验等方面。

本实验介绍利用鲎试剂凝胶法检测药品中细菌内毒素。

【实验材料】

（1）商品鲎试剂盒。

（2）内毒素标准品　阳性对照用。

（3）供试药品　无菌药品或注射用水等。

(4) 仪器设备　洁净室、恒温水浴锅等。

(5) 其他　无热源灭菌水、无热源移液管或吸头、无热源试管等。注意试验所用的器皿须经处理以除去可能存在的外源性的热源。常用的方法是干热灭菌法，即在 250℃下加热至少 60min，也可采用其他确证不干扰细菌内毒素检查的适宜方法。

【实验方法】

(1) 复溶鲎试剂　按照试剂盒说明溶解鲎试剂。

(2) 供试品溶液组

① 供试品溶液制备　用无热源灭菌水稀释供试品至适宜稀释度。

② 用无热源移液管吸取 0.1mL 供试品溶液加入到无热源试管中，再用另一支无热源移液管吸取 0.1mL 复溶后鲎试剂加入供试品中，将试管中溶液轻轻混匀后封闭管口。作 2 支平行管。

(3) 供试品阳性对照组（含内毒素的供试品溶液）

① 供试品阳性对照液（2λ/供试品溶液）制备　取内毒素标准液，用供试品溶液稀释 1 倍，即配制成所含内毒素浓度为 2λ/供试品阳性对照液。

② 用无热源移液管吸取 0.1mL 供试品阳性对照液加入到无热源试管中，再用另一支无热源移液管吸取 0.1mL 复溶后鲎试剂加入上述试管中，将试管中溶液轻轻混匀后封闭管口。作 2 支平行管。

(4) 阳性对照组（含内毒素的检查用水）

① 阳性对照液（2λ/检查用水）制备　取内毒素标准液，用无热源的检查用水稀释 1 倍，即配制成所含内毒素浓度为 2λ/检查用水阳性对照液。

② 用无热源移液管吸取 0.1mL 阳性对照液加入到无热源试管中，再用另一支无热源移液管吸取 0.1mL 复溶后鲎试剂加入上述试管中，将试管中溶液轻轻混匀后封闭管口。作 2 支平行管。

(5) 阴性对照 1　用无热源移液管吸取 0.1mL 无热源检查用水加入到无热源试管中，再用另一支无热源移液管吸取 0.1mL 复溶后鲎试剂加入上述试管中，将试管中溶液轻轻混匀后封闭管口。作 2 支平行管。

(6) 阴性对照 2　用无热源移液管吸取 0.1mL 无热源检查用水加入到无热源试管中，不加鲎试剂，封闭管口。作 2 支平行管。

注意以上试验操作过程中应在无菌条件下进行，防止微生物的污染。

(7) 将上述各支试管垂直放入 37℃±1℃水浴锅中，保温 60min±2min。注意保温的温度和时间是试验的关键。

(8) 结果观察与判断　保温 60min±2min 后观察结果。将各试管从水浴锅中轻轻取出，缓慢倒转 180°，若管内形成凝胶，并且凝胶不变性，不从管壁滑脱者为阳性；未形成凝胶或形成的凝胶不坚实、变形并从管壁滑脱者为阴性。注意保温和拿取试管过程应避免受到振动造成假阴性结果。

若阴性对照 1 和阴性对照 2 的各平行管均为阴性，供试品阳性对照各平行管均为阳性，阳性对照各平行管均为阳性，试验有效。

若供试品溶液的两个平行管均为阴性，判定供试品符合规定；若供试品溶液的两个平行管均为阳性，判供试品不符合规定；若供试品溶液的两个平行管中一管为阳性，另一管为阴性，需进行复试。复试时，供试品溶液需做 4 支平行管，若所有平行管均为阴性，判供试品符合规定，否则判供试品不符合规定。

【实验内容】

用鲎试剂凝胶法检测药品（如注射用水）是否含有细菌内毒素。

【实验结果】

1. 制作一简明表格，将细菌内毒素检查结果填入表格中。

2. 根据你的检验结果评判药品的质量。你的检验结果与药品标明的结果是否一致？若不一致，分析原因。

【思考题】

1. 比较家兔发热性试验检查法和鲎试剂法检查药品中细菌内毒素的优缺点。

2. 进行药品细菌内毒素检查时，为什么要对供试品进行适当稀释？

3. 内毒素和外毒素的主要区别是什么？

（袁丽红）

实验57 消毒剂效力测定——石炭酸系数实验

【目的要求】

1. 学会石炭酸系数测定方法。

2. 比较和评价不同消毒剂的效力。

【概述】

消毒剂是指可以抑制或杀死微生物的化学试剂，主要用于抑制或杀灭物体表面、器械、排泄物和周围环境中的微生物。一种消毒剂是否具有杀菌作用及其杀菌效力高低是保证其消毒效果和选用消毒剂的重要依据。在实际工作中，消毒剂的消毒效果评价是以消毒剂与微生物接触后，测定残留的微生物的数量，以杀灭率表示结果，继而表示用户对消毒剂杀灭效果的评价。

消毒剂的种类很多，各种微生物抵抗消毒剂的能力不同，因此应选定几种微生物作为试验菌。试验用供试细菌为金黄色葡萄球菌、大肠埃希菌、伤寒沙门菌、铜绿假单胞菌，细菌芽孢为枯草芽孢杆菌黑色变种芽孢，真菌为白色念珠菌。

为了准确评价消毒剂对微生物的杀菌作用，在消毒试验中要求选择适当的中和剂。中和剂的作用是不仅能及时中止消毒剂的杀菌作用，而且中和剂本身及其与消毒剂的反应产物应对微生物无抑菌或杀菌作用，并且对微生物的生长没有影响。常用的中和剂有卵磷脂、Tween 80、硫代硫酸钠等。

了解一个新的消毒剂或现有消毒剂的杀菌能力，需做消毒剂效力测定，因此，消毒剂效力测定是一项具有实践意义的技术工作。消毒剂效力测定的方法很多，如最小抑菌浓度（MIC）和最小杀菌浓度（MBC）测定、定性或定量悬浮试验、石炭酸系数（酚系数）测定、平均单个细菌存活时间测定、细菌灭活时间测定等。本实验主要介绍利用石炭酸系数测定法测定消毒剂效力。

石炭酸系数是表示消毒剂杀菌效力的常用方法之一，是指在规定的试验条件、作用时间下，被试消毒剂能杀死供试菌伤寒沙门菌的最高稀释度与达到同效的石炭酸的最高稀释度之比。石炭酸系数规定的实验条件包括使用伤寒沙门菌或金黄色葡萄球菌，于不同浓度的石炭酸或待测消毒剂中加入定量的细菌，分别作用5、10、15min后，观察细菌的存活情况。石炭酸系数越大，表明被测消毒剂的效力越高。但石炭酸系数的应用也有一定的局限性，因为某消毒剂对伤寒沙门菌的石炭酸系数大小并不能完全代表它对其他菌的作用强弱。因此，还可按需要选用其他菌进行测定，如铜绿假单胞菌等。

【实验材料】

（1）供试菌　金黄色葡萄球菌、大肠埃希菌，均为24h营养肉汤培养物。

（2）供试消毒剂　50%石炭酸液、来苏尔消毒液、滴露消毒液等。

（3）培养基　营养肉汤培养基（含 3% Tween 80，分装于试管中，每支试管分装 10mL）。

（4）仪器设备　漩涡混合器、恒温培养箱、超净工作台。

（5）其他　具塞灭菌试管、灭菌水（稀释用）、灭菌移液管（1mL、10mL）、接种环、酒精灯、试管架、记号笔等。

【实验方法】

（1）消毒剂的稀释　按照表 14-1 计算各待测消毒剂在各稀释度下消毒剂和灭菌水用量（以各稀释度消毒液终体积 10mL 计算），将计算结果填入该表中。

表 14-1　消毒剂的稀释

石炭酸液稀释			来苏尔消毒液稀释			滴露消毒液稀释		
稀释度	50%石炭酸液加入量/mL	灭菌水加入量/mL	稀释度	来苏尔消毒液加入量/mL	灭菌水加入量/mL	稀释度	滴露消毒液加入量/mL	灭菌水加入量/mL
1/20	1	9	1/100	0.1	9.9	1/20	0.5	9.5
1/50			1/200			1/50		
1/80			1/400			1/80		
1/90			1/450			1/90		
1/100			1/500			1/100		

（2）取 15 支灭菌试管，标记消毒液名称、稀释度、作用时间、供试菌名称（例如石炭酸液 1/20，5min，金黄色葡萄球菌）。然后根据表 14-1 结果稀释待测消毒剂。注意每支试管中各稀释度的消毒剂体积为 10mL。

（3）在每支试管中加入 0.1mL 供试菌培养物，并记录时间。摇匀，使消毒剂与供试菌充分接触。

（4）消毒剂与微生物接触 5min 后，利用无菌操作技术从相应试管中取一环消毒剂与供试菌混合物接种于含 3%Tween 80 肉汤培养基中。做好标记。

（5）消毒剂与微生物接触 10、15min 后，按（4）方法取一环消毒剂与供试菌混合物接种于含 3%Tween 80 肉汤培养基中。做好标记。

（6）利用无菌操作技术取一环金黄色葡萄球菌培养物（未与消毒剂接触）接种于含 3% Tween 80 肉汤培养基中，作为阳性对照。做好标记。

（7）取一支装有含 3%Tween 80 肉汤培养基试管，不接种，作为阴性对照。做好标记。

（8）将上述试管于 37℃培养 48h。

（9）培养后观察记录供试菌是否生长。生长：+；未生长：-。

（10）根据观察记录结果确定作用 10min 杀死供试菌但 5min 不能杀死供试菌的供试消毒剂最高稀释度，然后计算石炭酸系数。

$$\text{石炭酸系数}=\frac{\text{作用 10min 杀死供试菌但 5min 不能杀死供试菌的供试消毒剂最高稀释度}}{\text{作用 10min 杀死供试菌但 5min 不能杀死供试菌的石炭酸最高稀释度}}$$

【实验内容】

以金黄色葡萄球菌和大肠埃希菌为供试菌分别测定来苏尔消毒液和滴露消毒液的石炭酸系数，并评价其消毒效力。

【实验结果】

1. 将实验结果填入下表中。

消毒剂	稀释度	不同作用时间细菌生长情况		
		5min	10min	15min
石炭酸	1/20			
	1/50			
	1/80			
	1/90			
	1/100			
	＋ve control			
	－ve control			
来苏尔	1/100			
	1/200			
	1/400			
	1/450			
	1/500			
	＋ve control			
	－ve control			
滴露	1/20			
	1/50			
	1/80			
	1/90			
	1/100			
	＋ve control			
	－ve control			

2. 根据上表结果计算来苏尔和滴露的石炭酸系数，并评价它们的消毒效果。

【思考题】

1. 为什么在营养肉汤培养基中加入吐温80？
2. 试验所得的石炭酸系数有何意义？
3. 从你的试验结果中如何判断消毒剂具有杀菌作用还是具有抑菌作用？

（袁丽红）

实验58 微生物制剂检验——乳酸菌制剂检查法

【目的要求】

1. 了解微生物制剂检验意义。
2. 学会乳酸菌制剂检查法和结果判断方法。

【概述】

微生物制剂与其他药物不同，它是利用正常微生物成员或促生物质的活微生物制剂，具有补充或充实微生物群落，维持或调节生态平衡，起到防病治病维护宿主健康的作用。随着微生物制剂药品的品种日益增多，剂型也多种多样，既有单一菌制剂，也有复合菌制剂，但主要成分是优势种群合剂和其促进物合剂。优势种群制剂常用的两类菌是双歧杆菌和乳酸杆菌，以及以它们为主体的复合菌类制剂。优势种群促进物合剂有两类，一类是促优势菌群生长制剂，如需氧芽孢杆菌的活菌制剂，另一类是优势菌群生长的促进物质制剂，如乳果糖。在我国已有多种活菌制剂投入市场，而且数量品种不断扩大。目前，我国微生物制剂所用的菌种包括各种乳杆菌、双歧杆菌、肠球菌、粪链球菌、蜡样芽孢杆菌以及某些芽孢杆菌和酵母菌等。

微生物制剂检查的一般方法分为：菌种检定、理化检定、安全检定和效力检定。菌种检定包括形态及培养特性的检查（菌株染色、形态观察、在相应培养基上的菌落特征）、糖发酵和生化反应、代谢测定等。理化检定包括物理性状检查、外观检查、崩解时间及溶解速度和水分含量测定等。安全检定包括微生物限度检查、小鼠试验。效力检定（含量测定）是检测制品中该菌存活数，一般采用活菌计数法。本实验介绍乳酸菌制剂检查法。

乳酸菌是一类能发酵糖产生乳酸的细菌的总称，多数不能分解蛋白质。目前，国内外药品生产中使用的乳酸菌有乳酸杆菌、粪链球菌、保加利亚乳杆菌、嗜酸乳杆菌、双歧杆菌等。乳酸菌制剂的检查法包括牛奶凝固力、乳酸鉴别法、活乳酸菌数测定及其鉴别法和微生物限度检查法。

【实验材料】

（1）培养基　牛奶培养基（分装于试管中，每管 20mL）、含糖牛肉汤液体培养基、含糖牛肉汤琼脂斜面培养基、石蕊牛奶培养基（分装于试管中，每管 5～10mL）、乳酸菌数测定用培养基。

（2）供试品　含乳酸菌的微生物制剂。

（3）仪器设备　恒温培养箱、超净工作台、电子天平、水浴锅。

（4）溶液　10%硫酸溶液、10%愈创木酚乙醇溶液、20%碳酸钙混悬液、0.1mol/L 氢氧化钠溶液、酚酞指示剂、3%过氧化氢溶液。

（5）玻璃器皿　灭菌试管、灭菌移液管、灭菌培养皿、100mL 三角瓶。

（6）其他　灭菌水、灭菌生理盐水、玻璃珠、接种环、酒精灯、记号笔等。

【实验方法】

（一）牛奶凝固力及乳酸鉴别法

1. 牛奶凝固力检查

（1）取供试品 0.1～0.3g，加到 20mL 牛奶培养基中，摇匀。此为供试品管。

（2）另取一管牛奶培养基，不加供试品，为阴性对照管。

（3）将上述试管置于 37℃培养 48h（必要时可延长至 72h）。

（4）观察　供试品管的牛奶应呈正常凝固现象，即表面无多量乳清分出，凝块均匀稠密结实，无气体产生，无消化现象；阴性对照管的牛奶不凝固。

2. 乳酸鉴别

（1）取牛奶凝固力试验的供试品管和对照管的培养液各 1mL，分别加入两支试管中，各加 10%硫酸溶液 3～5 滴，振摇，再加乙醚约 10mL，猛烈振摇，放置数分钟，静止分层。

（2）分别将上层乙醚液加入另两支试管中，于热水浴中除去乙醚，得残留物。

（3）残留物中各加 2mL 灭菌水，摇匀，分别吸取 0.2mL 置于另两支试管中，各加 10%硫酸 2mL，摇匀，置水浴中加热 2min，取出后立刻用冷水冷却，再分别滴加 10%愈创木酚乙醇溶液 1 滴，摇匀观察。对照管应显橙色，供试品管应显红色，为正反应，否则为负反应。

3. 结果判断

（1）乳酸鉴别试验呈正反应，牛奶呈正常凝固现象，供试品优良。

（2）乳酸鉴别试验呈正反应，牛奶呈不均匀的凝块，并分出大量乳清，凝块有气泡及消化现象，表示有杂菌生长，供试品符合规定。

（3）乳酸鉴别试验呈负反应，牛奶呈不正常凝固或者不凝固，供试品不合格。

（二）活乳酸菌数测定法

（1）供试品稀释液的制备　利用无菌操作技术从两个包装供试品中，按各品种规定的取样量取样，加入盛有灭菌生理盐水三角瓶中（内有玻璃珠），振荡摇匀，制成10^{-1}混悬液，再进行10倍系列梯度稀释，制成10^{-2}、10^{-3}、10^{-4}、10^{-5}、10^{-6}等各种稀释度的混悬液。注意每一稀释度吹洗三次，并更换吸管。

（2）接种与培养　用灭菌移液管吸取每个稀释度的混悬液1mL，加入灭菌培养皿中，每个稀释度做2皿。

（3）将20%碳酸钙混悬液置水浴中加温后，摇匀，趁热用灭菌移液管吸取5mL加至已溶化的100mL含糖牛肉汤琼脂培养基中，摇匀，冷却至45～55℃，取10～15mL培养基加至上述各培养皿中，随即转动平皿，充分混合均匀，待凝固。

（4）凝固后，置于37℃倒置培养72h后，观察结果。有透明圈的菌落为乳酸菌。

（5）菌落计数和计算　选取菌落分布均匀、菌落数为30～300个的平皿，计数菌落数。求两个平皿的平均菌落数（若两个平皿的菌落数相差一倍以上，需重新试验），再乘以供试品的稀释倍数，根据取样量计算每1g乳酸菌制剂所含的活菌数。

（三）乳酸菌鉴别法

1. 运动性检查

（1）自活乳酸菌计数的平皿中，选出具有透明圈的各种不同形态的菌落，每种选取两个菌落，分别接种至含糖牛肉汤培养基中，37℃培养24h后观察。结果：培养物应生长良好。

（2）取菌液，以悬滴检查法观察运动性。结果：应无运动性。

2. 石蕊牛奶凝固试验

（1）从自运动性检查的含糖牛肉汤培养液中，取一环菌液接入5～10mL石蕊牛奶培养基中，37℃培养48h后观察。

（2）观察　结果：石蕊应还原为无色，牛奶应呈正常凝固现象，培养基上层表面应呈紫红色环。

3. 显微镜检查

自上项含糖牛肉汤培养液中取菌液涂片后，革兰染色，镜检，记录菌体形态和革兰染色反应结果。

4. 酸度测定及乳酸鉴别试验

（1）自含糖牛肉汤培养液中取一环菌液接入20mL牛奶培养基中，另取20mL牛奶培养基，做对照用。37℃培养48h后分别进行酸度测定及乳酸鉴别试验。

（2）酸度测定法　取培养后的牛奶培养基5mL加入100mL三角瓶中，加灭菌水20mL和酚酞指示剂3滴，用0.1mol/L氢氧化钠溶液滴定至淡红色，并在1min内不褪色。

5. 接触酶试验

自含糖牛肉汤培养液中取一环菌液接种于含糖牛肉汤琼脂斜面上，37℃培养48h后，将3%过氧化氢溶液滴加于生长的菌落表面上，观察有无气泡产生。结果：有气泡则为阳性反应，反之则为阴性反应。

（四）微生物限度检查法

操作方法参见实验53。

【实验内容】

对一含乳酸菌的微生物制剂进行检验，并根据检验结果判断是否符合规定。

【实验结果】

1. 写出乳酸菌的检定规程。

2. 根据 1 中的检定规程，制作合适的图表，将检定结果填入图表中。

【思考题】

1. 影响活菌制剂检定结果的因素有哪些？

2. 乳酸菌制剂检查时如何区分有效菌和污染菌？

3. 制备牛奶培养基时影响培养基质量的关键因素是什么？

4. 你的检定结果与产品说明是否一致？若不一致，请分析原因。

（袁丽红）

实验59　抗生素产生菌分离筛选和抗菌谱测定

【目的要求】

1. 学会抗生素产生菌的分离方法。

2. 学会抗生素产生菌抗菌活性测定方法。

【概述】

自然界中微生物的多样性及其代谢产物的多样性，使得微生物成为新药以及先导化合物发现的重要来源。在众多的微生物代谢产物中，微生物产生的各种次级代谢产物因其具有各种不同的生理活性，而成为微生物来源药物的开发目标。例如人们熟悉的抗生素就是具有抗感染、抗肿瘤作用的微生物次级代谢产物。1929 年，英国 Fleming 发现青霉素，随后由 Florey 和 Chain 将青霉素用于治疗并取得惊人的效果。1942 年，美国 Waksman 发现链霉素并很快将其用于临床。继 Fleming 和 Waksman 后，日本梅译滨夫发现卡那霉素等多个具有临床应用价值的抗生素。随后，科学家又从微生物次级代谢产物中发现了一大批并一直用于临床的抗生素，如红霉素、螺旋霉素、麦迪霉素和林可霉素等，以及一大批半合成 β-内酰胺类抗生素和其他类别的半合成抗生素。日本梅译滨夫除了发现卡那霉素等多个具有临床应用价值的抗生素外，还提出了酶抑制剂的概念，即能够抑制某种酶活性的生理活性物质。酶抑制剂从作用对象而言，并非传统意义上的抗菌、抗病毒或抗肿瘤类的抗生素，从而开创了从微生物次级代谢产物中寻找其他生理活性物质的新时代。目前，从微生物次级代谢产物中筛选的各种生理活性物质，除了抗生素、酶抑制剂和免疫调节剂等外，在受体拮抗剂、抗氧化剂、细胞因子诱导剂等多个领域，都发现了很多具有药物开发价值的候选化合物。可以毫不夸张地说，在微生物的次级代谢产物中，存在着各种人们目前还无法想象的极好药物，有待于我们进一步开发利用。

利用不同来源的细菌、放线菌和霉菌等微生物，通过不同的分离培养技术，让其产生多种多样的次级代谢产物，然后再通过各种筛选技术和分析检测技术，寻找其中新的、具有各种生理活性的微生物次级代谢产物，是获得微生物来源药物的主要途径。但是，随着从微生物次级代谢产物中获得的抗生素的大量问世，应用常规抗生素筛选模型，发现新药的几率明显下降。近 20 年来随着生命科学的发展以及相关新技术的应用，建立新的筛选模型或筛选技术、扩大微生物资源（例如来源于极端环境的微生物、海洋微生物、稀有放线菌、黏细菌、植物内生菌和致病菌等）、利用组合生物合成技术、组合生物转化技术等为发现微生物新药提供了有效途径。不仅从微生物次级代谢产物中发现了很多具有重要应用价值的新抗生素，同时，还可以人为地创造获得多样性的“非天然”的天然化合物。

本实验介绍利用 Crowded-plate 技术从土壤中分离筛选抗生素产生菌及其抗菌谱的

测定。

【实验材料】

（1）土样。

（2）受试菌　培养于 TSA 斜面培养基 24h 的金黄色葡萄球菌、大肠埃希菌、铜绿假单胞菌、耻垢分枝杆菌（*Mycobacterium smegmatis*）。

（3）培养基　TSA（分装于试管中，每管 15mL）、TSA 斜面、TSA 平板。

（4）仪器设备　超净工作台、恒温培养箱、摇床。

（5）玻璃器皿：灭菌试管、灭菌移液管、灭菌培养皿、烧杯等。

（6）其他　无菌水、试管架、接种环、酒精灯、手持、记号笔等。

【实验方法】

（一）抗生素产生菌分离筛选

利用 Crowded-Plate 技术分离筛选抗生素产生菌操作步骤如图 14-6。

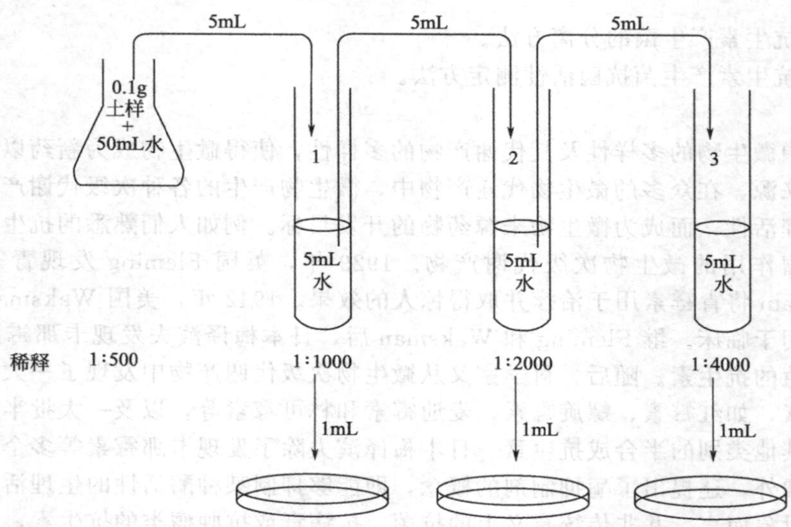

图 14-6　利用 Crowded-plate 技术分离抗生素产生菌

1. 土样稀释

（1）称取 0.1g 土样加入 50mL 灭菌水中，振荡 5min，使土样中微生物充分分散于水中，此时稀释度为 1∶500。

（2）取 3 支灭菌试管，分别标记 1，2，3。再于每支试管内加入 5mL 灭菌水。

（3）取（1）中液样 5mL 加入试管 1 中，混匀，稀释度为 1∶1000。

（4）从试管 1 取 5mL 液样加入试管 2 中，混匀，稀释度为 1∶2000。

（5）从试管 2 取 5mL 液样加入试管 3 中，混匀，稀释度为 1∶4000。

2. 分离

（1）在灭菌培养皿上分别标记土样名称和稀释度 1∶1000、1∶2000、1∶4000。

（2）分别取 1∶1000、1∶2000、1∶4000 土壤稀释液各 1mL 加入相应的培养皿中。每个土样稀释液可同时做 3 个平行皿。

（3）在每个加样的培养皿中倒入 15mL 融化并冷却至 45℃ 的 TSA 培养基，轻轻转动培养皿使加样和培养基充分混匀，水平放置，凝固。

3. 培养

将所有凝固后平板于 25℃下倒置培养 2～4d。

4. 观察和转接

（1）培养后，仔细观察各培养培养物（可借助放大镜），在某些菌落周围有抑菌圈或抑菌区域。

（2）将具有抑菌圈或抑菌区域的菌落转接到新鲜 TSA 斜面培养基上，并做好标记，于 25℃下 2～4d，用于抗菌谱测定。

（二）抗生素产生菌抗菌谱测定

（1）在 TSA 平板上标记待测抗生素产生菌名称或编号。

（2）利用无菌操作技术将待测抗生素产生菌划线接种于 TSA 平板上。接种方法为在平板上划一直线，将平板培养基分为两个区域（图 14-7）。

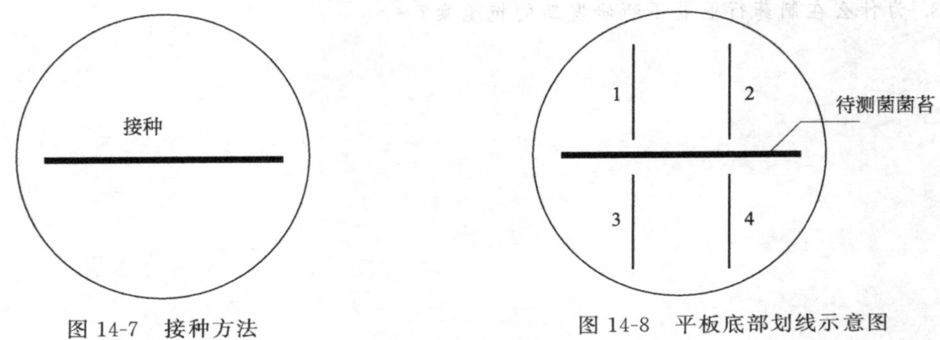

图 14-7　接种方法　　　图 14-8　平板底部划线示意图

（3）接种后于 25℃倒置培养 3～5d。

（4）培养后，在平板底部用记号笔划 4 条垂直于待测抗生素产生菌菌苔的直线（图 14-8）。

（5）利用无菌操作技术分别沿着划线接种受试菌金黄色葡萄球菌、大肠埃希菌、铜绿假单胞菌、耻垢分枝杆菌，每一受试菌划一条线。接种时尽量接近待测菌苔，但不要接触菌苔。

（6）接种后于 37℃倒置培养 24h。

（7）培养后，观察受试菌生长受抑制的情况，判断待测抗生素产生菌的抑菌活性及其抗菌谱。

【实验内容】

1. 采集土样并从采集的土样中分离抗生素产生菌。

2. 测定分离获得的抗生素产生菌的抗菌谱。

【实验结果】

1. 仔细检查各分离平板培养物，观察某些菌落周围是否有抑菌圈或抑菌区域，并将观察结果填入下表。

土　样	具抑菌圈或抑菌区域的菌落数		
	稀释度		
	1∶1000	1∶2000	1∶4000

2. 仔细观察抗菌谱测定的平板培养物，选择 1～2 个典型代表画出受试菌的生长情况。

3. 将分离获得的抗生素产生菌各分离物及其抗菌谱实验结果填入下表中。

抗生素产生菌	受试菌				
	E. coli(G^-)	*S. aureus*(G^+)	*P. aeruginosa*(G^-)	*M. smegmatis*(Acid－Fast)	抗菌谱

【思考题】

1. 你认为本实验采用的Crowded-Plate技术分离抗生素产生菌有何缺点？针对该技术的缺点设计一种抗生素产生菌分离方案？

2. 你认为本实验采用的抗菌谱测定方法有何有缺点？

3. 为什么在制药行业要不断研发新的抗生素？

（袁丽红）

第15章 环境微生物实验

实验60 活性污泥生物相的观察

【目的要求】

1. 了解观察活性污泥生物相的意义。

2. 学会观察活性污泥中的絮状体及生物相。

【概述】

活性污泥是生物法处理废水的主体。在污水活性污泥处理中，通过微生物的新陈代谢作用将有机污染物分解转化为无机物，从而达到净化污水的目的。因此，污泥中微生物的生长、繁殖、代谢活动以及微生物之间的演替情况直接反映处理系统的运行状况。在废水生物处理过程中，除了采用物理、化学方法测定微生物处理废水的效果之外，还可以利用显微镜观察活性污泥中的微生物种类和数量来判断废水处理系统的运行状况。活性污泥中生物相比较复杂，以细菌为主要类群，其数量可占污泥中微生物总量的90%～95%左右。某些细菌能分泌胶黏物质形成菌胶团，成为活性污泥的主要组分。其次为原生动物，占活性污泥质量可达5%。活性污泥中的原生动物约有230种，与细菌共同作用起到降解有机物的作用。此外，还有真菌、后生动物等。原生动物和微型后生动物常作为污水净化指标。在活性污泥发生变化或污泥培养初期可以看到大量鞭毛虫和变形虫。当污水处理池运转正常时固着型纤毛虫占优势。当后生动物轮虫等大量出现时，意味着污泥极度衰老。因此，可以根据原生动物和微型后生动物种类和相对数量的消长规律判断污水净化程度和预报处理系统的运行状况是否正常。丝状微生物构成污泥絮状体的骨架，少数伸出絮状体外。好的活性污泥在显微镜下观察看不到或很少看到分散在水中的细菌，看到的是一团团结构紧密的污泥块。不太好的活性污泥则可看到丝状真菌和一团团污泥块。很差的活性污泥则丝状真菌很多，当由丝状真菌构成的絮状体大量出现时，常可造成污泥膨胀或污泥松散，使污泥池运转失常。因此，通过观察活性污泥中絮状体和生物相，根据生物相的变化可以分析生物处理池内运转是否正常，以便及时发现异常情况，采取有效措施保证废水处理系统的正常运行。

【实验材料】

(1) 活性污泥　取自污水处理厂曝气池的混合液。

(2) 仪器　显微镜。

(3) 其他　量筒、载玻片、盖玻片、吸管、镊子、微型动物计数板、吸水纸等。

【实验方法】

(1) 絮状体外观和沉降性能　取曝气池的混合液置于量筒内，肉眼观察活性污泥在量筒中呈现的絮状体外观（形态、结构、密度）及沉降性能［以污泥沉降比（SV）表示，即一定量的污泥混合液静止30min后，沉降的污泥体积与原混合液体积之比，以百分数表示］。

（2）镜检　在载玻片上滴加1～2滴混合液，加盖玻片制成水浸片，在显微镜下观察活性污泥生物相。

① 污泥菌胶团絮状体　形状、大小、稠密度、折光性、游离细菌多少等。

② 丝状微生物　伸出絮状体外的多少、占优势的种类。

③ 微型动物　识别原生动物、后生动物的种类。

【实验内容】

观察取自污水处理厂曝气池活性污泥生物相并对污泥质量和运行状况作初步评价。

【实验结果】

1. 将对活性污泥的观察和镜检结果填入下表。

污泥沉降比(SV)/%		游离细菌数量	
絮状体形态(圆形/不规则形)		优势动物(种类、特征)	
絮状体结构(开放/封闭)		其他动物	
絮状体密度(紧密/松散)		每毫升混合液中动物数	
丝状菌数量			

2. 绘出优势原生动物和后生动物形态图。

【思考题】

1. 根据你的观察结果，对污泥质量和运行状况作初步评价。
2. 活性污泥净化污水的机理是什么？
3. 试述活性污泥中原生动物和微型后生动物的营养特性与污水净化程度之间的关系。
4. 测定污泥沉降比工作参数的意义是什么？

（袁丽红）

实验61　活性污泥脱氢酶活性的测定

【目的要求】

1. 了解测定活性污泥脱氢酶活性的意义。
2. 掌握活性污泥脱氢酶活性测定原理和方法。

【概述】

活性污泥中微生物对污水中各类有机物的分解是在其产生的各种酶的参与下实现的。在这些酶中脱氢酶占有重要的地位，因为有机物在生物体内的氧化是通过脱氢实现的。脱氢酶是一类氧化还原酶，它的作用是催化氢从被氧化的物质（基质AH）上转移到另一个物质（受氢体B）上。

$$AH+B \rightleftharpoons A+BH$$

活性污泥中脱氢酶的活性与水中营养物浓度成正比。在处理污水过程中，活性污泥脱氢酶活性的降低，直接说明了污水中可利用物质营养浓度的降低。此外，由于酶是一类蛋白质，对毒物的作用非常敏感，当污水中有毒物存在时，会使酶失活，造成污泥活性下降。在生产实践中，常常在设置对照组消除营养物浓度变化影响因素的条件下，通过测定活性污泥在不同工业废水中脱氢酶活性变化情况来评价工业废水成分的毒性，评价活性污泥对不同工业废水的生物可降解性。

脱氢酶活性的定量测定常通过指示剂的还原变色速度来确定脱氢过程的强度。常用的指示剂有2,3,5-氯化三苯基四氮唑（TTC）或亚甲蓝，它们在从氧化状态接受脱氢酶活化的氢而被还原时具有稳定的颜色，因而可通过比色的方法测量反应后颜色变化程度来推测脱氢酶的活性。TTC 被还原为 TF 的反应式如下：

$$\left[C_6H_5-C\begin{matrix}\diagup N-N-C_6H_5 \\ \diagdown N{=}N-C_6H_5\end{matrix}\right]Cl \xrightarrow[+2H^+]{+2e} C_6H_5-C\begin{matrix}\diagup N-\overset{H}{N}-C_6H_5 \\ \diagdown N{=}N-C_6H_5\end{matrix} + HCl$$

TTC（无色）　　　　TF（红色）

【实验材料】

（1）活性污泥　取自污水处理厂曝气池。

（2）水样　不同的工业废水。

（3）试剂　0.05mol/L Tris-HCl 缓冲液（pH 8.4）、0.36％亚硫酸钠溶液、0.85％氯化钠溶液、0.2％～0.4％氯化三苯基四氮唑溶液、氯化三苯基四氮唑、丙酮、连二亚硫酸钠、浓硫酸。

（4）仪器设备　可见光分光光度计、恒温水浴锅、离心机、电子天平。

（5）其他　50mL 容量瓶、具塞试管、离心管、移液管、黑色塑料袋、蒸馏水。

【实验方法】

（一）标准曲线的制作

（1）配制 1mg/mL TTC 溶液　称取 50.0mg TTC，置于 50mL 容量瓶中，以蒸馏水溶解并定容至刻度。

（2）配制不同浓度 TTC 溶液：分别吸取 1mg/mL TTC 溶液 1、2、3、4、5、6、7mL 置于 50mL 容量瓶中，以蒸馏水定容至 50 毫升。配制的 TTC 溶液浓度分别为 20、40、60、80、100、120、140μg/mL。

（3）取 8 支具塞试管，编号后按表 15-1 加入 0.05mol/L Tris-HCl 缓冲液、蒸馏水和 TTC 溶液。

表 15-1　标准曲线的制作加样表

管　号	0.05mol/L Tris-HCl 缓冲液	蒸　馏　水	加 1mL TTC 溶液	TTC 含量/μg
0(对照)	2mL	3mL	—	0
1	2mL	2mL	20μg/mL TTC 溶液	20
2	2mL	2mL	40μg/mL TTC 溶液	40
3	2mL	2mL	60μg/mL TTC 溶液	60
4	2mL	2mL	80μg/mL TTC 溶液	80
5	2mL	2mL	100μg/mL TTC 溶液	100
6	2mL	2mL	120μg/mL TTC 溶液	120
7	2mL	2mL	140μg/mL TTC 溶液	140

（4）在各管中再加入连二亚硫酸钠 10g，混合，使 TTC 全部还原，生成红色的 TF。

（5）在各管加入 5mL 丙酮抽提 TF。

（6）于可见光分光光度计上测 OD_{485}。

（7）以 TTC 含量为横坐标，OD_{485} 为纵坐标在坐标纸上绘制标准曲线。

（二）活性污泥脱氢酶活性的测定

（1）活性污泥悬浮液的制备　取活性污泥混合液 50mL，3000r/min 离心 15min 后弃去上清液，用 0.85％氯化钠溶液补足至 50mL，充分搅拌洗涤后，再次离心弃去上清液。如此反复洗涤三次后再用 0.85％氯化钠溶液稀释至原来体积备用。

(2) 取 9 支具塞试管，分成三组（每组三支），标明组别和管号后按表 15-2 加入以下溶液。

表 15-2　活性污泥脱氢酶活性测定加样表

组别	活性污泥悬浮液/mL	Tris-HCl 缓冲液/mL	0.36% Na_2SO_3 溶液/mL	基质(或污水)/mL	0.2%～0.4% TTC 液/mL	蒸馏水/mL
基质组	2	1.5	0.5	0.5	0.5	—
不加基质组	2	1.5	0.5	—	0.5	0.5
对照组	2	1.5	0.5	—	—	1.0

(3) 样品试管（基质组和不加基质组）摇匀后置于黑色塑料袋内，立即放入 37℃ 恒温水浴锅内，并轻轻摇动，记下时间。反应时间依显色情况而定（一般采用 10min）。在反应结束后各加一滴浓硫酸终止反应。

(4) 对照组试管，加完上述溶液后立即加入一滴浓硫酸，摇匀后置于黑色塑料袋内，立即放入 37℃恒温水浴锅内，并轻轻摇动，记下时间。

(5) 反应结束后在对照管与样品管中各加入丙酮 5mL，充分摇匀，放入 90℃恒温水浴锅中抽提 6～10min。

(6) 4000r/min 离心 10min。

(7) 取上清液测 OD_{485}。OD_{485} 读数应在 0.8 以下，如色度过浓应以丙酮稀释后再比色。

(8) 活性污泥脱氢酶活性计算

① 将样品组的 OD 值（平均值）减去对照组 OD 值后，在标准曲线上查 TF 的产生值。

② 样品组（加基质与不加基质）的脱氢酶活性（X）以产生 TF μg/(mL 活性污泥·h) 表示。

$$X[\text{TF } \mu g/(\text{mL 活性污泥} \cdot \text{h})] = A \times B \times C$$

式中，X 为脱氢酶活性；A 为标准曲线上读数；B 为反应时间校正＝60min/实际反应时间；C 为比色时稀释倍数。

【实验内容】

1. 测定取自污水处理厂曝气池活性污泥脱氢酶活性。
2. 测定活性污泥在不同工业废水中脱氢酶活性。

【实验结果】

1. 将标准曲线测定值 OD_{485} 填入下表。

TTC/μg	OD_{485}			OD_{485} 平均值
	1	2	3	
20				
40				
60				
80				
100				
120				
140				

2. 根据上表数据，以 TTC 含量为横坐标，OD_{485} 为纵坐标在坐标纸上绘制标准曲线。

3. 用一简明表格表述活性污泥脱氢酶以及活性污泥在不同工业废水中脱氢酶活性情况。

【思考题】

1. 根据你的测定结果评价工业废水成分的毒性以及可生物降解性?

2. 据你所掌握的知识,说出1~2种指示水体环境或指标的酶、测定其活性的基本原理及其应用。

(袁丽红)

实验62 利用发光细菌检测水体生物毒性

【目的要求】

1. 掌握发光细菌检测生物毒性的基本原理。

2. 掌握发光细菌检测生物毒性的操作方法。

【概述】

发光菌检测法是利用一种非致病的明亮发光杆菌作为指示微生物,以其发光强度的变化为指标,测定环境中有毒有害物质的生物毒性的一种方法。

细菌的发光过程是菌体内一种新陈代谢的生理过程,是光呼吸过程,为呼吸链上的一个侧支,即菌体借助活细胞内ATP、荧光素(FMN)和荧光素酶发光,该光波长在490nm左右。其化学反应过程为:

$$FMNH_2 + RCHO + O_2 \xrightarrow{\text{细菌荧光素}} FMN + RCOOH + H_2 + h\nu$$

细菌的发光过程极易受到外界条件的影响。凡是干扰或损害细菌呼吸或生理过程的任何因素都能使细菌发光强度发生变化。当有毒有害物质与发光细菌接触时,发光强度立即改变。随着毒物浓度的增加,发光减弱,这种发光强度的变化可用精密的测光仪定量测定。因此,可以根据发光强度变化检测环境污染物的急性生物毒性。发光菌的生物毒性检测方法具有快速、简便、灵敏度高特点,现已广泛用于有毒物质的筛选和环境污染生物学评价等领域。

【实验材料】

(1) 水样 工业废水、清洁水(作空白对照用)。

(2) 菌种 明亮发光杆菌T_3小种(冻干粉或斜面培养物)。

(3) 培养基 液体培养基(酵母膏5.0g,胰蛋白胨5.0g,氯化钠30.0g,磷酸氢二钠5.0g,磷酸二氢钾1.0g,甘油3.0g,蒸馏水1000mL。pH 7.0±0.5)、斜面培养基(配方同上,琼脂16g,pH 7.0±0.5)。

(4) 稀释液 2%氯化钠溶液、3%氯化钠溶液,保存于2~5℃冰箱中。

(5) 参比毒物 0.02~0.24mg/L $HgCl_2$系列标准溶液。

(6) 仪器设备 电子天平、DXY-2型生物毒性测定仪、培养箱、恒温摇床、水浴锅、超净工作台。

(7) 其他 $HgCl_2$、容量瓶(50、1000mL)、移液管(1、10mL)、接种环、比色皿、微量注射器(10μL)、具塞试管、试管架、碎冰块、酒精灯等。

【实验方法】

(一) 参比毒物0.02~0.24mg/L $HgCl_2$系列标准溶液配制

(1) 2000mg/L $HgCl_2$母液配制 准确称取$HgCl_2$ 0.100g于50mL容量瓶中,用3%氯化钠溶液溶解并定容至刻度,备用。

(2) 2mg/L $HgCl_2$工作液配制 用移液管吸取$HgCl_2$母液1mL于1000mL容量瓶中,用3%氯化钠溶液稀释至刻度。

(3) 0.02~0.24mg/L $HgCl_2$系列标准溶液配制 取12只50mL容量瓶,按表15-3加

入 2mg/L $HgCl_2$ 工作液，然后用 3%氯化钠溶液稀释并定容至刻度。

表 15-3　$HgCl_2$ 系列标准溶液配制加样表

2mg/L$HgCl_2$ 加入量/mL	0.5	1.0	1.5	2.0	2.5	3.0	3.5	4.0	4.5	5.0	5.5	6.0
定容后 $HgCl_2$ 浓度/mg/L	0.02	0.04	0.06	0.08	0.10	0.12	0.14	0.16	0.18	0.20	0.22	0.24

（二）菌液制备

可用其中一种方法制备菌液。

1. 发光细菌新鲜菌悬液的制备

（1）斜面菌种培养　测定前 48h 取保存菌种接种于新鲜斜面上，20℃±0.5℃培养 24h 后，再接种于新鲜斜面上，20℃±0.5℃培养 24h，然后再接种于新鲜斜面上，20℃±0.5℃培养 12h 备用。注意每次接种量不超过一接种环。

（2）液体培养　取上述培养 12h 的斜面培养物一环接种于装有 50mL 液体培养基的 250mL 三角瓶内，20℃±0.5℃振荡培养 12～14h，转速 184r/min。

（3）菌悬液制备　将培养液稀释至 10^8～10^9 个细胞/mL。

（4）菌悬液初始发光度测定　取 4.9mL 3%氯化钠溶液于比色管中，加入新鲜菌悬液 10μL，混匀，置于生物毒性测定仪上测量发光度。要求发光度不低于 800mV，置于冰浴中备用。注意测定前 15min 打开生物毒性测定仪预热。

2. 菌液复苏

（1）取发光菌冻干粉，置于冰浴中，加入预冷的 2%氯化钠溶液 0.5mL，充分摇匀，复苏 2min，使其具有微微绿光。

（2）菌悬液初始发光度测定　测定方法同上。要求初始发光度不低于 800mV。

（三）生物毒性测定

（1）水样处理　按 3%比例加入氯化钠。如果水样浊度大，需静置后取上清液。

（2）试验浓度选择　按等对数间距或百分浓度取 3～5 个试验浓度，编号并注明采样点。

（3）按表 15-4 将具塞试管排列于试管架上，并注明标记。每个测定试样均配一管对照（CK），并设 3 次重复。

表 15-4　生物毒性测定的加样表

后排	CK	CK	CK	CK	…	CK	CK	CK	CK	CK	…	CK
前 3 排	0.02	0.04	0.06	0.08	…	0.24	样品 1	样品 2	样品 3	样品 4	…	样品 N
前 2 排	0.02	0.04	0.06	0.08	…	0.24	样品 1	样品 2	样品 3	样品 4	…	样品 N
前 1 排	0.02	0.04	0.06	0.08	…	0.24	样品 1	样品 2	样品 3	样品 4	…	样品 N
	参比毒物组						样品组					

（4）在每支 CK 管中加入 2mL 或 5mL 3%氯化钠溶液。

（5）在参比毒物组每支试管（前 1 排～前 3 排）加入 2mL 或 5mL 相应浓度的 $HgCl_2$ 标准溶液。

（6）在样品组每支试管（前 1 排～前 3 排）加入 2mL 或 5mL 待测样品液。每个样品用不同移液管。

（7）在各试管中加入菌液并测发光强度　按照参比毒物管（前）—CK（后）—样品管（前）—CK（后）顺序用 10μL 微量注射器准确吸取 10μL 菌液依次加入各管，盖上试管塞，混匀。准确作用 5min 或 15min，依次测定发光强度，记录。注意在每管加菌液时精确计时，精确到秒。

(8) 结果计算及评价

① 相对发光率和相对抑光率

$$相对发光率(\%)=\frac{HgCl_2\ 管或样品管发光度}{对照管发光度}\times100\%$$

$$相对抑光率(\%)=\frac{对照管发光度-HgCl_2\ 管或样品管发光度}{对照管发光度}\times100\%$$

② 建立参比毒物浓度与其相对发光率的线性回归方程，求出相关系数 r 并对其进行显著性检验。

③ 建立样品稀释浓度与其相对发光率的线性回归方程，求出相关系数 r 并对其进行显著性检验。

④ 建立的参比毒物浓度与其相对抑光率的线性回归方程，求出样品的生物毒性相当于参比毒性的水平，以评价待测样品的生物毒性。

⑤ EC50 值　以参比毒物或样品浓度对数为横坐标，以相对发光率或相对抑光率为纵坐标，在半对数坐标纸上作图，求出 EC50 值。以 EC50 值评价样品的生物毒性。

【注意事项】

1. 测试时室温必须控制在 20～25℃范围。同一批样品在测定过程中要求温度波动不超过±1℃。所以冬夏季节测定宜在室内采用空调控温，且所有测试器皿、试剂、溶液等于测定前 1h 置于控温的测试室内。

2. 对有色的样品测定，若采用常规方法测定会有干扰，需要对测定方法进行修正。

3. 水环境污染后的毒性测定，应在采样后 6h 内进行。否则应在 2～5℃下保存样品，但不得超过 24h。

4. 报告中应注明采样时间和测定时间。

【实验内容】

采集工业废水水样和清洁水样，利用发光细菌检测水样生物毒性。

【实验结果】

1. 将发光细菌测定法的实验结果记录于下表。

分析号	加菌液时间	测定时间（或反应时间）	发光度/mV	相对发光率/%	平均相对发光率/%	相对抑光率/%	备注

2. 计算各检测样的相对发光率、平均相对发光率和相对抑光率，并将结果填入上表。

3. 建立参比毒物浓度与其相对发光率的线性回归方程，求出相关系数 r 并对其进行显著性检验。

4. 建立样品稀释浓度与其相对发光率的线性回归方程，求出相关系数 r 并对其进行显著性检验。

5. 建立参比毒物浓度与其相对抑光率的线性回归方程，求出样品的生物毒性相当于参比毒性的水平，并评价待测样品的生物毒性。

6. 以参比毒物或样品浓度对数为横坐标，以相对发光率或相对抑光率为纵坐标，在半对数坐标纸上作图，求出 EC_{50} 值，并以 EC_{50} 值评价样品的生物毒性。

【思考题】

1. 若参比毒物浓度与其相对发光率的线性回归方程的相关系数 r 和样品稀释浓度与其相对

发光率的线性回归方程的相关系数 r 未达显著水平，该如何做？

2. 对有色的样品该如何修订测定方法，以避免对发光细菌毒性测定的干扰？

3. 谈谈近年来发光细菌毒性测定的应用？

（袁丽红）

实验63 富营养化水体中藻类检测——叶绿素a法

【目的要求】

1. 了解生物监测在水质检测及评价中的重要性。
2. 掌握如何评价水体的富营养化状况以及用作评价水体富营养化的参数指标。
3. 了解水体中藻类检测的意义。
4. 掌握叶绿素 a 法测定水体中藻类的原理和方法。

【概述】

对于环境微生物既有其有益的方面，也有其有害的方面。水体富营养化是由微生物所引起的水体环境的污染。水体富营养化是在人类活动的影响下，生物所需的氮、磷等营养物质大量进入湖泊、河口、海湾等水体，使藻类及其他浮游生物迅速繁殖，水体透明度、溶解氧降低，水质恶化，鱼类及其他生物大量死亡，从而破坏水体生态平衡并导致一系列恶果的现象。许多参数可用作水体富营养化的指标，如总磷、无机氮和初级生产率等。表 15-5 为依据总磷、无机氮和初级生产率划分水体富营养化程度的标准。

表 15-5 水体富营养化程度划分

富营养化程度	初级生产率/(mg O_2/m² · d)	总磷/(μg/L)	无机氮/(μg/L)
极贫营养型	0～136	＜0.005	＜0.200
贫－中营养型		0.005～0.010	0.200～0.400
中营养型	137～409	0.010～0.030	0.300～0.650
中－富营养型		0.030～0.100	0.500～1.500
富营养型	410～547	＞0.100	≥1.500

在富营养化水体中出现的生物主要是微型藻类。不同水体藻种有所不同，例如在湖泊中形成水华的藻类以蓝细菌为主。在水体富营养化时大量繁殖的约有 20 种，常见的有微囊藻属、鱼腥藻属、束丝藻属、颤藻属。在海洋中形成赤潮的藻类很多，有 60 多种，主要为裸甲藻属、膝沟藻属、多甲藻属的种类。因此，监测水体中藻类的种群和数量变化也可作为评价水体富营养化的指标。近年来，水体污染和水体富营养化水中藻类的快速生长直接影响了自来水的生产和供应，再加上水质标准提高，水中藻类的含量还可间接反应水体被污染程度和水处理的效果。因此，对水质藻类的监测日益迫切。

“叶绿素 a 法”是生物监测浮游藻类的一种定量测定方法。根据叶绿素的光学特征，叶绿素可分为 a、b、c、d 四类，其中叶绿素 a 存在于所有藻类中，其他三种叶绿素所吸收的光能最终都要传给叶绿素 a，因此，叶绿素 a 是最重要的一类。叶绿素 a 的含量在藻类中大约占有机质干重的 1%～2%，所以，定量测定叶绿素 a 的含量是估算藻类生物量的一个良好指标。表 15-6 为湖泊富营养化的叶绿素评价标准。

表 15-6 湖泊富营养化的叶绿素评价标准

指标	富营养化程度		
	贫营养型	中营养型	富营养型
叶绿素 a/(μg/L)	＜4	4～10	10～100

【实验材料】

(1) 水样　采集两种污染程度不同的湖水各 2L。

(2) 试剂　90%丙酮溶液、$MgCO_3$ 悬液 (1g $MgCO_3$ 细粉悬浮于 100mL 蒸馏水中)。

(3) 仪器设备　分光光度计 (测定波长大于 750nm)、台式离心机、真空泵、冰箱。

(4) 其他　吸管、移液管、离心管、量筒、比色皿、研钵、过滤器、滤膜 (0.45μm)。

【实验方法】

1. 水样过滤

加待测水样 100～500mL (记录过滤水样体积 $V_{水样}$，L) 于过滤器中，减压抽滤。待水样剩余约几毫升时加入 0.2mL $MgCO_3$ 悬液，混匀，继续抽滤至抽干水样。加入 $MgCO_3$ 悬液目的是增进藻类细胞滞留在滤膜上，同时可以防止提取过程中叶绿素 a 被分解。

2. 提取

(1) 取出滤膜并将其放入研钵中，加 2～3mL 90%丙酮溶液，研磨，使藻细胞破碎成匀浆。

(2) 用吸管将匀浆移入刻度离心管中，再用 90%丙酮溶液冲洗研钵 2 次，将冲洗液一并移入离心管中，最后补加 90%丙酮溶液至总体积为 10mL。

(3) 塞紧试管塞，立即放入在 4℃冰箱中，放置 18～24h 提取叶绿素。

3. 离心

(1) 提取完毕，将离心管放入离心机中，3500r/min 离心 10min。

(2) 用吸管将上清液移入另一支离心管中，再于 3500r/min 离心 10min。

(3) 用吸管吸出上清液于量筒中，记录提取液体积 ($V_{丙酮}$，mL)。

4. 测定光密度值

用 1cm 比色皿分别在波长 750、663、645、630nm 下测提取液的光密度值，以 90%丙酮溶液为空白对照。注意提取液 OD_{663} 值要求在 0.2～1.0 之间。如果 OD_{663} 小于 0.2，应改用较宽比色皿或增加水样的量；如果 OD_{663} 大于 1.0，可稀释提取液或减少水样的过滤量。

5. 叶绿素 a 浓度计算

将提取液在 663、645、630nm 波长下测得的光密度值 (OD_{663}、OD_{645}、OD_{630}) 分别减去在 750nm 波长下测得的光密度值 (OD_{750})，此值为非选择性本底物光吸收校正值。叶绿素 a 浓度计算公式为：

① 样品提取液中叶绿素 a 浓度 ρ_a (μg/L) 为：

$$\rho_a = 11.64\times(OD_{663}-OD_{750})-2.16\times(OD_{645}-OD_{750})+0.1\times(OD_{630}-OD_{750})$$

② 水样中叶绿素 a 浓度为：

$$\rho_a = \frac{\rho_a \cdot V_{丙酮}}{V_{水样} \cdot b}$$

式中，ρ_a 为样品提取液中叶绿素 a 浓度，μg/L；$V_{丙酮}$ 为提取液体积，mL；$V_{水样}$ 为过滤水样体积，L；b 为比色皿宽度。

【实验内容】

1. 采集两种污染程度不同的湖水水样，测定水样中叶绿素 a 含量。

2. 根据测定结果并查阅相关文献资料，比较、评价两种水样的污染程度和富营养化状况。

【实验结果】

1. 将水样测定结果填入下表。

水样	过滤水样体积/L	提取液体积/mL	OD_{750}	OD_{663}	OD_{645}	OD_{630}	叶绿素 a 含量/(μg/L)

2. 根据上表测定结果计算水样中叶绿素 a 浓度并填入上表。

3. 根据测定结果比较并评价两种水样的污染程度和富营养化状况。

【思考题】

1. 如何保证水样叶绿素 a 浓度测定结果的准确性？主要应注意哪些问题？

2. 谈谈利用丙酮法提取叶绿素的优缺点？目前还有哪些方法用于叶绿素的提取？

3. 水体中氮、磷的主要来源有哪些？

（袁丽红）

实验64　苯酚降解菌的分离筛选

【目的要求】

1. 了解微生物对污染物降解转化的途径。

2. 掌握污染物降解菌分离筛选的原理和方法。

3. 学会从含酚工业废水、活性污泥中分离筛选苯酚降解菌的方法。

【概述】

酚类化合物是重要的化工原料或中间体。随着化工、塑料、合成纤维、焦化等工业的迅速发展，各种含酚废水也相应增加。由于酚的毒性涉及生物的生长繁殖，因此含酚污水的排放污染水源，毒死鱼虾、危害庄稼，严重危害自然生态环境和人类健康。目前，含酚废水已对水体造成了严重污染，在我国水污染控制中已被列入重点解决的有害废水之一。

自然环境中存在各种各样的微生物，其中某些微生物以有机污染物作为其生长所需的碳源、氮源和能源物质，从而使有机污染物得以降解。因此，生物法处理废水也是废水处理的重要技术之一。在工业废水的生物处理中，对污染成分单一的有毒废水常可通过选育特定的高效降解菌进行处理。这些菌具有处理效率高、耐受毒性强等特点。已报道从含酚废水中分离出生物降解能力较强的酚降解菌，如假单胞菌、白乳芽孢杆菌（*Bacillus albalactis*）、假丝酵母、野丝膜菌（*Cortinarius torvus*）等。近年来，随着生物技术发展，利用生物法处理高浓度含酚废水也有一些报道。此外，也有将固定化微生物技术应用于含酚废水处理中，具有降解能力强、耐毒、稳定、抗杂菌、耐冲击负荷等优点，有可能成为降酚的新途径。

微生物对芳香烃的降解是通过加氧酶氧化等一系列过程实现的。苯酚经微生物单加氧酶氧化转变为邻苯二酚，二羟基化的芳香环再氧化、邻位开环生成己二烯二羧酸，再进一步氧化为β-酮己二酸，最终再被氧化为三羧酸循环的中间产物乙酰辅酶 A 和琥珀酸。

本实验介绍以苯酚为选择压力，从含酚工业废水或含酚废水曝气池中的活性污泥中筛选苯酚降解菌的方法。苯酚降解菌的分离筛选的主要步骤为：采样—以苯酚为碳源的培养基中富集培养—分离纯化—降解试验和性能测定。

【实验材料】

（1）培养基　富集培养基（苯酚 25～250mg，蛋白胨 0.5g，磷酸氢二钾 0.1g，硫酸镁 0.05g，蒸馏水 1000mL，pH 7.2～7.4）、分离培养基（营养琼脂培养基，其中含酚的终浓度为 50mg/L 以上，根据富集培养情况而定）、含酚斜面培养基（营养琼脂培养基，其中含适量酚）、肉汤培养基（100mL，分装于 500mL 三角瓶中）、尿素培养基。

（2）溶液和试剂　苯酚、四硼酸钠饱和溶液、3%4-氨基安替比林溶液、2%过硫酸铵溶液。

（3）仪器设备　恒温培养箱、恒温摇床、离心机、分光光度计。

（4）其他　灭菌水、灭菌移液管、灭菌培养皿、涂布棒、离心管、100mL 容量瓶、玻棒、接种环、酒精灯。

【实验方法】

1. 采样

采集含酚工业废水或含酚废水曝气池中的活性污泥。采样后应尽快分离。

2. 富集培养

(1) 将 3～5mL 含酚废水或 1～2g 活性污泥接入 30mL 富集培养基中（苯酚终浓度 25mg/L），30℃振荡培养，转速 180～200r/min。

(2) 待菌明显生长后，用灭菌移液管吸取 3～5mL 培养液接入 30mL 新鲜富集培养基中（其中苯酚的加量可适当增加，以提高培养基中苯酚的浓度），30℃振荡培养，转速 180～200r/min。

(3) 如此连续转接 3～5 次，每次转接均适当提高培养基中苯酚浓度，最后可富集得到苯酚降解菌占优势的培养物。

3. 苯酚降解菌的分离纯化

(1) 分离培养基——含酚平板（酚的终浓度为 50mg/L 以上）制作 根据苯酚的最终浓度将一定量的苯酚加入至融化并冷却至 50℃左右灭菌营养琼脂培养基中，混合均匀后倒平板，平放、凝固。也可根据需要量将一定量苯酚先加入灭菌培养皿中，然后再加入一定体积融化并冷却至 50℃左右灭菌培养基，迅速混匀、平放、凝固。

(2) 稀释 利用 10 倍系列梯度稀释法对上述富集培养物进行稀释至合适稀释度。

(3) 吸取最后三个稀释度菌液 0.1mL，分别加到含酚分离培养基平板上，用灭菌涂布棒涂布均匀，每个稀释度菌液可涂布接种 3 皿。

(4) 涂布接种后，于 30℃倒置培养 24～48h。

(5) 挑取不同形态菌落，在含酚平板上划线纯化（要求长出单菌落），于 30℃倒置培养 24～48h。

(6) 将纯化后的单菌落接种于含酚斜面培养基，30℃培养 24～48h。

4. 降解酚能力测定

(1) 将分离纯化后的菌株接种于 100mL 肉汤培养基中，于 30℃振荡培养至对数生长期。

(2) 在上述培养物中加入苯酚，使培养液内酚浓度达到 10mg/L 左右，培养 2h，进行酚降解酶的诱导。

(3) 再在培养物中加入苯酚，使培养液内酚浓度达到 50mg/L 左右（此时取样测定培养液中苯酚含量，作为初始苯酚含量），继续培养 4h 后，取样测定培养液中残留酚的含量（测定方法见本实验后附录）。

(4) 计算苯酚降解率。

$$\text{苯酚降解率}(\%)=\frac{\text{培养液中初始苯酚含量}-\text{培养 4h 后培养液中苯酚含量}}{\text{培养液中初始苯酚含量}}\times 100$$

5. 菌胶团形成能力试验

(1) 将筛选得到的苯酚降解能力强的菌株分别接种于 50mL 尿素培养基中。

(2) 28℃振荡培养 12～16h 观察。

结果：凡能形成菌胶团的菌株，其培养物呈絮状颗粒，静止片刻后培养物沉于三角瓶底部，培养液澄清。

6. 性能优良苯酚降解菌的选择

选择苯酚降解能力强，又能形成菌胶团的菌株，经扩大培养后用于含酚废水处理试验。

【实验内容】

1. 采集含酚工业废水或含酚废水曝气池中的活性污泥。

2. 对采集的样品进行苯酚降解菌富集培养、分离纯化、降解试验和菌胶团形成能力试验，获得1～2株性能优良的苯酚降解菌。

【实验结果】

1. 用一简明图表表述分离得到的菌株对苯酚的降解能力。

2. 用一简明表格表述分离得到的菌株形成菌胶团的能力。

3. 根据上述结果说明哪些菌株具有提供生产性应用的价值。

【思考题】

1. 请为筛选得到的苯酚降解菌设计一个扩大培养，并用生物转盘上挂膜的方法。

2. 在筛选某些有机污染物降解菌时，可能不易筛选到以此污染物为唯一碳源的降解菌，但这并不意味此类污染物不能被微生物降解，试请设计一个富集筛选此类有机污染物降解菌的实验方案。

【附录】

苯酚含量测定方法

1. 苯酚标准曲线绘制

(1) 配制100mg/L苯酚溶液。

(2) 取100mL容量瓶7只，依次分别加入100mg/L苯酚溶液0、0.5、1.0、2.0、3.0、4.0、5.0mL，然后再分别加入四硼酸钠饱和溶液10mL，3%4-氨基安替比林溶液1mL，再加入四硼酸钠饱和溶液10mL，2%过硫酸铵溶液1mL，最后用蒸馏水定容至刻度，摇匀。

(3) 放置10min，于560nm处测光密度值(OD_{560})。以未加苯酚管为参比。

(4) 以苯酚浓度为横坐标，OD_{560}为纵坐标绘制标准曲线。

2. 培养液中苯酚含量测定

(1) 取待测培养液15mL离心。

(2) 吸取上清液10mL于100mL容量瓶，依次加入四硼酸钠饱和溶液10mL，3%4-氨基安替比林溶液1mL，再加入四硼酸钠饱和溶液10mL，2%过硫酸铵溶液1mL，最后用蒸馏水定容至刻度，摇匀。放置10min后测OD_{560}。

(袁丽红)

实验65 利用微生物吸附法去除水体中重金属

【目的要求】

1. 了解生物吸附法在处理重金属废水中的应用。

2. 掌握生物吸附法处理重金属废水的原理。

3. 掌握生物吸附法处理重金属废水的方法。

【概述】

重金属是对生态环境危害极大的一类污染物。传统处理方法如化学沉淀、离子交换、活性炭及硅胶吸附法、电化学法及膜分离法等在处理低浓度(<50mg/L)重金属废水时，不同程度地存在操作繁琐、运行成本高、易造成二次污染等缺点。近年来对微生物吸附金属离子的研究表明，一些微生物如细菌、真菌、藻类等对金属离子具有很强的吸附能力，并且微生物吸附作为处理重金属废水的一项新技术与其他技术相比具有在低浓度下金属可被选择性地去除、处理效率高、投资少、运行费用低、无二次污染、可有效地回收一些贵重金属等优点，从而使得该项技术在重金属废水处理领域得到普遍的关注。

微生物菌体对水中重金属去除的机理在于：①利用微生物细胞表面直接吸附金属离子-细胞表面吸附。由于微生物细胞表面既带有正电荷，又带负电荷，大多数微生物所带的是阴离子型基团，比如羧基、羟基、巯基、磷酸基团等，因此在水溶液中呈现负电性。不同的微生物带电性不同、与重金属间的作用力及作用势能变化不同，从而对重金属的吸附作用有一定差异。革兰阳性菌往往能固定较多的金属离子，细菌细胞的黏液层和荚膜也可以直接吸附金属离子，这种非特异的结合可以在死亡细胞上进行；②利用微生物的代谢产物固定金属离子。微生物在生长过程中与环境因素相互作用时会释放很多代谢产物，如有机物以及 H_2S，这些代谢产物可以与金属离子反应从而吸附金属离子。另外微生物细胞的提取物多糖也可以和金属结合反应；③利用生物新陈代谢作用产生的能量，通过单价或二价的离子的离子转移系统把金属离子输送到细胞内部——生物累积。生物积累为活体细胞的主动吸收，包括传输和沉积两个过程。

微生物菌体对水中重金属的吸附去除受多种因素的影响，包括菌体培养时间、菌体预处理方法、吸附温度、吸附 pH、吸附时间等。例如，菌体的培养时间和预处理方式会改变微生物菌体表面的带电性质和电荷密度，从而改变菌体表面对重金属的吸附去除效果。对啤酒酵母采用喷雾干燥、乙醚、酶、碱预处理等四种不同方法进行处理，结果发现经乙醚处理的菌体较大提高了吸附性能，说明细胞壁中含有的脂类对吸附无重要作用，细胞壁脱脂后，增加了细胞壁的通透性，使其暴露出更多的吸附位点，增加了菌体的吸附性能。而酶、碱处理的菌体引起蛋白含量降低，其吸附性能明显下降，说明细胞中所含的蛋白质对吸附起重要作用。

菌体再生和金属离子可回收是评价生物吸附剂的重要指标。通过降低溶液 pH 可以解吸菌体上吸附的重金属离子。另外，通过加入更强的配位体，也可以达到解吸的目的。

本实验介绍利用水处理工程常规菌种大肠埃希菌、枯草芽孢杆菌、酵母菌对含铜水样的吸附和解吸附实验方法。

【实验材料】

(1) 菌种　大肠埃希菌、枯草芽孢杆菌、酿酒酵母菌。

(2) 培养基　营养肉汤培养基（用于培养细菌）、YEP 培养基（液体，用于培养酵母菌）。

(3) 仪器设备　超净工作台、摇床、离心机、电子天平、原子吸收分光光度计。

(4) 试剂　0.1mol/L 氢氧化钠溶液、0.1mol/L 盐酸溶液、30%乙醇溶液、50mg/L 硫酸铜溶液、0.05mol/L 硝酸溶液、0.05mol/L 硫酸溶液。

(5) 其他　液氮、250mL 塑料三角瓶、量筒、移液管、离心管、比色管、接种环、酒精灯、记号笔等。

【实验方法】

1. 菌体培养

(1) 将大肠埃希菌和枯草芽孢杆菌分别接种于营养肉汤培养基中，37℃振荡培养至对数生长期，转速 180r/min；将酿酒酵母接种于 YEP 培养基中，28℃振荡培养至对数生长期，转速 180r/min。

(2) 培养结束后，5000r/min 离心 15min，弃去上清，收集菌体。

2. 菌体预处理

(1) 将上述菌体分别用蒸馏水洗涤 3 次，再于 5000r/min 离心 15min，离心收集菌体。

(2) 按 1 : 100［菌体鲜重（g）：预处理液体积（mL)］比例在菌体中分别加入 0.1mol/L 氢氧化钠溶液或 0.1mol/L 盐酸溶液或 30%乙醇溶液，于 28℃浸泡 40min。

(3) 浸泡结束后离心并用蒸馏水洗涤 3 次，离心收集菌体。

(4) 冷冻干燥菌体，备用。

(5) 同时将未经处理的菌体冷冻干燥，作为对照用。

3. 金属的吸附

(1) 称取 0.20g 菌体冻干粉置于 250mL 塑料三角瓶中，加入 50mg/L 硫酸铜溶液 100mL。

(2) 于 25℃恒温振荡 24h。

(3) 取样离心后，用原子吸收分光光度计测定上清液中铜离子的残留量。

4. 金属的解吸

(1) 吸附平衡后，于 5000r/min 离心 15min 收集吸附有铜离子的菌体，再用蒸馏水洗涤 2 次。

(2) 将洗涤后菌体重新悬浮于 0.05mol/L 硝酸溶液或 0.05mol/L 硫酸溶液中，于 25℃振荡 12h。

(3) 离心，取上清液用原子吸收分光光度计测定其中铜离子浓度。

5. 再生菌体的再吸附和解吸

重复 3、4 步骤进行再生菌体的吸附和解吸实验。

【实验内容】

分别用培养的大肠埃希菌、枯草芽孢杆菌、酿酒酵母对含铜水样进行吸附和解吸附实验，评价利用微生物吸附法去除水样中金属离子的效果。

【实验结果】

1. 用简明图表表示大肠埃希菌、枯草芽孢杆菌和酿酒酵母以及菌体不同预处理方法对水样中铜离子去除效果的差异，并对实验结果进行分析。

2. 用简明图表表示不同洗脱剂对菌体再生效果的差异，并对实验结果进行分析。

3. 用简明图表比较再生的大肠埃希菌、枯草芽孢杆菌和酿酒酵母对水样中铜离子去除效果的差异，并对实验结果进行分析。

【思考题】

1. 根据你的实验结果，得到的实验结论是什么？

2. 影响生物吸附的因素有哪些？这些因素对生物吸附影响的机制各是什么？

（袁丽红）

第16章　食品微生物实验

实验66　食品中菌落总数的检测

【目的要求】

1. 熟悉食品中菌落总数的国家标准检测方法。

2. 了解菌落总数的快速检测方法。

3. 掌握不同食品中菌落总数指标要求。

【概述】

食品的安全性问题日益受到重视。食品从原辅料、生产加工过程、运输到消费的各个环节都可能受到各种微生物的影响。而食品中残留的微生物或受到二次污染导致食品中微生物超过一定数量时会影响消费者的食用安全。因此，在食品生产过程以及最终产品中都必须严格控制微生物的数量，同时避免致病菌的残留。针对食品加工及产品中微生物的及时检测，为监测食品生产，及早发现微生物的污染，不仅利于采取措施防止微生物危害，而且可保障食品产品的安全。

我国卫生部颁布的食品中需控制的微生物指标有菌落总数、大肠菌群和致病菌等三项。菌落总数是指食品检样经过处理，在一定条件下培养所得 1g(mL) 检样中所含有的细菌菌落总数。其可反映食品的新鲜度、被细菌污染程度、生产过程中食品是否变质和食品生产的卫生状况，是判断食品卫生质量的重要依据之一。

食品中微生物的检测方法，各个国家均制定了相应的国家标准。我国相关的食品标准为 GB/T 4789.1～4789.35—2003。标准中对食品样品的采集用具、采集方法、采样数量、标签、检验程序和方法有严格的规定。除了国家标准方法外，国外还有采用直接紫外荧光法检测细菌。该法主要用于奶、肉、禽及其制品、鱼及其制品、水果、蔬菜、啤酒、葡萄酒、辐射食品等及水中细菌的快速检测。将样品中的细菌用滤膜过滤后，利用吖啶橙染色滤膜，在紫外光显微镜下观察计数，活菌呈橙色，死细胞为绿色。计数滤膜上细菌的数量再换算至单位食品中细菌的数量。美国 NHD PROFILE 1 3560 10X 型生物发光仪是用一种新的微生物 ATP 生物发光法测定食品中的细菌污染程度的快速检测设备。相对于传统的实验室（48～72h）培养法，该仪器可在短短 5min 内即完成测试，而且该仪器为掌中便携设备，操作简单，携带方便，可就地即时检测样品，数分钟内得结果。

单位食品中菌落总数是反映食品的卫生质量指标之一，也是食品安全指标中需要严格控制的指标之一，结合其他卫生指标可判断食品的卫生质量。该指标不仅在生产企业，在食品流通、消费等环节都需要满足食品质量的要求，因而是食品卫生质量检验中常规检验指标之一。所检测的食品样品经过无菌条件下取样、稀释、培养后，得到单位食品样品中菌落总数。本试验只检测在营养琼脂培养基上生长的嗜中温、需氧的菌落总数。

本试验选择的食品样品包括奶粉、茶饮料、饼干等。我国食品标准规定：要求奶粉中的菌落总数≤5×10^4 cfu/g，茶饮料中的菌落总数≤100cfu/mL，夹心饼干中的菌落总数≤2000cfu/g，非夹心饼干中的菌落总数≤750cfu/g。

【实验材料】

（1）培养基　营养琼脂培养基。

（2）样品　奶粉、茶饮料、饼干等产品。

（3）试验仪器和设备　恒温培养箱、恒温水浴锅、托盘天平、高压蒸汽灭菌锅等。

（4）无菌器皿　灭菌吸管、灭菌三角瓶、灭菌培养皿、灭菌玻璃珠、灭菌试管、灭菌刀、灭菌镊子等。

（5）试剂　0.85％灭菌生理盐水、75％乙醇溶液。

【实验方法】

1. 样品稀释

（1）以无菌操作取食品样品25g(mL）并剪碎（液体样品直接放入）放于含有225mL灭菌生理盐水的灭菌三角瓶内（瓶内放入适当的灭菌玻璃珠），经充分振摇制成1：10的均匀稀释液。

（2）用1mL灭菌吸管吸取1：10稀释液1mL，沿管壁徐徐加入含有9mL灭菌生理盐水的灭菌试管内，振摇试管，混合均匀，制成1：100的稀释液。反复操作，进行10倍系列梯度稀释。注意：将稀释液加入另一试管时吸管尖端不要接触试管内生理盐水；每进行一次稀释，需换用1支1mL灭菌吸管。

2. 培养

根据食品卫生标准要求或对食品的污染情况进行估计，选择2～3个适宜稀释度。

（1）分别在进行10倍递增稀释的同时，即以吸取该稀释度的吸管吸取1mL稀释液于灭菌的培养皿内，每一稀释度做2个培养皿。然后将凉至46℃营养琼脂培养基（于46℃±1℃水浴保温）注入培养皿约15mL，并转动培养皿使培养基与稀释液混合均匀。

（2）同时将营养琼脂培养基注入加有1mL稀释液的灭菌培养皿内作为空白对照。

（3）待琼脂凝固后，倒置平板，于36℃±1℃恒温培养箱内培养48h±2h。

3. 菌落计数

观察各平板的菌落数，计算各稀释度的各平板菌落总数。计数方法如下。

（1）平板菌落数的选择　选择菌落数在30～300之间的平板作为菌落总数测定标准。一个稀释度使用2个平板，应采用2个平板平均数。其中一个平板有较大片状菌落生长时，则不易采用，而应以无片状菌落生长的平板作为该稀释度的菌落数；若片状菌落不到平板的一半，而其余一半中菌落分布又很均匀，即可计算半个平板后乘2以代表全皿菌落数；平板内如有链状菌落生长时，仅一条链可视作一个菌落；如有不同来源的几条链，则应将每条链视作一个菌落。

（2）稀释度的选择　见表16-1。

（3）菌落数的报告　菌落数在100以内时，按其实际数量报告，大于100时，采用两位有效数字，在两位有效数字后面的数值，以四舍五入方法计算。为了缩短数字后面的零数，也可采用10的指数来表示。见表16-1。

【实验内容】

1. 几种奶粉中菌落总数测定。

2. 茶饮料中菌落总数结果。

3. 饼干中菌落总数结果。

表 16-1 稀释度选择及菌落数报告方式

例次	稀释液及菌落数			两稀释液比例	菌落总数 /[cfu/g(mL)]	报告方式 /[cfu/g(mL)]
	10^{-1}	10^{-2}	10^{-3}			
1	多不可计	164	20	—	16400	16000 或 1.6×10^4
2	多不可计	295	46	1.6	37750	38000 或 3.8×10^4
3	多不可计	271	60	2.2	27100	27000 或 2.7×10^4
4	多不可计	多不可计	313	—	313000	310000 或 3.1×10^5
5	27	11	5	—	270	270 或 2.7×10^2
6	0	0	0	—	$<1\times10$	<10
7	多不可计	305	12	—	30500	31000 或 3.1×10^4

【实验结果】

将几种食品中菌落总数测定结果记录于下表中。

食品	奶粉	茶饮料	饼干
菌落总数/[cfu/g(mL)]			

【思考题】

1. 测定食品中菌落总数的意义是什么？
2. 菌落总数测定中稀释倍数如何确定？

（陆利霞）

实验67 食品中致病菌的检测

【目的要求】

1. 熟悉食品中致病菌的种类。
2. 了解致病菌的国家标准检测方法。
3. 掌握沙门菌属致病菌的检测方法。

【概述】

细菌性食物中毒，根据其发生的机制不同可将其分为感染型和毒素型两种：一是感染型细菌性食物中毒：由于一次摄入大量活菌（一般活菌数量达到 10^7 个/g 或 10^7 个/mL 以上）而引起的中毒现象，称为感染型细菌性食物中毒。此类中毒是由细菌本身引起的。感染型食物中毒的作用机制：大量活菌侵入小肠上皮细胞内并在其中增殖，使得小肠的吸收功能降低，使机体内水、电解质的吸收被抑制，引起小肠的炎症而最终导致临床上的症状。感染型细菌性食物中毒微生物主要有沙门菌、变形杆菌属、链球菌属等。二是毒素型细菌性食物中毒：由于污染于食品中的某些细菌在适宜的条件下产生大量的毒素，这些含有大量毒素的食物进入机体后而引起的中毒现象，称为毒素型细菌性食物中毒。此类中毒主要是细菌产生大量毒素引起的。如肠毒素的作用机制：肠毒素主要是在靶细胞（小肠上皮细胞）内，激活腺苷酸环化酶，而使细胞内的 ATP 转化成 cAMP（环磷酸腺苷），cAMP 的增多导致小肠细胞分泌 Cl，功能亢进，Na^+ 吸收障碍，从而使水、电解质在肠腔内滞留，最终表现为临床上的腹泻。毒素型细菌性食物中毒主要有致病性大肠杆菌、某些变形杆菌、蜡样芽孢杆菌、肉毒梭菌、副溶血性弧菌、志贺菌、葡萄球菌等。

食品中的致病菌包括沙门菌属、志贺菌属、致泻大肠埃希菌、副溶血性弧菌、小肠结肠炎耶尔森菌、金黄色葡萄球菌、变形杆菌等，不同的食品选择不同的致病菌作为参考菌群进行检验。金黄色葡萄球菌的检出表明食品生产器具或食品直接被人体或动物体接触过。

沙门菌属（*Salmonella*）是一群形态和培养特性都类似的肠杆菌科中的一属，也是肠杆菌科中最重要的病原菌属，包括2000多个血清型。沙门菌病常在动物中广泛传播，人的沙门菌感染和带菌也非常普遍。沙门菌胃肠炎，潜伏期一般6～72h，主要症状为恶心、呕吐、腹绞痛、腹泻、发热、寒颤、头痛。病程一般1～2d或更长。感染剂量为15～20个菌，死亡率达1%～4%。最易感群体是年幼儿童、虚弱者、年长老人、免疫缺陷者等。污染源主要是人和家畜的粪便。沙门菌常存在于动物中，特别是禽类和猪，在许多环境中也有存在。从水、土壤、昆虫、工厂和厨房设施的表面和动物粪便中已发现该类细菌。其可以存在于多类食品中，包括生肉、禽、奶制品和蛋、鱼、虾、田鸡腿、椰子、酱油、沙拉调料，蛋糕粉、奶油夹心甜点、干明胶、花生露、橙汁、可可和巧克力等。

沙门菌属属于嗜温性细菌，在中等温度、中性pH、低盐和高水活度条件下生长最佳。生长最低水活度为0.94。兼性厌氧，对中等加热敏感。同样，该属菌能适应酸性环境。通过强化卫生管理可以防止二次污染，如蒸煮、巴氏消毒等控制。正常家庭烹调，个人卫生可以防止煮熟食品的二次污染。

由于动物生前感染或食品受到污染，均可使人发生沙门菌中毒。世界各地的食物中毒中，英国、中国沙门菌食物中毒居首位，美国沙门菌食物中毒居第二位。沙门菌常作为进出口食品和其他食品的致病菌指标。因此，检查食品中的沙门菌极为重要。检测食品及食品中毒样品中沙门菌属的国家标准为《食品卫生微生物学检验 沙门氏菌检验》GB/T 4789.4—2008。

【实验材料】

（1）样品　肉类产品。

（2）培养基　亚硫酸铋（BS）琼脂、HE（Hektoen Enteric）琼脂、木糖赖氨酸脱氧胆盐（XLD）琼脂、科玛嘉沙门菌属显色培养基、三糖铁（TSI）琼脂、蛋白胨水、尿素琼脂（pH 7.2）、氰化钾（KCN）培养基、赖氨酸脱羧酶试验培养基、糖发酵管、邻硝基酚β-D-半乳糖苷（ONPG）培养基、半固体琼脂、丙二酸钠培养基。

（3）试剂　缓冲蛋白胨水（BPW）、四硫磺酸钠煌绿（TTB）增菌液、亚硒酸盐胱氨酸（SC）增菌液、靛基质试剂、沙门菌O和H诊断血清、0.85%灭菌生理盐水、75%乙醇、1mol/L无菌氢氧化钠溶液、1mol/L无菌盐酸溶液。

（4）仪器设备　恒温培养箱、振荡器、天平、高压蒸汽灭菌锅、pH计、全自动微生物鉴定系统（如Biology微生物鉴定系统）、超净工作台。

（5）器皿　灭菌吸管、灭菌三角瓶、灭菌培养皿、灭菌试管、灭菌刀、无菌均质杯等。

（6）其他　灭菌玻璃珠、灭菌镊子、无菌均质袋、酒精灯、记号笔等。

【实验方法】

1. 前增菌

称取25g（mL）样品放入盛有225mL BPW的无菌均质杯中，以8000～10000r/min均质1～2min，或置于盛有225mL BPW的无菌均质袋中，用拍击式均质器拍打1～2min。若样品为液态，不需要均质，振荡混匀。如需要，测定pH值，用1mol/L无菌氢氧化钠或盐酸调pH至6.8±0.2。无菌操作将样品转至500mL锥形瓶中，如使用均质袋，可直接进行培养，于36℃±1℃培养8～18h。

如为冷冻产品，应在45℃以下不超过15min，或2～5℃不超过18h解冻。

2. 增菌

轻轻摇动培养过的样品混合物，移取1mL，转种于10mL TTB内，于42℃±1℃培养

18～24h。同时，另取 1mL，转种于 10mL SC 内，于 36℃±1℃培养 18～24h。

3. 分离

分别用接种环取增菌液 1 环，划线接种于一个 BS 琼脂平板和一个 XLD 琼脂平板（或 HE 琼脂平板或科玛嘉沙门菌属显色培养基平板）。于 36℃±1℃分别培养 18～24h（XLD 琼脂平板、HE 琼脂平板、科玛嘉沙门菌属显色培养基平板）或 40～48h（BS 琼脂平板），观察各个平板上生长的菌落，各个平板上的菌落特征见表 16-2。

表 16-2 沙门菌属在不同选择性琼脂平板上的菌落特征

选择性琼脂平板	菌落特征
BS 琼脂	菌落为黑色有金属光泽、棕褐色或灰色，菌落周围培养基可呈黑色或棕色；有些菌株形成灰绿色的菌落，周围培养基不变
HE 琼脂	蓝绿色或蓝色，多数菌落中心黑色或几乎全黑色；有些菌株为黄色，中心黑色或几乎全黑色
XLD 琼脂	菌落呈粉红色，带或不带黑色中心，有些菌株可呈现大的带光泽的黑色中心，或呈现全部黑色的菌落；有些菌株为黄色菌落，带或不带黑色中心
科玛嘉显色培养基	菌落为紫红色

4. 生化试验

(1) 自选择性琼脂平板上分别挑取两个以上典型或可疑菌落，接种三糖铁琼脂，先在斜面划线，再于底层穿刺；接种针不要灭菌，直接接种赖氨酸脱羧酶试验培养基和营养琼脂平板，于 36℃±1℃培养 18～24h，必要时可延长至 48h。在三糖铁琼脂和赖氨酸脱羧酶试验培养基内，沙门菌属的反应结果见表 16-3。

表 16-3 沙门菌属在三糖铁琼脂和赖氨酸脱羧酶试验培养基内的反应结果

三糖铁琼脂				赖氨酸脱羧酶试验培养基	初步判断
斜面	底层	产气	硫化氢		
－	＋	＋(－)	＋(－)	＋	可疑沙门菌属
－	＋	＋(－)	＋(－)	－	可疑沙门菌属
＋	＋	＋(－)	＋(－)	＋	可疑沙门菌属
＋	＋	＋/－	＋/－	－	非沙门菌属

注：＋：阳性；－：阴性；＋（－）：多数阳性，少数阴性；＋/－：阳性或阴性。

在三糖铁琼脂内斜面产酸，底层产酸，同时赖氨酸脱羧酶试验阴性的菌株可以排除。其他的反应结果均有沙门菌属的可能，同时也均有不是沙门菌属的可能。

(2) 接种三糖铁琼脂和赖氨酸脱羧酶试验培养基的同时，可直接接种蛋白胨水（供做靛基质试验）、尿素琼脂（pH 7.2）、氰化钾（KCN）培养基，也可在初步判断结果后从营养琼脂平板上挑取可疑菌落接种于 36℃±1℃培养 18～24h，必要时可延长至 48h，按表 16-4 判定结果。将已挑菌落的平板储存于 2～5℃或室温至少保留 24h，以备必要时复查。

表 16-4 沙门菌属生化反应初步鉴别表

反应序号	硫化氢	靛基质	pH 7.2 尿素	氰化钾	赖氨酸脱羧酶
A1	＋	－	－	－	＋
A2	＋	＋	－	－	＋
A3	－	－	－	－	＋/－

注：＋：阳性；－：阴性；＋/－：阳性或阴性。

反应序号 A1：典型反应判定为沙门菌属。如尿素、氰化钾和赖氨酸脱羧酶 3 项中有 1 项异常，按表 16-5 可判定为沙门菌属。如有 2 项异常，为非沙门菌属。

表 16-5 沙门菌属生化反应初步鉴别表

pH 7.2 尿素	氰化钾	赖氨酸脱羧酶	判定结果
−	−	−	甲型副伤寒沙门菌(要求血清学鉴定结果)
−	+	+	沙门菌Ⅳ或Ⅴ(要求符合本群生化特征)
+	−	+	沙门菌个别变体(要求血清学鉴定结果)

注：+：阳性；−：阴性；+/−：阳性或阴性。

反应序号 A2：补做甘露醇和山梨醇试验，沙门菌靛基质阳性变体两项实验结果均为阳性，但需要结合血清学鉴定结果进行判定。

反应序号 A3：补做 ONPG。ONPG 阴性为沙门菌，同时赖氨酸脱羧酶阳性，甲型副伤寒沙门菌为赖氨酸脱羧酶阴性。

必要时按表 16-6 进行沙门菌生化群的鉴别。

表 16-6 沙门菌属各生化群的鉴别

项　目	Ⅰ	Ⅱ	Ⅲ	Ⅳ	Ⅴ	Ⅵ
卫矛醇	+	+	−	−	+	−
山梨醇	+	+	+	+	+	−
水杨苷	−	−	−	+	−	−
ONPG	−	−	+	−	+	−
丙二酸盐	−	+	+	−	−	−
氰化钾	−	−	−	+	+	−

注：+：阳性；−：阴性。

(3) 如选择 API20E 生化鉴定试剂盒或 VITEK 全自动微生物鉴定系统，可根据 (1) 的初步判断结果，从营养琼脂平板上挑取可疑菌落，用生理盐水制备成浊度适当的菌悬液，使用 API20E 生化鉴定试剂盒或 VITEK 全自动微生物鉴定系统进行鉴定。或者采用 BIOLOG 微生物鉴定系统进行鉴定。

5. 血清学鉴定

(1) 抗原的准备　一般采用 1.2%～1.5%琼脂培养物作为玻片凝集试验用的抗原。

O 血清不凝集时，将菌株接种在琼脂量较高的（如 2%～3%）培养基上再检查；如果是由于 Vi 抗原的存在而阻止了 O 凝集反应时，可挑取菌苔于 1mL 生理盐水中制成浓菌液，于酒精灯火焰上煮沸后再检查。H 抗原发育不良时，将菌株接种在 0.55%～0.65%半固体琼脂平板的中央，待菌落蔓延生长时，在其边缘部分取菌检查；或将菌株通过装有 0.3%～0.4%半固体琼脂的小玻管 1～2 次，自远端取菌培养后再检查。

(2) 多价菌体抗原（O）鉴定　在玻片上划出两个约 1cm×2cm 的区域，挑取 1 环待测菌，各放 1/2 环于玻片上的每一区域上部，在其中一个区域下部加 1 滴多价菌体（O）抗血清，在另一区域下部加入 1 滴生理盐水，作为对照再用无菌的接种环或针分别将两个区域内的菌落研成乳状液。将玻片倾斜摇动混合 1min，并对着黑暗背景进行观察，任何程度的凝集现象皆为阳性反应。

(3) 多价鞭毛抗原（H）鉴定　同（2）进行。

6. 结果报告

综合以上生化试验和血清学鉴定的结果，报告 25g 样品中检出或未检出沙门菌属。

【实验内容】

香肠、火腿或卤制品等肉制品中沙门菌属的检测。

【实验结果】

将几种肉制品中沙门菌属测定结果记录于下表中。

肉制品	香肠	火腿	卤制品
是否有			

【思考题】

1. 测定食品中沙门菌的意义是什么？
2. 沙门菌属的危害是什么？

（陆利霞）

实验68 食品中大肠菌群的计数

【目的要求】

1. 熟悉国家标准中的大肠菌群的最大可能数菌落计数方法。
2. 熟悉鉴别性和选择性细菌培养基。
3. 了解酶底物法测定大肠菌群。

【概述】

在水与食品卫生质量检测中，如果对每一种致病菌均进行检测，成本高且费时工作。所以，微生物分析中就经常采用“指示性微生物”的办法。与致病菌相比，“指示性微生物”通常数量多，而且容易检测到。此外，指示性微生物的生长和生存特点与致病菌应该是相似的。最常用作指示性微生物的是大肠菌群。大肠菌群是一群能发酵乳糖、产酸产气、需氧和兼性厌氧的革兰阴性无芽孢杆菌，35℃培养时，可以在48h内发酵乳糖并产酸和产气。包含在“大肠菌群”中的微生物至少有4个属，即大肠埃希菌属（*Escherichia*）、克雷伯菌属（*Klebsiella*）、柠檬酸杆菌属（*Citrobacter*）和肠杆菌属（*Enterobacter*）。该类菌主要来源于人畜粪便，作为粪便污染指标来评价食品的卫生质量，推断食品是否污染肠道致病菌的可能。食品中的大肠菌群数以100g（mL）检样中大肠菌群最大可能数（MPN）表示。相应的国家标准为《食品卫生微生物学检验 大肠菌群计数》GB/T 4789.3—2008。

用于测定食品中大肠菌群的国家标准方法有MPN计数法和酶底物法等。

1. MPN计数法

属于一种统计方法，可以对低浓度的微生物进行评价（如微生物数量＜100MPN/g或者＜100MPN/mL）。按这种方法，样品应系列稀释，以便接种物中有时（但不是总是）含有活的微生物细胞。对于每个稀释度，一定体积的样品应被转移到3支、5支或者10支装有液体培养基的试管中。然后将这些试管放置在培养箱中培养，并对测试结果进行评价。基于测试的结果，阳性试管可以单独通过浑浊度（即菌体生长）来辨认，或者结合产气和产酸来确认。有时，阳性试管也可以借助生化底物来确认。在对试管按阳性（＋）或阴性（－）划分等级后，最初的MPN水平（MPN/g或MPN/mL）可借助MPN表来确定。该表提供估计的统计学意义上的数据，并给出与该数据相关的95%置信区间。就任何统计数据而言，只要增加每个稀释度的试管（样品）数量，则该方法的准确性就越高。所以，一个10支试管的MPN方法会比一个5支试管的MPN方法获得的结果更可靠。但实际上，在特定的点上，增加多支试管分析培养基的用量，就会增加测试成本。

MPN 表的使用见本实验后附录。本实验中给出的 MPN 表来自于美国食品与药物管理局（FDA）的《细菌学分析手册》。该表是建立在 0.1、0.01 和 0.01g 三种接种量水平上的。从 10^0、10^{-1}、10^{-2} 和 10^{-3} 等稀释度中各取 1mL，则它们按稀释系列就转化成为 1mL、0.1mL、0.01mL 和 0.001mL 接种量。

选择三个稀释度作为 MPN 表的参考，这是运用 MPN 表进行判定的关键。当选择三个稀释度后，可以查 MPN 表获取 MPN。

① 选取有最大稀释度（即最高稀释度）的所有阳性试管，以及仅次于最大稀释度的两个较高稀释度的试管。例如，按照我们的稀释程序，如果你得到的阳性试管是：10^0 稀释度有 3/3 管（即 3 个试管中有 3 个呈阳性，以下类推），10^{-1} 稀释度有 3/3 管，10^{-2} 稀释度有 1/3 管，10^{-3} 稀释度有 1/3 管，则我们就选用 3-1-1 的 MPN 表。

② 如果没有两个较高稀释度可用的话，则应选择三个最高稀释度的结果进行判定。例如，如果阳性管数为：10^0 稀释度有 3/3 管、10^{-1} 稀释度有 3/3 管、10^{-2} 稀释度有 3/3 管、10^{-3} 稀释度有 1/3 管作为结果，则我们就选用 3-3-1 的 MPN 表。

③ 如果不是所有稀释度的所有试管都呈阳性，则选择具有阳性反应的三个最低稀释度的结果进行判定。例如，如果结果是：10^0 稀释度有 0/3 管，10^{-1} 稀释度有 1/3 管，10^{-2} 稀释度有 0/3 管，10^{-3} 稀释度有 0/3 管，则我们应要选用 0-1-0 的 MPN 表。然而，由于选用 1、0.1 和 0.01 的稀释度来对应 MPN 表中的 0.1、0.01 和 0.001，所以 MPN 表中的数值需要除以 10。无论何时采用 10^0 稀释度的结果时，这肯定都是正确的。

④ 如果选用 10^{-1}～10^{-3} 的稀释度，可以直接用 MPN 表中的数据。如果用 10^0～10^{-2} 的稀释度，则你需将从 MPN 表中获得的数据除以 10，因为这是一个 0.1、0.01、0.001g 的 MPN 表。

2. 酶底物法

酶底物法可用于大肠菌群和大肠埃希菌计数，该方法已被列为国家标准（GB/T 4789.32—2002）。大肠菌群可产生 β-半乳糖苷酶，分解培养基中的底物——茜素-β-D-半乳糖苷，使茜素游离并可与培养基中的铝、钾、铁、铵等离子形成紫色或红色的螯合物，使菌落呈现相应的颜色，从而实现快速计数大肠菌群的目的。

【实验材料】

(1) 样品　各种食品产品。

(2) 培养基　月桂基硫酸盐胰蛋白胨（LST）肉汤，乳糖胆盐（BGLB）肉汤，结晶紫中性红胆盐琼脂（VRBA）。

(3) 试剂　0.85%灭菌生理盐水、75%乙醇、1mol/L 无菌氢氧化钠溶液、1mol/L 无菌盐酸溶液。

(4) 仪器设备　恒温培养箱、振荡器、天平、高压蒸汽灭菌锅、pH 计、超净工作台等。

(5) 器皿　灭菌吸管、灭菌三角瓶、灭菌培养皿、灭菌玻璃珠、灭菌试管、无菌均质杯。

(6) 其他　灭菌刀、灭菌镊子、无菌均质袋、接种环、酒精灯、记号笔等。

【实验方法】

大肠菌群的检验程序如图 16-1。

1. 检样稀释

(1) 以无菌操作将检样 25mL（或 25g）放于含有 225mL 灭菌生理盐水或其他稀释液的灭菌玻璃瓶内（瓶内预置适当数量的玻璃珠）或灭菌研钵内，经充分振摇或研磨做成 1∶10 的均匀稀释液。固体检样最好用均质器，以 8000～10000r/min 的速度处理 1min，做成

1∶10的均匀稀释液。

(2) 用灭菌吸管吸取 1∶10 稀释液 1mL，注入含有 9mL 灭菌生理盐水振摇试管混匀，制成 1∶100 的稀释液。

(3) 按上项操作依次做 10 倍系列梯度稀释液，每递增稀释一次，换用 1 支 1mL 灭菌吸管。

(4) 根据食品卫生标准要求或对检样污染情况的估计，选择三个稀释度，每个稀释度接种 3 管。每递增稀释 1 次，换用 1 支无菌吸管或吸头。从制备样品匀液至样品接种完毕，全过程不得超过 15min。

2. 初发酵试验

每个样品选择 3 个适宜的连续稀释度的样品匀液，每个稀释度接种 3 管 LST，每管接种 1mL（如果接种量超过 1mL，则用双料 LST），置 36℃±1℃温箱内，培养 24h±2h，观察所有倒管内是否有气泡产生，未产生气泡则继续培养至 48h±2h。记录在 24h 和 48h 内产气的 LST 管数。未产生气泡为大肠菌群阴性，产气则进行复发酵试验。

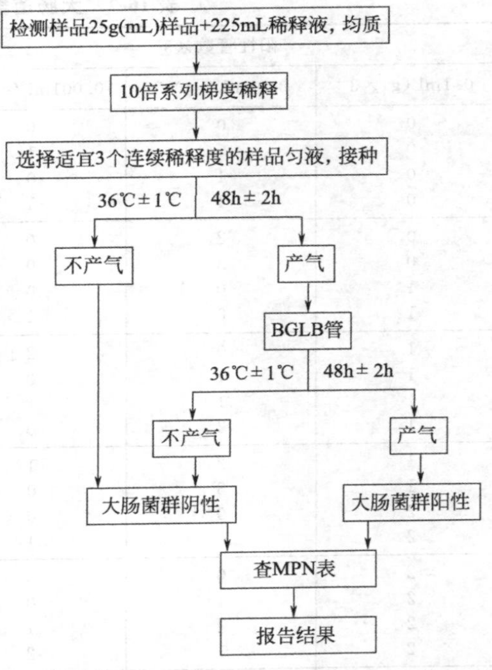

图 16-1 大肠菌群检验程序

3. 复发酵试验

用接种环从所有 48h±2h 内产气的 LST 管中分别接种 1 环培养物，接种于 BGLB 管内，置 36℃±1℃温箱内，培养 48h±2h，观察产气情况。产气者为大肠菌群阳性管。

4. 大肠菌群最大可能数（MPN）报告

根据大肠菌群阳性的管数，查 MPN 检索表，报告每 100mL（g）大肠菌群的最可能数。

【实验内容】

对几种食品产品中大肠菌群进行检测。

【实验结果】

将几种食品中大肠菌群测定结果记录于下表中。

食　品	阳性管数			大肠菌群［MPN/100mL(g)］
	10^{-1}	10^{-2}	10^{-3}	
饮料				
调味料				
饼干				

【思考题】

1. 为什么食品中大肠菌群的检验要经过复发酵试验才能证实？
2. 测定食品中大肠菌群的意义是什么？
3. 不同食品中大肠菌群的限制数量是否有差异？

【附录】

大肠菌群最大可能数（MPN）检索表（见表 16-7）

表 16-7 大肠菌群最可能数（MPN）检索表

阳性管数×3			MPN/100mL(g)	95%置信区间	
0.1mL(g)×3	0.01mL(g)×3	0.001mL(g)×3		下限	上限
0	0	0	<3.0	—	9.5
0	0	1	3.0	0.15	9.6
0	1	0	3.0	0.15	11
0	1	1	6.1	1.2	18
0	2	0	6.2	1.2	18
0	3	0	9.4	3.6	38
1	0	0	3.6	0.17	18
1	0	1	7.2	1.3	18
1	0	2	11	3.6	38
1	1	0	7.4	1.3	20
1	1	1	11	3.6	38
1	2	0	11	3.6	42
1	2	1	15	4.5	42
1	3	0	16	4.5	42
2	0	0	9.2	1.4	38
2	0	1	14	3.6	42
2	0	2	20	4.5	42
2	1	0	15	3.7	42
2	1	1	20	4.5	42
2	1	2	27	8.7	94
2	2	0	21	4.5	42
2	2	1	28	8.7	94
2	2	2	35	8.7	94
2	3	0	29	8.7	94
2	3	1	36	8.7	94
3	0	0	23	4.6	94
3	0	1	38	8.7	110
3	0	2	64	17	180
3	1	0	43	9	180
3	1	1	75	17	200
3	1	2	120	37	420
3	1	3	160	40	420
3	2	0	93	18	420
3	2	1	150	37	420
3	2	2	210	40	430
3	2	3	290	90	1000
3	3	0	240	42	1000
3	3	1	460	90	2000
3	3	2	1100	180	4100
3	3	3	>1100	420	—

注：1. 本表采用 3 个稀释度［0.1mL(g)、0.01mL(g)、0.001mL(g)］，每稀释度 3 管；

2. 表内所列检样量如改用［1mL(g)、0.1mL(g)、0.01mL(g)］，表内数字应相应降低 10 倍；如改用［0.01mL(g)、0.001mL(g)、0.0001mL(g)］时，则表内数字应相应增 10 倍，其余类推。

（陆利霞）

实验69 食品中霉菌毒素的检测

【目的要求】

1. 熟悉霉菌毒素的种类及其危害。
2. 熟悉黄曲霉毒素 B_1 的免疫检测方法。

【概述】

霉菌在自然界分布很广，几乎无处不在，主要生长在不通风、阴暗、潮湿和温度较高的环境中。霉菌可在各种食品上生长并产生危害性很强的霉菌毒素。目前已知的霉菌毒素约有200余种，与食品关系较为密切的有黄曲霉毒素、赭曲霉毒素、杂色曲霉素等。已知有6种毒素可引起动物致癌，它们是黄曲霉毒素（B、G、M）、黄天精、环氯素、杂色曲霉素、T-2毒素和展青霉素。

霉菌污染食品可使食品的食用价值降低，甚至使之完全不能食用，造成巨大的经济损失。据统计全世界每年平均有2%的谷物由于霉变不能食用。霉菌毒素引起的中毒大多通过被霉菌污染的粮食、油料作物以及发酵食品等引起。

霉菌毒素多数有较强的耐热性，一般的烹调加热方法不能使其破坏。当人体摄入的霉菌毒素量达到一定程度后，可引起中毒。霉菌中毒往往表现为明显的地方性和季节性，临床表现较有急性中毒、慢性中毒以及致癌、致畸和致突变等。我国涉及霉菌毒素的限量及检测的国家标准有：《饲料中黄曲霉毒素 B_1 的测定酶联免疫吸附法》GB/T 17480—2008；《食品中真菌毒素的限量》GB/T 2761—2005；《食品中赭曲霉毒素A的测定　免疫亲和层析净化高效液相色谱法》GB/T 23502—2009；《进出口食品中赭曲霉毒素A的测定方法》SN/T 1940—2007；《食品中T-2毒素的测定　免疫亲和层析净化高效液相色谱法》GB/T 23501—2009；《谷物中T-2毒素的测定》GB/T 5009.118—2008；《牛乳中黄曲霉毒素 M_1 的快速检测　双流向酶联免疫法》NY/T 1664—2008；《食品中黄曲霉毒素 B_1，B_2，G_1，G_2 的测定方法》GB/T 5009.23—1996；《小麦中T-2毒素的酶联免疫吸附测定（ELISA）》GB/T 5009.118—2003；《谷物和大豆中赭曲霉毒素A的测定》GB/T 5009.96—2003等。

黄曲霉毒素（aflatoxins，AFT）是黄曲霉、寄生曲霉及温特曲霉等产毒菌株的代谢产物，是一群结构类似的化合物。目前已发现17种黄曲霉毒素，根据其在波长为365nm紫外光下呈现不同颜色的荧光而分为B、G两类：B类在氧化铝薄层板上于紫外光照射下呈现蓝色荧光；G类则呈绿色荧光。AFT主要污染粮油及其制品，如花生、花生油、玉米、大米、棉籽等被污染严重。此外各种植物性与动物性食品也能被广泛污染，如在胡桃、杏仁、高粱、小麦、豆类、皮蛋、奶与奶制品、干咸鱼及辣椒中均有AFT污染。其污染程度与各种作物生物学特性和化学组成以及成熟期所处的气候条件有很大关系。一般来说，富含脂肪的粮食易产生AFT。此外，收获季节高温、高湿，也易造成AFT的污染。AFT属于剧毒物质，其毒性比氰化钾还高，也是目前最强的化学致癌物质之一。其中AFT B_1 的毒性和致癌性最强，故其在食品中允许量各国都有严格规定。FAO/WHO规定食品中AFTB_1 $<15\mu g/L$，美国 $\leqslant 20\mu g/L$，日本 $\leqslant 10\mu g/L$。我国规定玉米、花生仁、花生油，不得超过 $20\mu g/L$；玉米及花生制品（按原料折算），不得超过 $20\mu g/L$；大米、其他食用油，不得超过 $10\mu g/L$；其他粮食、豆类、发酵食品，不得超过 $5\mu g/L$；婴儿代乳食品，不得检出。黄曲霉毒素的检测国家标准有《食品中黄曲霉毒素 B_1，B_2，G_1，G_2 的测定方法》GB/T 5009.23—1996；《牛乳中黄曲霉毒素 M_1 的快速检测　双流向酶联免疫法》NY/T 1664—2008；《食品中黄曲霉毒素 B_1 的测定》GB/T 5009.22—2003；《食品中黄曲霉毒素 B_1，B_2，G_1，G_2 的测定》GB/T 5009.23—2003；《食品中黄曲霉毒素 M_1 与 B_1 的测定》GB/T 5009.24—2003等。

【实验材料】

（1）样品　花生及其制品。

（2）试剂　抗黄曲霉毒素 B_1 单克隆抗体、AFTB_1-牛血清白蛋白结合物、黄曲霉毒素 B_1 标准溶液（1mg/mL）、三氯甲烷、甲醇、石油醚、牛血清白蛋白（BSA）、邻苯二胺（OPD）、辣根过氧化物酶标记羊抗鼠IgG、碳酸钠、碳酸氢钠、磷酸二氢钾、磷酸氢二钠、氯化钠、氯化钾、过氧化氢、硫酸、ELISA缓冲溶液等。

(3) 仪器和设备　小型粉碎机、振荡器、酶标仪（含 490nm 滤光片）、水浴锅、培养箱、酶标板、微量加样器及其吸头等。

【实验方法】

(1) 取样　花生样品粉碎，过 20 目筛网，称取 20.0g 样品。

(2) 提取　将样品加入 250mL 具塞三角瓶中，准确加入 100.0mL 甲醇-水（55∶45）溶液和 30mL 石油醚，盖塞。150r/min 振荡提取 30min。静置 15min 后用快速定性滤纸过滤至分液漏斗中。待分层后，放出下层甲醇-水溶液于烧杯中，从中取 20.0mL 于另一分液漏斗中，加入 20.0mL 三氯甲烷，振摇 2min，静置分层后，放出三氯甲烷于蒸发皿中，再加 5.0mL 三氯甲烷于分液漏斗中重复振摇后，放出三氯甲烷并合并于蒸发皿中。于 65℃水浴通风挥发干三氯甲烷。再用 2.0mL 20%甲醇-PBS 分三次（0.8mL、0.7mL、0.5mL）溶解并彻底冲洗蒸发皿中残留物，转移至小试管，加盖待测。

(3) 包被微孔板　用 AFTB_1-BSA 抗原包被酶标板，150μL/孔，4℃过夜。

(4) 抗原抗体反应　将黄曲霉毒素 B_1 纯化单克隆抗体稀释后分别作如下操作。

① 与等量不同浓度的黄曲霉毒素 B_1 标准溶液用 2mL 试管缓和均匀后，4℃静置。用作黄曲霉毒素 B_1 的标准曲线；

② 与等量试样提取液用 2mL 试管缓和均匀后，4℃静置。用作测定样品中黄曲霉毒素 B_1 的含量。

(5) 封闭　已经包被的酶标板用洗液洗涤 3 次，每次 3min，加入封闭液封闭，250μL/孔，置于 37℃培养箱 1h。

(6) 测定　加入抗原抗体反应液 130μL/孔，37℃反应 2h。酶标板用洗液洗涤 3 次，每次 3min，加入酶标抗体 100μL/孔，1h。酶标板用洗液洗涤 5 次，每次 3min，加入底物溶液（10mg OPD 用 25mL 底物缓冲液溶解）37μL/孔，30%双氧水 100μL/孔，置于 37℃培养箱 15min。然后加入 2mol/L 硫酸，40μL/孔终止显色反应。酶标仪 490nm 测定 *OD* 值。

(7) 计算　黄曲霉毒素 B_1 的浓度计算公式为：

$$\text{黄曲霉毒素 } B_1 \text{ 的浓度(ng/g)} = c \times \frac{V_1}{V_2} \times D \times \frac{1}{m}$$

式中，c 为黄曲霉毒素 B_1 含量，ng，由对应标准曲线按数值插入法得到；V_1 为试样提取液的体积，mL；V_2 为滴加样液的体积，mL；D 为稀释倍数；m 为试样质量，g。

【实验内容】

测定花生及其制品中黄曲霉毒素 B_1 含量。

【实验结果】

记录花生及其制品中黄曲霉毒素 B_1 的含量。

【思考题】

1. 为何食品中需要限定黄曲霉毒素 B_1 的含量？
2. 可以通过加热减少黄曲霉毒素 B_1 的含量吗？为什么？
3. 可能含有黄曲霉毒素 B_1 的食品有哪些？

（陆利霞）

实验70　污染食品微生物来源的分析与判断

【目的要求】

1. 掌握微生物污染食品的途径。

2. 判断污染食品微生物的来源。

3. 了解不同种类食品微生物污染途径的差异。

【概述】

食品在食用前的各个环节中，被微生物污染往往是不可避免的。不同食品的加工原料、工艺及包装、销售环节也不同，污染的微生物种类及污染途径也不同。由于微生物在环境中无处不在，因此微生物污染食品的主要途径：通过土壤、空气、水、加工人员、动物（昆虫、鼠类、蟑螂等）、加工机械及设备、包装材料、原辅料及储藏、销售过程中的二次污染等途径。不同的食品原料所附带的微生物种类不同，如新鲜畜禽肉主要是嗜温菌，包括大肠菌群、肠球菌、金黄色葡萄球菌、魏氏梭菌和沙门菌等，其次为嗜冷菌。鲜鱼以嗜冷菌为主，有假单胞菌属、黄色杆菌属和弧菌属等。通过分析原辅料中的微生物、最终产品中的微生物及设备上的微生物可有助于分析污染食品的微生物主要来源，从而利于采取适宜的措施。对于由原辅料引起的污染，需要通过更换原料、改变原辅料的储藏条件、工艺参数的改进等方式来减少；对于由加工设备引起的污染，需要对设备进行严格的清洗消毒处理；对于由于二次污染引起的污染，则需要强化食品的包装环节，改进产品的包装材料或方式，改进产品的储藏条件等。如果在水产品中发现了沙门菌属，一般认为是外来污染，应对该产品的生产，加工过程进行分析、检测，从而找到污染源。奶粉中的细菌主要来源于以下几方面：①奶粉在浓缩干燥过程中，外界温度高达150～200℃，但奶粉颗粒内部温度只有60℃左右，其中会残留一部分耐热菌；②喷粉塔用后清扫不彻底，塔内残留的奶粉吸潮后会有细菌生长繁殖，成为污染源；③奶粉在包装过程中接触的容器、包装材料等可造成第二次污染；④原料乳污染严重是奶粉中含菌量高的主要原因。奶粉中污染的细菌主要有耐热的芽孢杆菌、微球菌、链球菌、棒状杆菌等。如果原料乳污染严重，加工不规范，奶粉中含菌量会很高，甚至有病原菌出现。

由于食品的种类繁多，原料差异大、加工工艺及方法和储藏条件相同，致使微生物在不同食品中呈现的种类及变化特点也不可能完全相同。充分掌握各种污染食品的微生物来源，对于指导食品的生产及保证产品的质量具有重要的意义。本实验以污染食品的细菌来源进行分析和判断。

【实验材料】

（1）培养基　营养琼脂培养基。

（2）样品　食品原料、生产设备、生产用水、包装材料、工人手部。

（3）仪器设备　恒温培养箱、振荡器、天平、高压蒸汽灭菌锅、pH计等、超净工作台。

（4）器皿　灭菌吸管、灭菌三角瓶、灭菌培养皿、灭菌玻璃珠、灭菌试管、无菌均质杯等。

（5）试剂　0.85%灭菌生理盐水、75%乙醇、1mol/L无菌氢氧化钠溶液、1mol/L无菌盐酸溶液。

（6）其他　灭菌刀、灭菌镊子、无菌均质袋、酒精灯、记号笔。

【实验方法】

（1）原辅料中菌落总数的测定　按照实验67方法进行原辅料中菌落总数的测定。如果菌落总数的较高可判断原辅料是导致产品菌落总数较高的来源之一。可对原辅料更换或采用一定的预处理以减少原辅料中的菌落总数。

（2）生产设备表面菌落总数的测定　采用涂抹法进行测定。取无菌棉球在与食品或原料直接接触的部位进行涂抹一定的面积，一般涂抹100cm^2。然后将棉球用无菌生理盐水稀释液进行适当稀释，按照实验67测定设备单位面积上菌落总数。如果菌落总数较高，则说明设备为污染源。可能由于清洗不充分，或灭菌不充分等原因导致。

(3) 生产用水菌落总数的测定　按照实验 67 方法进行生产用水源中菌落总数的测定。如果菌落总数较高可判断水是导致产品菌落总数较高的来源之一。可对水源进行适当的杀菌处理减少菌落总数，直至满足生产用水的要求。

(4) 包装材料菌落总数的测定　采用涂抹法进行测定。同设备表面菌落总数的测定。如果菌落总数较高，可采用臭氧、紫外线、75%乙醇等方式进行杀菌处理，或者更换包装材料。同时加强对包装材料的储存、卫生管理。

(5) 工人手部菌落总数的测定　采用涂抹法进行测定。同设备表面菌落总数的测定。如果菌落总数较高，需要求工人进行严格洗手消毒程序，减少菌落总数，加强对员工的卫生意识，加强监督管理。

【实验内容】

对面包的生产原料及生产过程各环节进行检测，分析可能的微生物污染源。

【实验结果】

将面包生产各环节的菌落总数结果记录于下表。

项　目	菌落总数/(cfu/g 或 cm^2)	项　目	菌落总数/(cfu/mL 或 cm^2)
原辅料		水	
和面机		手部	
醒发机		包装材料	

【思考题】

1. 微生物污染食品的主要途径有哪些？
2. 对不同食品加工环节的污染源可能的处理方式有哪些？
3. 食品微生物污染源分析的重要意义？

（陆利霞）

实验71　纯种发酵泡菜的制作

【目的要求】

1. 了解纯种发酵泡菜的制作过程。
2. 掌握泡菜发酵中的主要微生物。
3. 纯种发酵泡菜的优点。
4. 比较纯种发酵与自然发酵方式泡菜的差异。

【概述】

泡菜是一种传统发酵食品。它是将蔬菜用淡盐水先腌制，再配以用辣椒面、葱、蒜等作料搅拌成的底料，混合装坛、罐进行发酵而成。由于泡菜所取的原料都是新鲜的各种蔬菜，含有丰富的维生素和钙、磷等无机物，既能为人体提供充足的营养，又能预防动脉硬化等疾病。同时泡菜的酸味可使人开胃，有助于食物的消化，所以泡菜经常作为佐餐小菜。

在泡菜发酵过程中主要是由乳酸菌（嗜酸乳酸杆菌、植物乳杆菌、弯曲杆菌、乳酸链球菌等）发挥作用，可利用蔬菜中的糖进行乳酸发酵。泡菜不仅咸酸适度，味美嫩脆，增进食欲帮助消化，而且可以抑制各种病原菌及有害菌的生长发育，延长保存期。由于传统发酵是利用蔬菜表面附带及盐水中的微生物发挥作用进行自然发酵，所含的乳酸菌数量有限，影响泡菜发酵的质量，延长了发酵周期。而且传统的泡菜发酵中也含有一些硝化细菌从而可以使泡菜中的亚硝酸盐含量较高，影响产品的质量及安全性。同时不利于大规模及自动化生产。因此发展纯种发酵泡菜，不仅有利于规模化、自动化及标准化发酵生产，而且通过微生物发酵菌种的筛选及优化，可降低泡菜中亚硝酸盐的含量，提高产品的风味，避免杂菌的生长，提高产品的安全性，使得发酵周期由传统发酵的7～10d缩短至2～3d，提高了生产效率。

【实验材料】

(1) 容器　泡菜坛等

(2) 主要原辅料　时令蔬菜（如甘蓝、萝卜、黄瓜、豇豆等）、食盐、白糖。

(3) 发酵剂　液体植物乳杆菌发酵剂或乳酸菌的混合发酵剂。

(4) 仪器设备　培养箱、高压蒸汽灭菌锅。

【实验方法】

(1) 原料预处理　挑选去除蔬菜原料中不能食用部分，并清洗干净。

(2) 原料除杂菌　将清洗干净的蔬菜用凉开水冲洗2～3遍，或用无菌水进行冲洗。冲洗后用紫外线杀灭表面残留菌，并沥除表面水分。

(3) 盐水的配制与灭菌　根据自己的喜好配制适宜浓度的食盐溶液，一般配制3%～10%，盐过高浓度则泡菜产品较咸。溶解后将食盐溶液采用高压蒸汽灭菌的方式进行灭菌。

(4) 装坛　根据泡菜坛的大小将适量蔬菜装入坛中，添加无菌盐水，再按照3%～5%的接种量添加泡菜发酵剂，混匀。

(5) 密封发酵　采用水封法将泡菜坛口进行密封，并将泡菜坛置于培养箱，35～40℃进行发酵，发酵时间2～3d。根据产品的酸度确定发酵的终点。并观察其颜色、质地、风味的变化。

(6) 调配　根据产品风味的需要，在发酵后的泡菜中加入各种香辛料、辣椒等调味品，制作不同风味特色的泡菜产品。

(7) 泡菜管理　泡菜如果管理不当会败坏变质，必须注意以下几点。

① 保持坛沿清洁，经常更换坛沿水。或使用20%的食盐水作为坛沿水。揭坛盖时要轻，勿将坛沿水带入坛内。

② 取食泡菜时，用清洁的筷子取食，取出的泡菜不要再放回坛中，以免污染。

【实验内容】

根据时令蔬菜品种制作纯种发酵泡菜，并观察发酵过程中颜色、质地、风味的变化。同时制作传统自然发酵泡菜，比较两种方法的差异及产品的不同。

【实验结果】

1. 自然发酵泡菜的发酵时间及发酵过程产品颜色、质地、风味等。
2. 纯种发酵泡菜的发酵时间及发酵过程产品颜色、质地、风味等。
3. 比较两种方法制作泡菜的差异。

【思考题】

1. 泡菜制作时，常出现的问题是什么，如何进行预防？
2. 叙述纯种发酵泡菜产品的特色。

（陆利霞）

实验72　酸奶的制作

【目的要求】

1. 熟悉乳酸菌发酵剂的制备。
2. 熟悉酸奶制作的工艺过程与操作要点。

3. 掌握影响酸奶质量的因素以及质量标准。

【概述】

酸奶是以牛奶等为原料，经乳酸菌发酵生产的一种具有较高营养价值的特殊风味的产品，并可作为具有一定功能的保健食品。其制作原理是通过乳酸菌发酵产生乳酸，使乳中酪蛋白凝固，同时形成酸奶独特的风味、质地。酸奶发酵过程使牛奶中糖类、蛋白质被分解成为小分子物质（如半乳糖和乳酸、小的肽链和氨基酸等）。奶中脂肪含量一般是3%～5%。经发酵后，乳中的脂肪酸可比原料奶增加2倍。这些变化使酸奶更易消化和吸收，各种营养素的利用率得以提高。酸奶由纯牛奶发酵而成，除保留了鲜牛奶的全部营养成分外，在发酵过程中乳酸菌还可产生人体营养所必需的多种维生素，如VB_1、VB_2、VB_6、VB_{12}等。特别是对乳糖消化不良的人群，吃酸奶也不会发生腹胀、气多或腹泻现象。鲜奶中钙含量丰富，经发酵后，钙等矿物质都不发生变化，但发酵后产生的乳酸，可有效地提高钙、磷在人体中的利用率，所以酸奶中的钙、磷更容易被人体吸收。

加工酸奶的质量受牛奶的质量、发酵剂的微生物种类、发酵剂的质量及酸奶发酵条件等因素的影响。随着对乳酸菌及益生菌的研究，目前用于酸奶发酵的微生物主要有保加利亚乳杆菌、嗜热链球菌、双歧杆菌、嗜酸乳杆菌、干酪乳杆菌等。

【实验材料】

（1）菌种　保加利亚乳杆菌和嗜热链球菌培养物以1∶1比例混合。

（2）原料与配料　脱脂奶粉（或全脂牛奶、脱脂牛奶）、蔗糖。

（3）仪器设备　隔热式培养箱、均质机、超净工作台、灭菌锅等。

【实验方法】

1. 发酵剂的制备

（1）将冻干或液体保藏菌种接入10%～12%牛乳试管（90～95℃杀菌30～60min）中于37～40℃培养至牛乳凝固，连续活化2～3次，转接于三角瓶中（母发酵剂），接种量1%。生产上还需进行一级扩大培养（生产发酵剂），接种量2%～3%。

（2）发酵剂的质量评定　见本实验后附录。

2. 原料配制

原料乳可根据产品要求加糖或不加糖，一般添加量8%～10%。若用脱脂奶粉配制，奶粉浓度为5%～7%。不同风味与香味型酸奶可在此时加入相应的配料或添加剂。

3. 预热

将所溶解原料加热至60～70℃。

4. 均质

将配制乳溶液于1568～1764Pa压力进行，使产品质地细腻、均匀。

5. 杀菌

均质后加热至95℃，保持5～10min。

6. 冷却、接种

将配制乳溶液冷却至43～45℃，以2%～3%接种量接种生产发酵剂，混匀。

7. 装瓶、发酵

分装玻璃或塑料瓶，于41～43℃保温发酵至产品呈凝固状态，酸度达70°T～80°T。按要求抽样检查合格后转入4℃进行储藏3～4h。

8. 酸奶产品的质量评定

见本实验后附录。

【实验内容】

1. 制备1L乳酸菌发酵剂，并确定发酵剂是否污染杂菌。

2. 制备1L酸奶产品，并分析产品的感官指标及是否污染杂菌。

【实验结果】

1. 观察并记录所制备的发酵剂是否染菌及染菌情况及制备的发酵剂质量情况。

2. 记录所制备酸奶的感官指标。

3. 观察并记录所制备的酸奶是否染菌及染菌情况。

【思考题】

1. 分析酸奶发酵剂对酸奶质量的重要性。

2. 影响酸奶质量的因素有哪些？

【附录】

1. 酸奶的发酵剂的质量要求

(1) 凝块需有适当的硬度，均匀而细滑，富有弹性，组织均匀一致，表面无变色、龟裂、产生气泡及乳清分离现象。

(2) 需具有优良的酸味和风味，不得有腐败味、苦味、饲料味和酵母味等异味。

(3) 凝块完全粉碎后，质地均匀，细腻滑润，略带黏性，不含块状物。

(4) 按上述方法接种后，在规定时间内产生凝固，无延迟现象。活力测定时（酸度、感官、挥发酸、滋味）符合规定指标。

2. 发酵剂的质量检查

(1) 感官检查　首先观察发酵剂的质地、组织状态、色泽及乳清分离等。然后品尝酸味是否过高或不足，有无苦味和异味等。

(2) 细菌检查　用常规方法测定总菌数和活菌数，必要时选择适当的培养基测定乳酸菌等特定的菌群。

(3) 发酵剂的活力测定　发酵剂的活力可利用乳酸菌的繁殖而产生酸和色素还原等现象来评定。活力测定的方法必须简单而迅速，可选择刃天青（$C_{12}H_{17}NO_4$）还原试验法：脱脂乳9mL中加发酵剂1mL和0.005%刃天青溶液1mL，在36.7℃的温箱中培养35min以上，如完全褪色，则表示活力良好。

3. 酸奶产品的质量要求（GB 2746—1999）　见表16-8、表16-9、表16-10、表16-11。

表16-8　酸奶成分标准

项　目		纯酸奶(质量分数)/%	调味酸奶(质量分数)/%	果味酸奶(质量分数)/%
脂肪含量	全脂	≥3.1	≥2.5	≥2.5
	部分	1.0～2.0	0.8～1.6	0.8～1.6
	脱脂	≤0.5	≤0.4	≤0.4
蛋白质含量	全脂、部分脱脂及脱脂	≥2.9	≥2.3	≥2.3
非脂乳固体含量	全脂、部分脱脂及脱脂	≥8.1	≥6.5	≥6.5

表16-9　酸奶的感官指标

项　目	指　标
滋味和气味	具有纯乳酸发酵剂制成的酸牛奶特有的滋味和气味。无酒精发酵味、霉味和其他外来的不良气味
组织状态	凝块均匀细腻、无气泡、允许有少量乳清析出
色泽	色泽均匀一致，呈乳白色或略带微黄色

表 16-10　酸奶的理化指标

项　　目	指　　标
脂肪/%	3.00
全脂固体/%	11.50
酸度/°T	70.00～110.00
蔗糖/%	5.00
汞(以 Hg 计)/(mg/kg)	0.01

表 16-11　酸奶的微生物指标

项　　目	指　　标
大肠菌群(MPN/100mL)	≤90
致病菌	不得检出

（陆利霞）

实验73　酒酿的制作

【目的要求】

1. 通过酒酿的制作了解酿酒中发挥作用的微生物。

2. 掌握酒酿的制作技术。

【概述】

以糯米（或大米）经酒药发酵制成的酒酿，是我国的传统发酵食品，尤其在江浙沪一带盛行。我国酿酒工业中的小曲酒和黄酒生产中的淋饭酒在某种程度上就是由酒酿发展而来的。

酒酿是将糯米经过蒸煮糊化，利用酒药中的根霉和米曲霉等微生物将原料中糊化后的淀粉进行糖化，将蛋白质水解成氨基酸，然后酒药中的酵母菌利用单糖及寡糖生长繁殖，并通过酵解途径将糖转化成酒精，从而赋予酒酿特有的香气、风味和丰富的营养物质。随着发酵时间延长，甜酒酿中的糖分逐渐转化成酒精，因而糖度下降，酒度提高，故适时结束发酵是保持酒酿口味的关键。制作酒酿的原料、酒药、蒸煮及发酵的温度是影响酒酿质量的主要因素。

【实验材料】

（1）材料　糯米、酒药

（2）仪器和器具　手提高压灭菌锅，纱布，烧杯，不锈钢锅，具有盖子的饭盒、锅等。

【实验方法】

1. 清洗与浸泡

将糯米挑选去除石子等杂质，并用自来水清洗，然后用自来水浸泡。一般冬季浸泡过夜，夏季浸泡 4～6h。用手碾磨糯米成粉状、无硬芯即可。

2. 蒸煮与冷却

蒸煮的时间长短因米质、蒸汽压力和摊米厚度的不同而异。对蒸煮的质量要求是达到外硬内软，内无硬芯或白芯，疏松不糊，透而不烂，均匀一致。

淋饭冷却即迅速的降低品温以适合微生物的发酵繁殖，同时可增加米饭的含水量和使米饭表面光滑，易于拌入酒药和搭窝。将米饭的温度降至 30～35℃。

3. 拌入酒药和搭窝

按糯米重量加入 3%～5%磨细的酒药，并与米饭混匀。放入锅或碗内搭窝。

4. 发酵

再将锅或碗放入恒温培养箱（26～28℃）培养，直至出现大量糖液即发酵结束。

【实验内容】

酒酿的制作并观察发酵过程的现象；镜检参与发酵的微生物。

【实验结果】

1. 酒酿的感官及品尝结果记录。

2. 镜检观察酒酿中的微生物种类，并记录所观察的微生物的形态特征。

【思考题】

1. 酒酿发酵中的主要微生物是什么？所发挥的作用是什么？

2. 酒酿制作的关键点有哪些？

（陆利霞）

实验74 食药用真菌的组织分离及原种制作

【目的】

1. 掌握大型真菌的组织分离基本原理。

2. 掌握食药用菌的原种制作方法。

【概述】

组织分离技术是一种无性繁殖或克隆技术，是获得大型真菌种质资源的重要方式。从理论上讲，这种分离方法所获得的菌种不发生遗传重组等变异，能保持原菌株的优良特性，且操作简便。因此，大多数科研院校及制种单位，在品种审定后都采用这种方法来保持菌株的优良种性，并用其原始母种扩繁原种及栽培种应用于生产。

在食药用菌菌种生产中，菌种制作通常分为二级，即母种和原种。母种也叫一级种，由于菌丝生长在试管的斜面上，所以又称为试管种或斜面种。为了保证质量，防止退化，母种的转接扩管不超过3次，转扩次数增多，产量有下降的趋势。对长期保藏的菌株，复壮后须经出菇试验，方可用于大规模生产或销售。一般生产者都是引进母种，经扩繁后用于制备原种。原种是将母种转接于装有培养料的菌种瓶或袋中进行扩大培养的菌种（二级种）。

本实验以香菇为实验材料介绍食药用菌组织分离和原种制作方法。

【实验材料】

（1）分离用种菇的选择　选择香菇子实体，质量大、菌盖圆整、菌柄细短、菌肉厚实、颜色鲜、有鳞片且无病虫害，要求开伞度在7～8分，正处在正常生长中的种菇。

（2）培养基　PDA培养基（母种培养用）、原种培养基（配方和制作方法和要求见本实验后附录）。

（3）仪器设备　培养箱、超净工作台。

（4）其他　接种钩、酒精灯、手术刀、1%升汞水或用75%医用酒精等。

【实验方法】

1. 种菇的消毒处理

选好的种菇，剪去菇根，用消毒镊子夹住菌柄，并用1%的升汞水或用75%的医用酒精擦拭消毒2～3遍，放入超净工作台，然后将分离用工具（镊子、手术刀、接种钩等）用常规法进行消毒。

2. 分离种菇的组织块

在无菌条件下，用酒精擦手消毒后，用手纵向将种菇掰开，迅速用手术刀将掰开菇的菌盖和菌柄的交界处菌肉上横划两刀，并在划口中间每隔2mm竖划一刀，及时用接种钩取组织块，迅速接入试管斜面培养基中间部位，并用接种钩稍压一下，以保证组织块与培养基充分接触。

3. 母种的培养

接种后将试管放在23～25℃培养箱中培养，经2～3d可见组织块周围有灰白色放射状的菌丝，再过1～2d菌丝开始蔓延到试管斜面上，大约12～15d菌丝可长满整个试管。选择菌丝洁白粗壮、整齐一致平铺于斜面上的试管留作母种，其余淘汰。母种经低温复壮后就可以扩繁原种、栽培种及进行出菇试验。

4. 原种的接种

接种前必须使瓶温降至30℃左右，一人手持母种试管，用酒精棉球将试管擦2次，然后拔开棉塞，试管口对准酒精灯火焰上方，用火焰烧一下管口，把烧过的接种钩迅速插入种管内贴壁冷却，将斜面前端1cm长的菌丝块挖去，剩余的斜面分成3～4段，另一个人在酒精灯火焰上方，在接种者取好菌种块的同时拔开原种瓶棉塞，接种者将菌种块取出，快速接入原种瓶的接种穴内，棉塞过火焰后塞好。如此一支试管可接3～4瓶原种。每接完一支试管，接种钩要重新消毒，防止交叉感染。接完种后，立即将台面收拾干净，将各种残物如试管、洒落的培养基、消毒用过的棉花等均清出。

5. 原种的培养

将接种后的原种瓶搬入培养室，保持温度在25℃左右，保持空气湿度55%～65%。一般3～5d菌丝即可吃料，7～10d菌丝即可封面。待菌丝封面后，加强通风换气，保持室内空气新鲜，一般培养25～85d菌丝即可长满瓶。

【实验内容】

将香菇子实体进行组织分离，制备母种及原种。

【实验结果】

1. 观察并记录组织分离块的萌发及染菌情况。
2. 观察并记录原种的菌丝萌发及染菌情况。
3. 观察并记录菌丝体在母种和原种培养基中的生长速度。

【思考题】

1. 原种和母种培养基的灭菌时间为何有差异？
2. 比较组织培养和孢子繁殖两种方式在食药用菌种选育上的应用策略。
3. 谈谈你感兴趣的食药用真菌的栽培方式。

【附录】

原种培养基配方、制作方法和要求

配方：棉籽壳90%，麸皮8%，红糖或白糖1%，石膏1%；含水量60%左右，pH 5.5～6.5。制作方法和要求如下。

(1) 制备原种培养基要求拌料要均匀，具体加水量以拌好料堆闷半小时后，用手紧握料有水从指缝渗出、但不成滴下落即可。

(2) 所用菌种瓶要提前刷洗干净，沥干后备用。

(3) 木屑或棉籽壳培养料装瓶　装料至瓶颈可用木棒压实、压平，料面须在瓶肩以下。然后要在料中间扎直径为1.5～2cm的孔，将瓶口内外壁擦净。取一块完整、略大于掌心的棉絮卷成棉塞，棉塞要比瓶口略粗，稍用力即可旋入瓶口为宜。塞入瓶口2/3、外露1/3，棉塞头部与瓶颈的底口平，要松紧适度。过紧，影响通气，发菌慢。过松不但棉塞易脱落，且起不到过滤杂菌的目的，引起杂菌感染。

(4) 塞好棉塞后，盖上牛皮纸或双层报纸，用线绳扎紧。

(5) 采用高压灭菌或常压灭菌。高压灭菌的压力通常为147～196kPa，灭菌时间为2～2.5h。常压灭菌需8～10h。

附录

附录1 实验用菌种及其学名

细菌

蜡状芽孢杆菌 *Bacillus cereus*

枯草芽孢杆菌 CMCC（B）63 501 *Bacillus subtilis* CMCC（B）63 501

嗜热脂肪芽孢杆菌 *Bacillus stearothermophilus*

枯草芽孢杆菌 *Bacillus subtilis*

黄色短杆菌 *Brevibacterium flavum*

生孢梭菌 *Clostridium sporogenes*

产气肠杆菌 *Enterobacter aerogenes*

粪便肠球菌 *Enterococcus faecalis*

大肠埃希菌 *Escherichia coli*

大肠埃希菌 CMCC（B）44 102 *Escherichia coli* CMCC（B）44 102

保加利亚乳杆菌 *Lactobacillus bulgaricus*

肠膜状明串珠菌 *Leuconostoc mesenteroides*

藤黄微球菌 *Micrococcus luteus*

耻垢分枝杆菌 *Mycobacterium smegmatis*

普通变形杆菌 *Proteus vulgaris*

铜绿假单胞菌 *Pseudomonas aeruginosa*

荧光假单胞菌 *Pseudomonas fluorescens*

红螺旋菌 *Rhodospirillum* sp.

金黄色葡萄球菌 *Staphylococcus aureus*

金黄色葡萄球菌 CMCC（B）26 003 *Staphylococcus aureus* CMCC（B）26 003

表皮葡萄球菌 *Staphylococcus epidermidis*

乳酸链球菌 *Streptococcus lactis*

嗜热链球菌 *Streptococcus thermophilus*

放线菌

细黄链霉菌 *Streptomyces microflavus*

灰色链霉菌 *Streptomyces griseus*

真菌

曲霉菌 *Aspergillus* sp.

黑曲霉 *Aspergillus niger*

黑曲霉 CMCC（F）98 003 *Aspergillus niger* CMCC（F）98 003

白色念珠菌 CMCC（F）98 001 *Candida albicans* CMCC（F）98 001

产朊假丝酵母 *Candida utilis*

青霉菌 *Penicillium* sp.

产黄青霉 *Penicillium chrysogenum*

米根霉 *Rhizopus oryzae*

红酵母 *Rhodotorula* sp.

酿酒酵母 *Saccharomyces cerevisiae*

酿酒酵母 SA 菌株（ade^- his^+，单倍体）

酿酒酵母 PH 菌株（ade^+ his^-，单倍体）

里氏木霉菌 *Trichoderma reesei*

附录2 实验用培养基

一、细菌和放线菌用培养基

● 营养琼脂和营养肉汤培养基

牛肉膏 3.0g，蛋白胨 10.0g，氯化钠 5.0g，琼脂 15.0～20.0g，蒸馏水 1000mL。pH 7.4～7.6。不加琼脂即为营养肉汤培养基。

● 2 倍浓度营养肉汤培养基

牛肉膏 3.0g，蛋白胨 10.0g，氯化钠 5.0g，琼脂 15.0～20.0g，蒸馏水 500mL。pH 7.4～7.6。

● LB(Luria-Bertanin) 培养基

胰蛋白胨 10.0g，酵母浸出粉 5.0g，氯化钠 10.0g，蒸馏水 1000mL。pH 7.0。

• 大豆胰蛋白胨琼脂（TSA）培养基

胰蛋白胨 10.0g，大豆蛋白胨或植物蛋白胨 5.0g，氯化钠 5.0g，琼脂 15.0g。pH 7.3。

• 伊红—美蓝（EMB）培养基

乳糖 10.0g，蛋白胨 10.0g，K_2HPO_4 2.0g，2%伊红 Y 溶液 20.0mL，0.65%美蓝溶液 10.0mL，琼脂 15.0g，蒸馏水 1000mL，pH 7.2。其中 2%伊红 Y 溶液和 0.65%美蓝溶液在 pH 调节后加入。

• 7.5%氯化钠培养基

牛肉膏 3.0g，蛋白胨 5.0g，氯化钠 75.0g，琼脂 15.0g，蒸馏水 1000mL，pH 7.0。

• 甘露醇盐培养基

牛肉膏 1.0g，蛋白胨 10.0g，氯化钠 75.0g，D-甘露醇 10.0g，琼脂 15.0g，酚红 0.025g，蒸馏水 1000mL。pH 7.4。

• 硫代乙醇酸盐流体培养基

蛋白胨 15g，酵母浸出粉 5.0g，葡萄糖 5.0g，L-胱氨酸 0.75g，硫代乙醇酸 0.3mL（或硫代乙醇酸钠 0.5g），氯化钠 2.5g，刃天青 0.001g，琼脂 0.75g，蒸馏水 1000mL。

制法：除葡萄糖和刃天青外，取上述成分加入蒸馏水内，微温溶解后调 pH 为弱碱性，煮沸，加葡萄糖和刃天青，溶解后摇匀，滤清，调 pH 使灭菌后为 7.1±0.2，分装。115℃灭菌 30min。

• 糖发酵培养基

蛋白胨 10.0g，氯化钠 5.0g，1.6%溴甲酚紫溶液 1.5mL，待测糖（葡萄糖、乳糖或蔗糖）10g，蒸馏水 1000mL。pH 7.0～7.4。

制法：①1.6%溴甲酚紫乙醇溶液配制时先用少量 95%乙醇溶解，再加水至所需体积；②配制培养基时，将上述成分（除指示剂溴甲酚紫溶液外）溶解，调 pH，再加入溴甲酚紫溶液，混匀；③试管中培养基分装量为 4～5cm 高度，然后倒置放入一杜氏小管。

• 蛋白胨水培养基

胰蛋白胨 10.0g，氯化钠 5.0g，蒸馏水 1000mL。pH 7.2～7.4。

• 葡萄糖蛋白胨培养基

蛋白胨 5.0g，葡萄糖 5.0g，氯化钠 5.0g，蒸馏水 1000mL。pH 7.2～7.4。

• Simmons 柠檬酸盐琼脂培养基

磷酸二氢铵 1.0g，柠檬酸钠 2.0g，磷酸氢二钾 1.0g，氯化钠 5.0g，硫酸镁 0.2g，琼脂 15.0g，1%麝香草酚蓝水溶液 10.0mL，蒸馏水 1000mL。pH 6.9。

制法：将上述成分（除指示剂麝香草酚蓝水溶液外）溶解，调 pH，再加入麝香草酚蓝水溶液，混匀，分装于试管中，灭菌后搁置斜面。

• 麦芽糖叠氮盐四唑琼脂培养基

胰蛋白胨 10.0g，酵母浸出粉 10.0g，氯化钠 5.0g，水合甘油磷酸钠 10.0g，麦芽糖 20.0g，乳糖 1.0g，叠氮钠 0.4g，碳酸钠（A.R.）0.636g，1%溴百里酚蓝溶液 1.5mL，琼脂 20.0g，蒸馏水 1000mL。pH 7.2。

制法：蒸汽浴加热将上述成分溶解于蒸馏水中，调 pH 至 7.2，分装于三角瓶中，每瓶 100mL。121℃灭菌 15min。倒平板前，迅速在融化的培养基中加入过滤除菌的 0.01g/mL 氯化三苯四氮唑（TTC）溶液（每 100mL 培养基加入 1mL）。TTC 溶液应保存在黑色试剂瓶中，放于冰箱，用前煮沸。

• 无机盐合成培养基（实验 43）

氯化钠 5.0g，硫酸镁 0.2g，磷酸二氢铵 1.0g，磷酸氢二钾 1.0g，蒸馏水 1000mL。pH 7.2。

• 乳糖蛋白胨培养基（分装于试管中，内含倒置杜氏小管）

蛋白胨10.0g，牛肉膏3.0g，乳糖5.0g，氯化钠5.0g，1.6%溴甲酚紫溶液1.0mL，蒸馏水1000mL。pH 7.4。

● 3倍浓度乳糖蛋白胨培养基（分装于试管中，内含倒置杜氏小管）

蛋白胨30.0g，牛肉膏9.0g，乳糖15.0g，氯化钠15.0g，1.6%溴甲酚紫溶液3.0mL，蒸馏水1000mL。pH 7.4。

● 高氏1号培养基

可溶性淀粉20.0g，KNO_3 1.0g，NaCl 0.5g，$K_2HPO_4 \cdot 3H_2O$ 0.5g，$MgSO_4 \cdot 7H_2O$ 0.5g，$FeSO_4 \cdot 7H_2O$ 0.01g，琼脂15.0～20.0g，蒸馏水1000mL。pH 7.4～7.6。

制法：先用少量冷水将可溶性淀粉调成糊状，用小火加热，再加入其他成分，溶解后加水补足至1000mL，调节pH至7.4～7.6。

二、真菌用培养基

● PDA培养基和PD培养基

马铃薯（去皮）200.0g，葡萄糖20.0g，琼脂15.0～20.0g，水1000mL。自然pH。

制法：将马铃薯去皮、洗净切成约1cm^3的小块，称取马铃薯块200.0g放入1L烧杯中，加水煮沸30min，3层纱布过滤，滤液加葡萄糖20.0g，溶解后加水至1000mL，加琼脂加热溶解，再加水补足至1000mL。不加琼脂即为PD培养基。

● 察氏（Czapek）培养基

葡萄糖30.0g，$NaNO_3$ 2.0g，$K_2HPO_4 \cdot 3H_2O$ 1.0g，KCl 0.5g，$MgSO_4 \cdot 7H_2O$ 0.5g，$FeSO_4 \cdot 7H_2O$ 0.01g，琼脂15.0～20.0g，蒸馏水1000mL。自然pH。

● 马丁培养基

葡萄糖10.0g，蛋白胨5.0g，KH_2PO_4 1.0g，$MgSO_4 \cdot 7H_2O$ 0.5g，0.1%孟加拉红溶液3.3mL，2%去氧胆酸钠溶液20mL，10000U/mL链霉素溶液3.3mL，琼脂16g，蒸馏水1000mL。自然pH。其中2%去氧胆酸钠溶液和10000U/mL链霉素溶液单独灭菌，使用时加入。

● 改良马丁液体培养基和改良马丁琼脂培养基

葡萄糖20.0g，蛋白胨5.0g，酵母浸出粉2.0g，K_2HPO_4 1.0g，$MgSO_4 \cdot 7H_2O$ 0.5g，蒸馏水1000mL。

制法：除葡萄糖外，取上述成分加入蒸馏水内，微温溶解后调pH 6.8，煮沸，加葡萄糖溶解后，摇匀，滤清，调pH 6.4±0.2，分装。115℃灭菌20min。加入15～20g琼脂即为改良马丁琼脂培养基。

● 玫瑰红钠琼脂培养基

蛋白胨5.0g，葡萄糖10.0g，磷酸二氢钾1.0g，$MgSO_4 \cdot 7H_2O$ 0.5g，玫瑰红钠（四氯四碘荧光素钠）0.0133g，琼脂15.0～20.0g，蒸馏水1000mL。自然pH。

制法：除葡萄糖、玫瑰红钠外，上述各成分混合，加热溶解后再加入葡萄糖和玫瑰红钠溶液混匀。分装于三角瓶中，115℃灭菌30min。

● 麦芽汁琼脂培养基和麦芽汁液体培养基

麦芽汁原液（购自啤酒厂）加水稀释到5～6波美度，加入1.5%～2.0%琼脂。自然pH。不加琼脂即为麦芽汁液体培养基。

● YPD琼脂培养基和YPD液体培养基

酵母膏5.0g，蛋白胨10.0g，葡萄糖20.0g，琼脂15.0～20.0g，蒸馏水1000mL。自然pH。115℃灭菌20min。不加琼脂即为YPD液体培养基。

三、碱性蛋白酶产生菌的分离筛选用培养基（实验42）

● 牛奶琼脂培养基

脱脂奶粉12.0g，琼脂15.0g，蒸馏水1000mL。

● 发酵培养基

酪蛋白 10.0g，玉米浆 10.0mL，葡萄糖 5.0g，$MgSO_4$ 0.5g，KH_2PO_4 1.0g，蒸馏水 1000mL。pH 7.0～7.5。

四、氨基酸营养缺陷型突变株的筛选实验用培养基（实验 46）

- 完全培养基

蛋白胨 10.0g，酵母提取物 5.0g，葡萄糖 2.0g，氯化钠 5.0g，蒸馏水 1000mL。pH 7.2。固体培养基加入 2%琼脂。

- 基本培养基

葡萄糖 2.0g，柠檬酸钠·$3H_2O$ 0.5g；磷酸氢二钾 0.7g，磷酸二氢钾 0.3g，$MgSO_4 \cdot 7H_2O$ 0.01g，硫酸铵 0.2g，蒸馏水 100mL，pH 7.2。112℃灭菌 20min。固体培养基加入 2%琼脂。

- 2 倍基本培养基

葡萄糖 2.0g，柠檬酸钠·$3H_2O$ 0.5g；磷酸氢二钾 0.7g，磷酸二氢钾 0.3g，$MgSO_4 \cdot 7H_2O$ 0.01g，硫酸铵 0.2g，蒸馏水 50mL，pH 7.2。112℃灭菌 20min。

- 无氮基本培养基

葡萄糖 2.0g，柠檬酸钠·$3H_2O$ 0.5g；磷酸氢二钾 0.7g，磷酸二氢钾 0.3g，$MgSO_4 \cdot 7H_2O$ 0.01g，蒸馏水 100mL，pH 7.2。112℃灭菌 20min。

- 2 倍氮源基本培养基

葡萄糖 2.0g，柠檬酸钠·$3H_2O$ 0.5g；磷酸氢二钾 0.7g，磷酸二氢钾 0.3g，$MgSO_4 \cdot 7H_2O$ 0.01g，硫酸铵 0.4g，蒸馏水 100mL，pH 7.2。112℃灭菌 20min。

- 高渗基本培养液

蔗糖 20.0g，$MgSO_4 \cdot 7H_2O$ 0.2g，2 倍基本培养基 100mL。

五、酵母菌原生质体融合育种实验用培养基（实验 47）

- 生孢子培养基（醋酸钠琼脂培养基）

无水醋酸钠 8.2g，KCl 1.86g，微量元素液 1.0mL，琼脂 15.0～20.0g，蒸馏水 1000mL。自然 pH。

微量元素液：KI 10mg，$CuSO_4 \cdot 5H_2O$ 39mg，$Na_2B_4O_7 \cdot H_2O$ 0.8mg，$(NH_4)_6Mo_7O_{24} \cdot 4H_2O$ 0.19mg，$MnCl_2 \cdot 4H_2O$ 3.6mg，$Fe(SO_4)_3 \cdot 6H_2O$ 22.8mg，$ZnSO_4 \cdot 7H_2O$ 30.8mg，蒸馏水 100mL。用 1mol/L 盐酸调节至溶液不混浊。

- YPG 培养基

酵母浸出粉 10.0g，蛋白胨 20.0g，葡萄糖 20.0g，蒸馏水 1000mL，pH 6.0。固体培养基另加 1.2%琼脂粉。

- RYPG 培养基

YPG 中添加 10%蔗糖或 0.7mol/L KCl。固体培养基另加 1.2%琼脂粉。半固体培养基另加 0.6%琼脂粉。用于原生质体再生培养。

- MM 培养基

葡萄糖 20.0g，硫酸铵 5.0g，磷酸二氢钾 0.85g，磷酸氢二钾 0.15g，$MgSO_4 \cdot 7H_2O$ 0.5g，氯化钠 0.1g，$CaCl_2 \cdot 2H_2O$ 0.1g；

微量元素（μg/L）：H_3BO_3 500，$CuSO_4 \cdot 5H_2O$ 40，KI 100，$FeCl_3 \cdot 6H_2O$ 200，$MnSO_4 \cdot H_2O$ 400，$NaMoO_4 \cdot 2H_2O$ 200，$ZnSO_4 \cdot 7H_2O_7$ 400；

维生素（μg/L）：生长素 2，泛酸钙 400，肌醇 2000，烟酸 400，对氨基苯甲酸 200，硫胺素 400，核黄素 200，吡哆醇 400。

- RMM 培养基

在 MM 中添加 10%蔗糖或 0.7mol/L KCl。固体培养基另加 1.2%琼脂粉。半固体培养基另加 0.6%琼脂粉。用于融合子的筛选与鉴定。

● 高渗缓冲液（ST）

蔗糖 0.5mol/L，氯化镁 10mmol/L，Tris-HCl（pH 7.4）10mmol/L。

上述所有培养基 121℃灭菌 15min。

● 30%PEG 溶液

PEG_{4000} 30g，蔗糖 5g，$CaCl_2$ 0.47g，Tris-HCl（pH 7.4）10mmol/L，蒸馏水 100mL。过滤除菌。

六、固定化大肠埃希菌生产 L-天冬氨酸实验用培养基（实验 48）

● 发酵培养基

牛肉膏 20g，玉米浆 20mL，K_2HPO_4 2.0g，$MgSO_4$ 1.0g，富马酸铵 5.0g，富马酸钠 10.0g。pH 7.5。

七、微生物制剂检验——乳酸菌制剂检查法实验用培养基（实验 58）

● 牛奶培养基

脱脂奶粉制成 10%～15%的溶液，分装于试管中，每管 20mL。115℃灭菌 20min。

● 石蕊牛奶培养基

牛奶培养基 100mL，石蕊乙醇液 2.5mL。

制法：①上述成分混匀，分装于试管中，每管 5～10mL，115℃灭菌 20min。②石蕊乙醇液：称取石蕊 20g，研磨后置于三角瓶中，加入 40%乙醇 150mL，煮沸 1min，倾出上层液，再加入 40%乙醇 150mL，煮沸 1min，倾出上层液，与第一次倾出液合并，再加 40%乙醇至总体积 300mL，滴加 1mol/L 盐酸溶液，随加随振摇，至溶液变紫色为止。pH 应为 6.0～6.8。

● 含糖牛肉汤液体培养基

0.3%牛肉浸膏溶液 1000mL，胨 10.0g，氯化钠 5.0g，乳糖 20.0g。

制法：取胨、氯化钠、乳糖加入 0.3%牛肉浸膏溶液，置于水浴上加热，搅拌，使完全溶解，放冷至室温，调 pH 使灭菌后为 6.0。115℃灭菌 20min。

● 含糖牛肉汤琼脂培养基

含糖牛肉汤液体培养基 1000mL，琼脂 15.0～20.0g，溴甲酚紫 0.06g。

制法：上述成分在水浴中加热使溶解，分装，115℃灭菌 20min。

● 乳酸菌数测定用培养基

含糖牛肉汤琼脂培养基，20%碳酸钙混悬液（极细结晶性碳酸钙，灭菌备用）。

制法：临用时将 20%碳酸钙混悬液 5mL 加至已融化的含糖牛肉汤琼脂培养基 100mL 中，摇匀即可。

八、食品中致病菌的检测用培养基（实验 67）

● 亚硫酸铋（BS）琼脂培养基

蛋白胨 10.0g，牛肉膏 5.0g，葡萄糖 5.0g，硫酸亚铁 0.3g，磷酸氢二钠 4.0g，煌绿 0.025g，柠檬酸铋铵 2.0g，亚硫酸钠 6.0g，琼脂 18.0g，蒸馏水 1000.0mL。

● HE(Hektoen Enteric) 琼脂培养基

牛肉膏 3.0g，乳糖 12.0g，蔗糖 12.0g，水杨素 2.0g，胆盐 20.0g，氯化钠 5.0g，琼脂 18.0g，蒸馏水 1000.0mL，0.4%溴麝香草酚蓝溶液 16.0mL，Andrade 指示剂 20.0mL，甲液 20.0mL，乙液 20.0mL。

甲液：硫代硫酸钠 34.0g，柠檬酸铁铵 4.0g，蒸馏水 100.0mL。

乙液：去氧胆酸钠 10.0g，蒸馏水 100.0mL。

Andrade 指示剂：酸性复红 0.5g，1mol/L 氢氧化钠溶液 16.0mL，蒸馏水 100.0mL。

● 木糖赖氨酸脱氧胆盐（XLD）琼脂培养基

酵母膏 3.0g，L-赖氨酸 5.0g，木糖 3.75g，乳糖 7.5g，蔗糖 7.5g，去氧胆酸钠 2.5g，柠檬酸铁铵 0.8g，硫代硫酸钠 6.8g，氯化钠 5.0g，琼脂 15.0g，酚红 0.08g，蒸馏水 1000.0mL。

• 三糖铁（TSI）琼脂培养基

蛋白胨 20.0g，牛肉膏 3.0g，乳糖 10.0g，蔗糖 10.0g，葡萄糖 1.0g，六水硫酸亚铁铵 0.5g，酚红 0.025g，氯化钠 5.0g，硫代硫酸钠 0.5g，琼脂 12.0g，蒸馏水 1000.0mL。

• 蛋白胨水培养基

蛋白胨 20.0g，氯化钠 5.0g，蒸馏水 1000.0mL。

• 尿素琼脂培养基

蛋白胨 1.0g，氯化钠 5.0g，葡萄糖 1.0g，磷酸二氢钾 2.0g，乳糖 1.0g，0.4%酚红 3.0mL，琼脂 20.0g，蒸馏水 1000.0mL，尿素 2.0g，pH 7.2±0.1。

• 氰化钾（KCN）培养基

蛋白胨 10.0g，氯化钠 5.0g，磷酸二氢钾 0.225g，磷酸二氢钠 5.64g，蒸馏水 1000.0mL，0.5%氰化钾 20.0mL。

• 赖氨酸脱羧酶试验培养基

蛋白胨 5.0g，酵母浸膏 3.0g，葡萄糖 1.0g，蒸馏水 1000.0mL，1.6%溴甲酚紫乙醇溶液 1.0mL，L-赖氨酸或 DL-赖氨酸 0.5g/100mL 或 1.0g/100mL。

• 糖发酵管培养基

牛肉膏 5.0g，蛋白胨 10.0g，氯化钠 3.0g，$Na_2HPO_4 \cdot 12H_2O$ 2.0g，0.2%溴麝香草酚蓝溶液 12.0mL，蒸馏水 1000.0mL。

• 邻硝基酚β-D-半乳糖苷（ONPG）培养基

邻硝基酚 β-D-半乳糖苷（ONPG）60.0mg，0.01mol/L 磷酸钠缓冲液（pH 7.5）10.0mL，1%蛋白胨水（pH 7.5）30.0mL。

• 半固体琼脂培养基

牛肉膏 3.0g，蛋白胨 10.0g，氯化钠 5.0g，琼脂 3.5～4.0g，蒸馏水 100.0mL，pH 7.4±0.1。

• 丙二酸钠培养基

酵母浸膏 1.0g，硫酸铵 2.0g，磷酸氢二钾 0.6g，磷酸二氢钾 0.4g，氯化钠 2.0g，丙二酸钠 3.0g，0.2%溴麝香草酚蓝溶液 12.0mL，蒸馏水 1000.0mL。pH 6.8±0.1。

• 亚硒酸盐胱氨酸（SC）增菌液

蛋白胨 5.0g，乳糖 4.0g，$Na_2HPO_4 \cdot 12H_2O$10.0g，亚硒酸氢钠 4.0g，L-胱氨酸 0.01g，蒸馏水 1000.0mL，pH 7.0±0.1。

• 缓冲蛋白胨水（BPW）

蛋白胨 10.0g，氯化钠 5.0g，$Na_2HPO_4 \cdot 12H_2O$9.0g，磷酸二氢钾 1.5g，蒸馏水 1000.0mL。

九、食品中大肠菌群的计数实验用培养基（实验 68）

• 月桂基硫酸盐胰蛋白胨（LST）肉汤培养基

胰蛋白胨 20.0g，氯化钠 5.0g，乳糖 5.0g，磷酸氢二钾 2.75g，磷酸二氢钾 2.75g，月桂基磺酸钠 0.1g，蒸馏水 1000.0mL，pH 6.8±0.2。

双倍 LST 为除了蒸馏水外，其他的成分 2 倍称取。

• 乳糖胆盐（BGLB）肉汤培养基

蛋白胨 10.0g，乳糖 10.0g，牛胆粉溶液 200.0mL，0.1%煌绿水溶液 13.3mL，蒸馏水 1000.0mL，pH 7.2±0.1。

• 结晶紫中性红胆盐琼脂（VRBA）培养基

蛋白胨 7.0g，酵母膏 3.0g，乳糖 10.0g，氯化钠 5.0g，胆盐 1.5g，中性红 0.03g，结晶紫 0.002g，琼脂 15.0～18.0g，蒸馏水 1000.0mL，pH 7.4±0.1。

附录3 染色液和试剂的配制

一、吕氏美蓝染色液

A液：美蓝（methyleneblue） 0.30g； 95%乙醇 30mL。

B液：氢氧化钾 0.01g； 蒸馏水 100mL。

将A液和B液混合即可。

二、革兰染色液

1. 草酸铵结晶紫染色液

A液：结晶紫（crystalviolet） 2.0g； 95%乙醇 20.0mL。

B液：草酸铵 0.8g； 蒸馏水 80.0mL。

A液和B液混合，放置48h后使用。

2. 路哥（Lugos）碘液

碘 1.0g； 碘化钾 2.0g； 蒸馏水 300.0mL。

先用少量蒸馏水溶解碘化钾，然后加入碘片，待碘完全溶解后加蒸馏水至300.0mL。

3. 95%乙醇

4. 番红染色液

番红（safranine） 2.5g； 95%乙醇 100.0mL。

配制后于冰箱内保存。用时取10.0mL加蒸馏水40.0mL混匀即可。

三、芽孢染色液

1. 孔雀绿染色液

孔雀绿（malachitegreen） 5.0g； 蒸馏水 100.0mL。

2. 番红染色液同上。

四、荚膜染色液

1. 结晶紫染色液

结晶紫 1.0g； 蒸馏水 100.0mL。

2. 20%硫酸铜溶液

硫酸铜（$CuSO_4 \cdot 5H_2O$） 20.0g； 蒸馏水 80.0mL。

五、鞭毛染色液—硝酸银染色液

A液：单宁酸 5.0g； $FeCl_3$ 1.5g； 蒸馏水 100.0mL。

溶解后加入1%NaOH溶液1mL和15%甲醛溶液2mL，并定容至100mL。

B液：硝酸银 2.0g； 蒸馏水 100.0mL。

B液配好后先取出10mL做回滴用。往90mL B液中滴加浓氢氧化氨溶液，当出现大量沉淀时再继续滴加浓氢氧化氨溶液，直到溶液中沉淀刚刚消失变澄清为止。然后将留用的10mL B液小心逐滴加入，直到出现轻微和稳定的薄雾为止，注意：边滴加边充分摇荡，此步操作尤为关键，应格外小心。配好的染色液4h内效果最佳，即现用现配。

六、乳酸石炭酸溶液

石炭酸 2.0g； 甘油 40.0mL； 乳酸（相对密度1.21） 20.0mL；

蒸馏水 20.0mL； 棉蓝 0.05g。

石炭酸在蒸馏水中加热溶解，然后加入乳酸和甘油，最后加入棉蓝，使其溶解即成。

七、吲哚试剂

对二甲基氨基苯甲醛 8g； 95%乙醇 760mL； 浓盐酸 160mL。

八、甲基红试剂

甲基红 0.1g； 95%乙醇 300mL； 蒸馏水 200mL。

参 考 文 献

[1] 周德庆. 微生物学实验教程. 北京：高等教育出版社，2006.
[2] 周德庆. 微生物学实验手册. 上海：上海科学技术出版社，1986.
[3] 周德庆. 微生物学教程. 北京：高等教育出版社，2002.
[4] 杨文博. 微生物学实验. 北京：化学工业出版社，2004.
[5] 林稚兰，黄秀梨. 现代微生物学与实验技术. 北京：科学出版社，2002.
[6] 杨汝德. 现代工业微生物实验技术. 北京：科学出版社，2009.
[7] 杨汝德. 现代工业微生物学. 北京：科学出版社，2006.
[8] 诸葛健. 工业微生物实验与研究技术. 北京：科学出版社，2007.
[9] 沈萍，陈向东. 微生物学实验. 第4版. 北京：高等教育出版社，2007.
[10] 沈萍，陈向东. 微生物学. 北京：高等教育出版社，2006.
[11] 刘水平，邬国军. 医学微生物实验指导. 西安：世界图书出版公司，2002.
[12] 檀耀辉. 微生物学. 北京：中国轻工业出版社，1990.
[13] 刘志恒. 现代微生物学. 北京：科学出版社，2002.
[14] 施巧琴，吴松刚. 工业微生物育种学. 北京：科学出版社，2003.
[15] 黄秀梨，辛明秀. 微生物学实验指导. 北京：高等教育出版社，2003.
[16] 黄秀梨. 微生物学. 北京：高等教育出版社，2003.
[17] 方中达. 植病研究方法. 北京：农业出版社，1979.
[18] 薛应龙. 植物生理学实验手册. 上海：上海科学技术出版社，1985.
[19] 潘友文. 现代医药工业微生物实验室质量管理与验证技术. 北京：中国协和医科大学出版社，2004.
[20] 马绪荣，苏德模. 药品微生物学检验手册. 北京：科学出版社，2001.
[21] Denger SP，Hodges NA，Gorman SP. 药物微生物学. 第7版. 司书毅，洪斌，余利岩主译. 北京：化学工业出版社，2007.
[22] 国家药典委员会编. 中华人民共和国药典（2005年版二部）. 北京：化学工业出版社，2005.
[23] 肖琳，杨柳燕，尹大强，张敏跃. 环境微生物实验技术. 北京：中国环境科学出版社，2004.
[24] 周凤霞，白京生. 环境微生物. 北京：化学工业出版社，2003.
[25] 马文漪，杨柳燕. 环境微生物工程. 南京：南京大学出版社，1998.
[26] 美国食品与药品管理局编. 细菌学分析手册. 甄宏太，俞平译. 北京：中国轻工出版社，1986.
[27] Cappuccino JG.，Sherman N. Microbiology：A laboratory manual. 7th ed. San Francisco：Person Education，Inc.，Benjamin Cummings，2005.
[28] Biology：Laboratory practicals. Department of Science，Institute of Technology Tallaght，Dublin，Ireland.
[29] Microbiology：Laboratory practicals. Department of Science，Institute of Technology Tallaght，Dublin. Ireland.
[30] Applied and Environmental Microbiology：Laboratory practicals. Department of Science，Institute of Technology Tallaght，Dublin. Ireland.
[31] Medical and Food Microbiology：Laboratory practicals. Department of Science，Institute of Technology Tallaght，Dublin. Ireland.
[32] Industrial Microbiology：Laboratory practicals. Department of Science，Institute of Technology Tallaght，Dublin. Ireland.
[33] Pharmaceutical Microbiology：Laboratory practicals. Department of Science，Institute of Technology Tallaght，Dublin. Ireland.
[34] 周贤轩，杨波，陈新华. 几种分子生物学方法在菌种鉴定中的应用. 生物技术. 2004，14（6）：35-38.
[35] 曹德菊，程培. 3种微生物对Cu Cd生物吸附效应的研究. 农业环境科学学报. 2004，23（3）：471-474.
[36] 王亚雄，郭瑾珑，刘瑞霞. 微生物吸附剂对重金属的吸附特性. 环境科学. 2001，22（6）：72-75.
[37] 食品卫生微生物学检验—菌落总数测定，GB/T 4789.2—2008.
[38] 食品卫生微生物学检验—沙门氏菌检验，GB/T 4789.4—2008.
[39] 食品卫生微生物学检验—大肠菌群计数，GB/T 4789.3—2008.
[40] 食品卫生微生物学检验—大肠菌群的快速检测，GB/T 4789.32—2002.
[41] 食品中黄曲霉毒素B1的测定，GB/T 5009. 22—2003.